普通高等教育"十三五"规划教材

矿山安全工程

（第2版）

陈宝智　主编

北　京

冶　金　工　业　出　版　社

2023

内 容 提 要

本书以伤亡事故发生与预防原理为基本理论，应用系统安全的观点和方法，系统地介绍了控制矿山主要危险源的安全技术和安全管理知识，注重知识的系统性、科学性，并注重理论联系实际。全书共分12章，介绍了矿山伤亡事故发生和预防原理，系统安全的观点和方法，矿山主要危险源识别、评价和控制技术，坠落、机械车辆伤害事故预防，电气安全、爆破安全、压力容器安全、矿山防火防爆、矿山防水、尾矿库安全和矿山救护等矿山安全专项问题，以及矿山安全管理的基本知识。

本书可作为高等学校采矿工程专业和安全工程专业的本科生教材，也可供有关矿山安全生产的工程技术人员和安全生产监督管理人员参考。

图书在版编目（CIP）数据

矿山安全工程／陈宝智主编. —2 版. —北京：冶金工业出版社，2018.8
（2023.1 重印）

普通高等教育"十三五"规划教材

ISBN 978-7-5024-7819-3

Ⅰ.①矿… Ⅱ.①陈… Ⅲ.①矿山安全—安全工程—高等学校—教材 Ⅳ.①TD7

中国版本图书馆 CIP 数据核字（2018）第 167468 号

矿山安全工程（第 2 版）

出版发行	冶金工业出版社	电 话	(010)64027926
地 址	北京市东城区嵩祝院北巷 39 号	邮 编	100009
网 址	www.mip1953.com	电子信箱	service@ mip1953.com

责任编辑 郭冬艳　美术编辑 吕欣童　版式设计 孙跃红
责任校对 卿文春　责任印制 禹 蕊
北京虎彩文化传播有限公司印刷
2009 年 1 月第 1 版，2018 年 8 月第 2 版，2023 年 1 月第 4 次印刷
787mm×1092mm　1/16；16.5 印张；396 千字；247 页
定价 38.00 元

投稿电话 （010)64027932　投稿信箱 tougao@cnmip.com.cn
营销中心电话 （010)64044283
冶金工业出版社天猫旗舰店 yjgycbs.tmall.com
（本书如有印装质量问题，本社营销中心负责退换）

第 2 版前言

《矿山安全工程》（第 1 版）出版至今已经 9 年了。9 年间，矿山安全工程领域出现了许多新情况、新问题，一些有关矿山安全的新技术、新理论和新的规范标准应运而生，这些都需要在课程中体现出来。根据东北大学"矿山安全工程"课程教学大纲的要求，综合作者多年的教学经验和学生、读者的建议，对第 1 版做了修订。

2014 年修订的《中华人民共和国安全生产法》，对安全生产工作提出了新的要求，本书中调整、增加了相关内容。国家要求地下矿山企业必须安装建设井下安全避险"六大系统"；对尾矿库安全监控技术及其管理有了新的规定等，教材中增加了介绍这些系统、技术的内容。伴随数字矿山、智能矿山建设，计算机技术和网络技术的不断发展，其在矿山生产过程中的应用越来越广泛。计算机软件往往非常复杂，使得人们几乎不可能确定每种故障类型和很难预测其安全性能，给矿山安全带来了新课题。相应地，在系统安全分析与评价一章中，增加了有关安全相关系统功能安全评价的内容；并将该章的讲授顺序做了调整，将系统危险性评价一节放到故障树分析之后。在机械伤害事故及其预防部分，增加了机械安全技术原则方面的内容。

本书在编写过程中，参考、引用了国内外许多文献资料，在此对文献作者表示感谢。同时向热心关注、积极支持本书出版的朋友们表示衷心的感谢。

感谢东北大学张培红教授积极支持、参与本书的修订工作。

感谢东北大学教材出版基金的支持。

由于作者水平有限，书中不妥之处在所难免，敬请读者批评指正。

编　者
2018 年 4 月

第1版前言

本教材是根据普通高等教育"十一五"国家级规划教材出版计划，按照"矿山安全工程"课程教学大纲的要求，为采矿工程专业和安全工程专业的学生编写的教材。

原冶金部教编室曾经组织编写，并由东北大学出版社出版《矿山安全工程》一书，作为冶金院校采矿工程专业本科生教材。那是冶金院校第一本系统地介绍矿山安全工程基本理论、技术和方法的教材。至今15年过去了，我国的矿山安全状况发生了很大变化，在一些类型的矿山伤亡事故引起社会广泛关注的同时，也出现了许多矿山安全工程的新理论、新技术，特别是《中华人民共和国安全生产法》的颁布，标志我国已经走上了依法进行矿山安全生产的轨道。在总结多年教学经验的基础上，为了适应变化了的新情况，反映矿山安全工程领域的新进展，我们重新编写了这本教材，以使学生们能更好地学习、掌握矿山安全工程的基本知识和方法。

"矿山安全工程"是以矿山生产过程中发生的人身伤害事故为主要研究对象，在总结、分析已经发生的矿山事故经验的基础上，综合运用自然科学、技术科学和管理科学等方面的有关知识，识别和预测矿山生产过程中存在的不安全因素，并采取有效的控制措施防止矿山伤害事故的科学技术知识体系。

本教材以矿山伤亡事故发生和预防原理为基本理论，根据矿山生产过程中的人、机、环境、管理等因素在伤亡事故发生和预防中的作用，阐述指导矿山安全生产的基本理论和原则；应用系统安全的观点和系统安全工程的方法，系统地介绍矿山生产中危险源的辨识、评价和控制技术；以危险源控制的安全技术原则为指导，着重介绍控制矿山主要危险源的安全技术，如防止坠落伤害、机械车辆伤害、电气伤害事故，以及矿山防火防爆、爆破安全、矿山防水、尾矿库安全、压力容器安全、矿山救护方面的安全技术基本知识。

书中内容以金属非金属矿山地下开采安全问题为主要对象，同时也兼顾了矿山企业内的其他安全问题；在阐明矿山安全工程理论、技术知识的同时，还注意介绍矿山安全管理的基本知识，矿山安全生产法律、法规、标准的有关内容，有助于学生全面了解矿山安全问题。

东北大学的陈庆凯老师编写了本书的第 7 章，秦华礼老师编写了第 10 章的部分内容，其他章节由陈宝智编写，最后由陈宝智全面审核定稿。

在本教材的编写过程中，得到了东北大学安全工程研究所老师们的热心帮助；梁力教授为本书提供了宝贵的素材，在此谨致衷心感谢。书中引用、参考了一些文献、资料，在此向这些文献、资料的作者表示诚挚谢意。

由于编者学识水平所限，书中有不妥之处，敬请批评指正。

编　者

2008 年 9 月

目 录

1 绪 论

1.1 矿山安全工程概述

"矿山安全工程"是以矿山生产过程中发生的人身伤害事故为主要研究对象，在总结、分析已经发生的矿山事故经验的基础上，综合运用自然科学、技术科学和管理科学等方面的有关知识，识别和预测矿山生产过程中存在的不安全因素，并采取有效的控制措施防止矿山伤害事故发生的科学技术知识体系。

矿山生产与其他生产活动一样，是人类利用自然创造物质文明的过程。在这一过程中，人类会遇到而且必须克服许多来自自然界的不安全因素。在矿山生产过程中人们要利用许多工程技术措施、机械设备和各种物料，相应地，它们也带给人们许多不安全因素。人们一旦忽略了对不安全因素的控制或者控制不力则将导致矿山事故。矿山事故不仅妨碍矿山生产的正常进行，而且可能造成人员伤亡、财产损失和环境污染。因此，搞好矿山安全生产是保护人员生命健康、顺利进行矿山生产的前提和保证。

矿山安全技术是实现矿山安全的技术措施，是矿山生产技术的重要组成部分。它包括矿山安全检测技术和矿山安全控制技术两个方面。前者是发现、识别各种不安全因素及其危险性的技术；后者是消除或控制不安全因素，防止矿山事故发生及避免人员受到伤害的技术。

人类在与各种矿山事故的长期斗争中，不断积累经验，创造了许多安全技术措施。自古以来，矿山水害、火灾、冒顶片帮、沼气爆炸等就是矿山生产中威胁人员生命安全的重大灾害。我们的祖先曾经创造了很多抵御矿山灾害的方法，在历史书籍中屡有记载。例如，隋代巢元方著的《诸病源候论》中，有"凡进古井深洞，必须先放入羽毛，如观其旋转，则说明有毒气上浮，便不得入内"的记载。在宋应星的闻名世界的《天工开物》中，记载有采煤时，"其上支板，以防压崩耳。凡煤炭取空，而后以土填实其中"的防冒顶措施，以及"初见煤端时，毒气灼人，有将巨竹去中节，尖锐其末，插入炭中，其毒烟从竹中透上"的防治沼气措施等。

矿山安全技术是伴随着矿山生产的出现而出现的，又随着矿山生产技术的发展而不断发展。工业革命以后，矿山生产中广泛使用机械、电力及烈性炸药等新技术、新设备、新能源，使矿山生产效率大幅度提高。同时，采用新技术、新设备、新能源也带来了新的不安全因素，导致矿山事故频繁发生，事故伤害和职业病人数急剧增加。矿山伤亡事故严重的局面迫使人们努力开发新的矿山安全技术，近代物理、化学、力学等方面的研究成果被应用到了矿山安全技术领域。例如，H·戴维发明了被誉为"科学的地狱旅行"的安全灯，对防止煤矿瓦斯爆炸事故起了重要作用；著名科学家诺贝尔发明了安全炸药，有效地减少了炸药意外爆炸事故的发生。

现代科学技术的进步，彻底改变了矿山生产面貌，矿山安全技术也不断发展、更新，大大增强了人们控制不安全因素的能力。如今，已经形成了包括矿山防火、矿山防水、地压控制、爆破安全、防止瓦斯及粉尘爆炸等一系列专门安全技术在内的矿山安全技术体系。特别是在矿山安全检测技术方面，先进的科学技术手段逐渐取代了人的感官和经验，可以灵敏、可靠地发现不安全因素，从而使人们可以及早采取控制措施，把事故消灭在萌芽状态。例如，我国已经研制和应用声发射技术、红外探测技术等手段进行岩体压力监测及浮石探测；应用电子计算机监控的矿内火灾集中、连续、自动报警系统及时预报矿内火灾等。

现代矿山生产系统是个非常复杂的系统。矿山生产是由众多相互依存、相互制约的不同种类的生产作业综合组成的整体；每种生产作业又包含许多设备、物质、人员和作业环境等要素。一起矿山伤亡事故的发生，往往是许多要素相互复杂作用的结果。尽管每一种专门矿山安全技术在解决相应领域的安全问题方面十分有效，在保证整个矿山生产系统安全方面却非常困难，必须综合运用各种矿山安全技术和相关领域的安全技术。矿山安全的一个重要内容，就是根据对伤亡事故发生机理的认识，应用系统安全工程的原理和方法，在矿山规划、设计、建设、生产、直到结束的整个过程中，都要预测、分析、评价其中存在的各种不安全因素，综合运用各种安全技术措施，消除和控制危险因素，创造一种安全的生产作业条件。

在矿山伤亡事故的发生和预防方面，作为系统要素的人占有特殊的位置。人是矿山事故中的受伤害者，保护人的生命健康是矿山安全的主要目的。同时，人往往是矿山事故的肇事者，也是预防事故、搞好矿山安全生产的生力军。于是，矿山安全工程的一个重要内容，就是关于人的行为的研究。根据与矿山安全关系密切的人的生理、心理特征及行为规律，设计适合于人员操作的工艺、设备、工具，创造适合人的特点的生产环境。在利用工程技术措施消除、控制不安全因素的同时，运用安全管理手段来规范、控制人的行为，激发矿山广大职工搞好安全生产的积极性，提高矿山企业抵御矿山事故及灾害的能力。

图 1-1 是"矿山安全工程"课程的知识结构示意图。在伤亡事故发生与预防原理部分，根据矿山生产中的人、机、环境、能量、管理等因素在伤亡事故与预防中的作用，阐述了指导矿山安全工作的基础理论和原则。在系统安全分析、评价部分中，介绍了故障树分析等系统安全分析方法、危险性评价及危险源识别与控制等系统安全的方法、观点，为研究、解决矿山安全问题提供了系统论的思想方法和工作方法。

在安全技术方面，以危险源控制的安全技术原则为指导，介绍了几种矿山主要危险源的控制技术。由于地压控制等内容已经在有关课程中讲授，所以这里仅讲述了防止坠落伤害、机械车辆伤害、电气伤害事故，以及矿山防火防爆、防水（包括尾矿库安全）、压力容器安全、爆破安全、矿山救护等方面的基本知识。在矿山安全管理方面，将介绍现行的安全管理制度，以及现代安全管理的基本知识。伤亡事故统计分析是矿山安全管理的一项内容，考虑到数理统计是研究伤亡事故这种随机现象的重要数学工具，因此把它单列一章，放在前面。

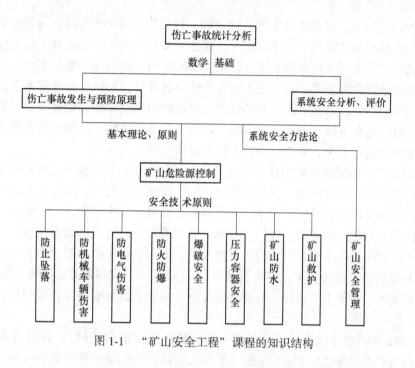

图 1-1 "矿山安全工程"课程的知识结构

1.2 安全生产方针政策

安全生产方针是安全工作的总的指导方针。根据党和政府关于安全生产的一贯指示，我国的安全生产方针可以概括为"安全第一，预防为主，综合治理"。

早在 1952 年，毛泽东同志在对第一个五年计划的批示中就指出："在实施增产节约的同时，必须注意职工的安全健康和必不可少的福利事业。如果只注意前一方面，忘记或稍加忽视后一方面，那是错误的。"之后，党中央在认真做好劳动保护工作的通知中指出："加强劳动保护工作，搞好安全生产、保护职工的安全和健康，是我们党的一贯方针，是社会主义企业管理的一项基本原则，""听任职工死亡，听任职工身体健康受到摧残，而不认真解决，就是严重失职，是党纪国法不能允许的。"

习近平总书记指出，"发展绝不能以牺牲人的生命为代价，这是一条不可逾越的红线，任何时候、任何情况下都要把保护人的生命安全放在第一位的位置上，处理好发展与安全的关系"。

安全生产方针体现了党和国家对劳动者安全健康的无比关怀，也反映了社会主义生产的客观规律。在我们社会主义国家，生产的主要目的是为了满足广大人民群众日益增长的物质文化需要。生产过程中若不注意改善劳动条件，忽视劳动者的安全健康，就违背了社会主义生产目的。人是生产力诸因素中最活跃的因素，保护和发展生产力必须把保护人放在首位。因此，贯彻执行安全生产方针既是一项严肃的政治任务，也是社会经济发展的重要保证。

"安全第一"，就是要坚持以人为本，安全发展。在进行矿山生产时，时刻把安全工作放在重要位置，当做头等大事来做好。首先，必须正确处理安全与生产的辩证统一关系，明确"生产必须安全，安全促进生产"的道理。任何生产活动中都存在着不安全因素，存在着发生伤亡事故的危险性。要进行生产，就必须首先解决其中的各种不安全问题。安全寓于生产之中，安全与生产密切不可分。无数事实证明，矿山伤亡事故不仅给受伤害者本人及其家属带来巨大的不幸，也干扰矿山生产的顺利进行，给矿山企业带来严重的经济损失和负面的社会影响，甚至危及社会的稳定。搞好矿山安全工作，创造安全、卫生的生产劳动条件，可以避免或减少各种矿山事故，还能更好地发挥职工的积极性和创造性，保障人民群众生命和财产安全，促进经济社会持续健康发展。

"预防为主"，就要掌握矿山伤亡事故发生和预防规律，针对生产过程中可能出现的不安全因素，预先采取防范措施，消除和控制它们，做到防微杜渐，防患于未然。

安全生产涉及政治、经济、技术、文化等各个领域，一个国家、一个地区的安全生产状况是该国家、该地区的政治、经济、技术、文化等各方面情况的综合反映，一个矿山企业的安全生产状况是该企业管理综合水平的反映。实现安全生产必须"综合治理"。

在"安全第一，预防为主，综合治理"方针指导下，我国制定了一系列安全生产法律、法规和制度。安全生产法律、法规和制度是矿山企业进行安全工作的规范，具体指导各项安全工作。

我国1982年颁布了《矿山安全条例》和《矿山安全监察条例》，1992年颁布了《中华人民共和国矿山安全法》(以下简称《矿山安全法》)，1996年颁布了《中华人民共和国矿山安全法实施条例》，2002年颁布、2004年修订了《中华人民共和国安全生产法》(以下简称《安全生产法》)，矿山安全工作已经走上了法治的轨道。

我国还制定了许多有关矿山安全的规程和标准。其中，《金属非金属矿山安全规程》(GB 16423—2006)充分考虑了金属非金属矿山的特点，是更加具体、详细的安全技术规程，是金属非金属矿山必须遵循的安全技术与管理指南。

由于矿山生产过程涉及许多与其他行业共通的生产工艺、设备等，所以除了矿山安全法律法规、标准外，还要遵从许多有关安全的法律法规、标准。

通过"矿山安全工程"课程的学习，除了要掌握矿山伤亡事故预防理论和原则，学会防止矿山事故发生的各种安全技术之外，最重要的是牢固地树立起"安全第一"的思想，增强遵守各项矿山安全法律法规、标准的自觉性，在将来的实际工作中运用所学的技术知识搞好矿山安全工作，为保障矿山安全生产做出贡献。

复习思考题

1-1 我国的安全生产方针是什么，怎样正确理解安全与生产的辩证统一关系？

1-2 在采矿工作中怎样贯彻执行安全生产方针？

2 伤亡事故统计分析

2.1 伤亡事故分类及统计指标

2.1.1 伤亡事故的基本概念

事故是人（个人或集体）在实现某种意图而进行的活动过程中，突然发生的、违反人的意志的、迫使活动暂时或永久停止的事件。我们可以从以下三方面认识事故：

（1）事故是一种发生在人类生产、生活活动中的特殊事件，人类的任何生产、生活活动过程中都可能发生事故。因此，人们若想把活动按自己的意图进行下去，就必须努力采取措施来防止事故。

（2）事故是一种突然发生的、出乎人们意料的意外事件。这是由于导致事故发生的原因非常复杂，往往是由许多偶然因素引起的，因而事故的发生具有随机性质。在一起事故发生之前，人们无法准确地预测什么时候、什么地方、发生什么样的事故。事故发生的随机性质，使得认识事故、弄清事故发生的规律及防止事故发生成为一件非常困难的事情。

（3）事故是一种迫使进行着的生产、生活活动暂时或永久停止的事件。事故中断、终止活动的进行，必然给人们的生产、生活带来某种形式影响。因此，事故是一种违背人们意志的事件，人们不希望发生的事件。

事故这种意外事件除了影响人们的生产、生活活动顺利进行之外，往往还可能造成人员伤亡、财物损坏或环境污染等其他形式的后果。以人为中心考察事故后果时，可以把事故分为伤亡事故和一般事故。

伤亡事故是指造成人身伤害或急性中毒的事故。其中，在工作时间内、工作场所中发生的和工作有关的伤亡事故称作工伤事故。2003年国务院颁布的《工伤保险条例》对工伤认定做了明确规定。除了死亡以外，按人员遭受伤害的严重程度，把伤害划分为三类：

（1）暂时性失能伤害，即受伤害者或中毒者暂时不能从事原岗位工作的伤害；

（2）永久性部分失能伤害，即受伤害者或中毒者的肢体或某些器官的功能不可逆丧失的伤害；

（3）永久性全失能伤害，即使受伤害者完全残废的伤害。

一般事故是指人身没有受到伤害，或受伤轻微，或没有造成人员生理功能障碍的事故。通常，把没有造成人员伤害的事故称为无伤害事故或未遂事故。如后面的章节所述，由于事故发生后人员伤害的有无及伤害严重程度如何具有随机性，所以对于没有造成严重后果的事故也不能掉以轻心。

2.1.2 伤亡事故分类

为了研究事故发生原因及规律，便于对伤亡事故进行统计分析，《企业职工伤亡事故分类》(GB 6441—1986)和《企业职工伤亡事故调查分析规则》(GB 6442—1986)按致伤原因把伤亡事故划分为 20 类,见表 2-1。

表 2-1 伤亡事故致伤原因分类

序　号	事故类别名称	备　注
1	物体打击	指落物、滚石、锤击、碎裂、崩块、砸伤,但不包括爆炸引起的物体打击
2	车辆伤害	包括挤、压、撞、颠覆等
3	机械伤害	包括铰、碾、割、戳
4	起重伤害	
5	触电	包括雷击
6	淹溺	
7	灼烫	
8	火灾	
9	高处坠落	包括由高处落地和由平地落入地坑
10	坍塌	
11	冒顶片帮	
12	透水	
13	放炮	
14	火药爆炸	指生产、运输和储藏过程中的意外爆炸
15	瓦斯爆炸	包括煤尘爆炸
16	锅炉爆炸	
17	压力容器爆炸	
18	其他爆炸	
19	中毒和窒息	
20	其他	

该标准把受伤害者的伤害分为三类:

(1) 轻伤,是指损失工作日低于 105 日的失能伤害;

(2) 重伤,是指损失工作日等于和大于 105 日的失能伤害;

(3) 死亡。

相应地,按伤害严重程度把伤亡事故分为三类:

(1) 轻伤事故,是指只发生轻伤的事故;

(2) 重伤事故,是指有重伤但无死亡的事故;

(3) 死亡事故。

2007 年国务院颁布的《生产安全事故报告和调查处理条例》中,根据一次事故中人员伤亡人数和经济损失情况,把生产安全事故分为四类:

(1) 一般事故,是指造成 3 人以下死亡,或者 10 人以下重伤(包括急性工业中毒,下同),或者 1000 万元以下直接经济损失的事故;

（2）较大事故，是指造成 3 人以上 10 人以下死亡，或者 10 人以上 50 人以下重伤，或者 1000 万元以上 5000 万元以下直接经济损失的事故；

（3）重大事故，是指造成 10 人以上 30 人以下死亡，或者 50 人以上 100 人以下重伤，或者 5000 万元以上 1 亿元以下直接经济损失的事故；

（4）特别重大事故，是指造成 30 人以上死亡，或者 100 人以上重伤，或者 1 亿元以上直接经济损失的事故。

2.1.3 伤亡事故统计指标

为便于分析、评价企业或部门的伤亡事故发生情况，需要规定一些通用的、统一的统计指标。1948 年 8 月召开的国际劳联会议，通过了以伤亡事故频率和伤害严重率为伤亡事故统计指标。

2.1.3.1 伤亡事故频率

生产过程中发生的伤亡事故次数与参加生产的职工人数、经历的时间及企业的安全状况等因素有关。在一定的时间内参加生产的职工人数不变时，伤亡事故发生次数主要取决于企业的安全状况。于是，可以用伤亡事故频率作为表征企业安全状况的指标：

$$\alpha = \frac{A}{N \cdot T} \tag{2-1}$$

式中　α——伤亡事故频率；

　　　A——伤亡事故次数；

　　　N——参加生产的职工人数；

　　　T——统计期间。

《企业职工伤亡事故分类》（GB 6441—1986）规定，按千人死亡率、千人重伤率和伤害频率计算伤亡事故频率。

（1）千人死亡率——某时期内平均每千名职工中因工伤事故造成死亡的人数。

$$千人死亡率 = \frac{死亡人数}{平均职工数} \times 10^3$$

（2）千人重伤率——某时期内平均每千名职工中因工伤事故造成重伤的人数。

$$千人重伤率 = \frac{重伤人数}{平均职工数} \times 10^3$$

（3）伤害频率（百万工时伤害率）——某时期内平均每百万工时由于工伤事故造成的伤害人数。

$$百万工时伤害率 = \frac{伤害人数}{实际总工时数} \times 10^6$$

目前我国仍然沿用原劳动部门规定的工伤事故频率作为统计指标，习惯上把它称做千人负伤率。

$$工伤事故频率 = \frac{本时期内工伤事故人次}{本时期内在册职工人数} \times 10^3$$

2.1.3.2 事故严重率

《企业职工伤亡事故分类》（GB 6441—1986）还规定，按伤害严重率、伤害平均严重率和按产品产量计算死亡率等指标计算伤亡事故严重率。

（1）伤害严重率——某时期内平均每百万工时由于事故造成的损失工作日数。

$$伤害严重率 = \frac{总损失工作日}{实际总工时} \times 10^6$$

国家标准中规定了工伤事故损失工作日数算法，其中规定永久性全失能伤害或死亡的损失工作日为 6000 个工作日。

（2）伤害平均严重率——受伤害的每人次平均损失工作日。

$$伤害平均严重率 = \frac{总损失工作日}{伤害人数}$$

（3）按产品产量计算的死亡率。这种统计指标适用于以 t、m³ 为产量计算单位的企业、部门。例如：

$$百万吨死亡率 = \frac{死亡人数}{实际产量（t）} \times 10^6$$

$$万立方米木材死亡率 = \frac{死亡人数}{木材产量（m^3）} \times 10^4$$

2.2 伤亡事故统计的数学原理

2.2.1 事故发生的随机性质

矿山事故的发生往往出乎人们的意料之外，是一种随机现象。随机现象是在一定条件下可能发生也可能不发生，在个别试验观测中呈现出不确定性，但是在大量重复试验观测中又具有统计规律性的现象。研究随机现象需要借助概率论和数理统计方面的知识。

在概率论及数理统计中，通过随机变量来描述随机现象。按定义，随机变量是"当对某一量重复观测时，仅由于机会而产生变化的量"。它与人们通常接触的变量概念不同，随机变量不能适当地用一个数值来描述，必须用实际数字系统的分布来描述。由于实际数字分布系统不同，随机变量分为离散型随机变量和连续型随机变量。在研究矿山伤亡事故统计规律时，需要恰当地确定随机变量的类型。例如，一定时期内矿山企业伤亡事故发生次数只能是非负的整数，相应的数字分布系统是离散型的；两次矿山事故之间的时间间隔则应该属于连续型随机变量，因为与时间相对应的数字分布系统是连续型的。

为了描述随机变量分布情况，利用数学期望（平均值）来描述其数值大小：

$$\bar{x} = \frac{1}{n} \sum_{i=1}^{n} x_i \quad (i = 1, 2, 3, \cdots, n) \tag{2-2}$$

利用方差来描述其随机波动情况：

$$\sigma^2 = \frac{\sum\limits_{i=1}^{n} (x_i - \bar{x})^2}{n - 1} \tag{2-3}$$

式中，x_i 为观测值。

某一随机现象在统计范围内出现的次数称为频数。如果与某种随机现象对应的随机变量是连续型随机变量，则往往把它的观测值划分为若干个等级区段，然后考虑某一等级区段对应的随机现象出现的次数。在某一规定值以下所有随机现象出现频数之和为累计频数。某种随机现象出现频数与被观测的所有随机现象出现总次数之比称为频率。表 2-2 为某矿两年内每月事故发生次数及频率分布情况。

表 2-2　一个月内事故发生次数及频率分布

事故次数	频　数	累计频数	频　率	累计频率
0	1	1	0.04167	0.04167
1	2	3	0.08333	0.12500
2	3	6	0.12500	0.25000
3	4	10	0.16667	0.41667
4	4	14	0.16667	0.53333
5	3	17	0.12500	0.70833
6	2	19	0.08333	0.79167
7	2	21	0.08333	0.87500
8	1	22	0.04167	0.91666
9	1	23	0.04167	0.95833
10 以上	1	24	0.04167	1.00000

频率在一定程度上反映了某种随机现象出现的可能性。但是，当观测次数少时则表现出强烈的随机波动性。随着观测次数的增加频率逐渐稳定于某常数，此常数称为概率，它是随机现象发生可能性的度量。

2.2.2　事故统计分布

在矿山事故统计分析中，经常会遇到如下一些统计分布。

2.2.2.1　均匀分布

对于连续型随机变量，当其概率密度函数具有下述形式时，则称为均匀分布：

$$\begin{cases} f(x)=A, & \text{当 } x_1 \leqslant x \leqslant x_2 \text{ 时} \\ f(x)=0, & \text{当 } x<x_1 \text{ 或 } x>x_2 \text{ 时} \end{cases} \quad (2\text{-}4)$$

例如，统计事故损失工时数为 0~100h 的区段内的事故时，假设此时间区段内任一时间起单位时间间隔内对应的事故发生概率相等，均为 0.01（见图 2-1），则事故发生的概率密度函数可写为

$$\begin{cases} f(x)=0.01, & \text{当 } 0 \leqslant x \leqslant 100 \text{ 时} \\ f(x)=0, & \text{当 } x>100 \text{ 时} \end{cases} \quad (2\text{-}5)$$

于是，损失工时在 $t_1 \leqslant t \leqslant t_2$ 区段内的事故发生概率为

$$F(x) = \int_{t_2}^{t_1} f(x)\,\mathrm{d}x$$
$$= 0.01(t_2 - t_1) \quad (2\text{-}6)$$

如果给定 t_1 和 t_2 的值，则可计算出相应的概率。

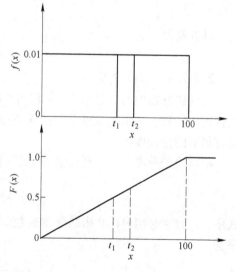

图 2-1　均匀分布

2.2.2.2　指数分布

指数分布属于连续型随机变量的概率分布，它主要用来描述事故发生时间间隔的分布情况。设单位时间内事故发生次数即事故发生率为 λ，则自某时刻起 t 时间内发生事故的概率为

$$F(t) = 1 - e^{-\lambda t} \tag{2-7}$$

式（2-7）称为事故发生的时间分布，其概率密度函数为

$$f(t) = \lambda e^{-\lambda t} \tag{2-8}$$

指数分布的数学期望为

$$\theta = \int_0^\infty t \cdot f(t)\,\mathrm{d}t = \frac{1}{\lambda} \tag{2-9}$$

此为平均事故间隔时间，在安全管理中有时称为平均无事故时间，它是事故发生率的倒数。指数分布的方差为

$$\sigma^2 = \int_0^\infty t^2 \cdot f(t)\,\mathrm{d}t = \frac{1}{\lambda^2} \tag{2-10}$$

2.2.2.3　二项式分布

二项式分布属于离散型随机变量的概率分布，可用于描述一个企业或部门在一定时期内事故发生次数的概率分布。

设某矿有 n 名职工，且每人每月发生事故的概率相同，均为 p，则该矿每月发生 x 次事故的概率为

$$f(x) = \frac{n!}{x!\ (n-x)!} p^x (1-p)^{n-x} \tag{2-11}$$

每月发生事故次数不超过 C 的概率，即发生 C 次及 C 次以下事故的累计概率分布为

$$F(C) = \sum_{x=0}^{C} \frac{n!}{x!\ (n-x)!} p^x (1-p)^{n-x} \tag{2-12}$$

二项分布的数学期望为

$$\lambda = np \tag{2-13}$$

其方差为

$$\sigma^2 = np\ (1-p) \tag{2-14}$$

2.2.2.4　泊松分布

二项式分布中的 n 足够大，p 相当小时（一般，$n \geqslant 10$，$p \leqslant 0.1$），则可以按泊松分布进行近似计算。矿山企业或部门的人数很多，伤亡事故发生概率很小，所以按泊松分布计算有足够的精确度。

根据泊松分布，一个矿山企业或部门在一定时间内伤亡事故发生 x 次的概率为

$$f(x) = e^{-\lambda} \cdot \frac{\lambda^x}{x!} \tag{2-15}$$

式中，λ 为该时期内伤亡事故平均次数。在一定时间内伤亡事故发生次数不超过 C 次的概率为

$$F(C) = \sum_{x=0}^{C} e^{-\lambda} \cdot \frac{\lambda^x}{x!} \tag{2-16}$$

泊松分布的数学期望为 λ，其方差为 λ^2。图2-2为不同参数 λ 的泊松分布。

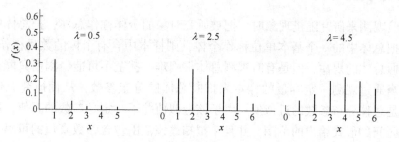

图 2-2　不同参数 λ 的泊松分布

例2-1　某矿前两年内共发生伤亡事故 105 次，如安全状况不变，来年每月不发生伤亡事故的概率是多少？每月内发生伤亡事故次数不超过 3 次的概率是多少？

解：每月平均伤亡事故次数 λ 为

$$\lambda = \frac{105}{24} = 4.375 \text{（次／月）}$$

（1）每月不发生伤亡事故的概率为

$$f(0) = e^{-\lambda} \cdot \frac{\lambda^0}{0!} = e^{-\lambda} = e^{-4.375} \approx 0.0126$$

（2）每月内发生伤亡事故次数不超过 3 次的概率为

$$F(3) = e^{-\lambda} \sum_{x=0}^{3} \frac{\lambda^x}{0!} = e^{-\lambda} \left(1 + \lambda + \frac{\lambda^2}{2!} + \frac{\lambda^3}{3!} \right) \approx 0.3638$$

2.2.2.5　正态分布

在自然现象和社会现象中，许多现象是由相互独立的随机因素综合作用而成的，并且每种随机因素所起的作用都很微小，与其相应的随机变量近似地服从正态分布。当观测次数非常大时，二项分布也趋近于正态分布。

正态分布是在平均值 μ 附近对称的分布，其概率密度函数为

$$f(x) = \frac{1}{\sqrt{2\pi}\,\sigma} \exp\left[-\frac{(x-\mu)^2}{2\sigma^2} \right] \tag{2-17}$$

图2-3为不同参数 σ 的正态分布。当某随机变量服从正态分布时，观测值的 68.27% 可能落入 $(\mu\pm\sigma)$ 的范围内；94.45%的观测值可能落入 $(\mu\pm2\sigma)$ 的范围内；99.73%的观测值可能落入 $(\mu\pm3\sigma)$ 的范围内（见图2-4）。

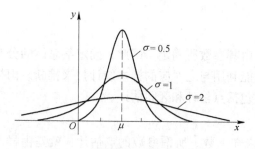

图 2-3　不同参数 σ 的正态分布

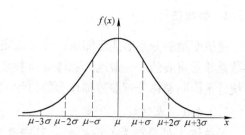

图 2-4　正态分布曲线

2.2.3　置信度与置信区间

通过试验观测来研究随机现象时,把被研究对象的全体称作总体,把总体中的一部分称作样本,把总体中的一个基本单位称作个体,则样本中含有个体的数目称作样本容量。我们希望掌握总体的规律,但是有时观测总体很困难,甚至不可能,因而只能观测一定容量的样本。当通过观测一定容量的样本来推断总体的分布参数,从而研究总体的规律性时,获得的是总体分布参数的近似值。由于该近似值并不一定是参数的真值,所以还要估计出一个以区间的形式给出的范围,并且希望知道该范围包含参数真值的可靠程度。这涉及置信区间与置信度的概念。

随机地从总体中抽取一个大样本。若关心的是总体的期望值,则可以根据样本观测值计算样本的期望值 θ。根据总体的分布概率密度函数,可以求出 θ 落入任意两个值 t_1 与 t_2 之间的概率。对于某一特定概率 $(1-\alpha)$,若有:

$$P(t_1 \leqslant \theta \leqslant t_2) = (1-\alpha)$$

则称 t_1 与 t_2 之间(包括 t_1、t_2 在内)的所有值的集合为参数 θ 的置信区间,t_1 和 t_2 分别为置信上限和置信下限,对应于置信区间的特定概率 $(1-\alpha)$ 称为置信度,α 称为显著性水平。

例如,正态分布观测值的 94.45% 可能落入 $(\mu \pm 2\sigma)$ 的范围内。这相当于置信度 95.45% 的置信区间为 $(\mu-2\sigma) \sim (\mu+2\sigma)$,即当从总体中反复多次抽样时,每组样本观测值确定一个区间 $(\mu \pm 2\sigma)$,在该区间里包含 μ 的约占 95%,不包含 μ 的约占 5%。

置信度与置信区间在伤亡事故统计分析中具有重要意义,除了用于推断总体参数外,还被用来估计统计分析的可靠程度。例如,某单位连续三年死亡人数分别为 20、15 和 10,三年中死亡人数降低一半。但是,考虑到 95% 置信度的置信区间(见表 2-3),可以认为该单位安全状况没有明显变化,死亡人数减少是偶然现象。

表 2-3　死亡人数统计的置信区间

	第一年		第二年		第三年	
死亡人数	人数 20	95%的概率区间 (13~29)	人数 15	95%的概率区间 (9~23)	人数 10	95%的概率区间 (5~17)
死亡 数差值	第一年与第二年 5			第二年与第三年 5		

2.2.4　参数估计

随机变量的分布形式已知后,分布就完全由其参数所确定。因此,确定某总体的分布参数是非常重要的。一般地,总体分布参数只能利用与之对应的样本统计量来推断。由样本统计量推断总体分布参数称作参数估计,它包括点估计和区间估计。

2.2.4.1　点估计

设总体 X 的分布为 $f(x, \theta)$,其中 θ 为未知参数。所谓参数的点估计,就是由样本 X_1, X_2, $\cdots$, X_n 的一个函数 θ 来估计未知参数 θ,即参数 θ 的真值的估计值。常用的点估计方法有极大似然法和矩法等，这里仅介绍前者。

极大似然法的基本思路是，若某事件在一次观测中出现了，则认为该事件出现的可能性很大。该方法首先建立 θ 的似然函数，它等于样本 X_1，X_2，$\cdots$，X_n 的联合密度函数：

$$L(\theta) = \prod_{i=1}^{n} f(x, \theta) \tag{2-18}$$

然后求出使似然函数值最大的参数 $\hat{\theta}$ 为参数的点估计值。

例如，伤亡事故发生时间间隔服从指数分布。若实际观测的事故发生时间间隔分别为 t_1，t_2，$\cdots$，t_n，则可应用极大似然法求出事故发生率或平均事故间隔时间的估计值。设似然函数为

$$L(t_1, t_2, \cdots, t_n; \lambda) = f(t_1; \lambda)f(t_2; \lambda)\cdots f(t_n; \lambda)$$

$$= \lambda^n \exp\left(-\lambda \sum_{i=1}^{n} t_i\right) \tag{2-19}$$

把式（2-19）两端取对数，得

$$L(t_1, t_2, \cdots, t_n; \lambda) = n\ln\lambda - \lambda \sum_{i=1}^{n} t_i$$

为求得最大值，对 λ 求导数并令其为 0，则

$$\frac{n}{\lambda} \sum_{i=1}^{n} t_i = 0$$

于是，得到参数 λ 的估计值 $\hat{\lambda}$ 为

$$\hat{\lambda} = \frac{n}{\sum\limits_{i=1}^{n} t_i} \tag{2-20}$$

同时，还得到平均事故间隔时间 θ 的估计值 $\hat{\theta}$ 为

$$\hat{\theta} = \frac{\sum\limits_{i=1}^{n} t_i}{n} \tag{2-21}$$

2.2.4.2 区间估计

通过参数的点估计得到了参数的近似值之后，通过参数的区间估计求出对应于给定置信度的置信区间，可以了解近似值的精确程度。

当伤亡事故发生时间间隔服从指数分布时，平均事故间隔时间的双侧置信区间为

$$\left[\frac{2\hat{\theta}}{\chi^2\left(2n; \dfrac{\alpha}{2}\right)}, \frac{2\hat{\theta}}{\chi^2\left(2n; 1-\dfrac{\alpha}{2}\right)}\right] \tag{2-22}$$

式中，$\hat{\theta} = \dfrac{\sum\limits_{i=1}^{n} t_i}{n}$。

从防止矿山伤亡事故的角度来看，平均事故间隔时间越长越好，因而人们更关心平均事故间隔时间的置信下限。这种情况下，往往利用参数的单侧区间估计：

$$\left[\frac{2\hat{\theta}}{\chi^2\left(2n;\dfrac{\alpha}{2}\right)},\ \infty\right] \tag{2-23}$$

在进行伤亡事故统计分析时，一般取置信度（$1-\alpha$）$= 90\%$。为了计算方便，把式（2-22）和式（2-23）变换成如下形式：

$$(A\hat{\theta},\ B\hat{\theta}) \tag{2-24}$$

$$(A\hat{\theta},\ \infty) \tag{2-25}$$

式中，$\hat{\theta}$ 为平均事故间隔时间的点估计值；A，B 为系数，可由表2-4查出。

表2-4　计算置信区间的系数　　　　　　　　$\alpha = 0.10$

观测次数	双侧置信区间		单侧置信区间
	A	B	A
1	0.33	19.49	0.27
2	0.42	5.63	0.36
3	0.48	3.67	0.42
4	0.52	2.93	0.46
5	0.55	2.53	0.49
6	0.57	2.30	0.51
7	0.59	2.13	0.54
8	0.61	2.10	0.56
9	0.62	1.92	0.57
10	0.63	1.84	0.58
15	0.69	1.62	0.64
20	0.72	1.51	0.67
30	0.76	1.39	0.72
40	0.79	1.32	0.74
50	0.81	1.28	0.77
100	0.86	1.19	0.83

2.3　伤亡事故综合分析

伤亡事故综合分析是以大量的伤亡事故资料为基础，应用数理统计的原理和方法，从宏观上探索事故发生原因及规律的过程。通过伤亡事故综合分析，可以了解一个矿山企业、部门在某一时期的安全状况，掌握事故发生、发展的规律和趋势，探求伤亡事故发生的原因、有关的影响因素，从而为采取有效的防范措施提供依据，为宏观事故预测及安全决策提供依据等。

伤亡事故综合分析主要包括伤亡事故发生趋势分析，伤亡事故发生规律探讨和伤亡事故管理图等内容。

2.3.1 伤亡事故发生趋势分析

伤亡事故发生趋势分析是按时间顺序对事故发生情况进行的统计分析。按照时间发展过程对比不同时期的伤亡事故统计指标，可以展示伤亡事故发生趋势和评价某一时期内的安全状况。通过与历年伤亡事故发生情况对比，可以评价当前安全状况较以前是改善了还是恶化了，也可以探索安全状况的变化规律，预测今后的变化趋势。

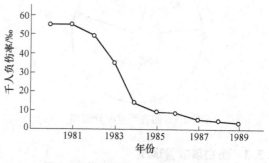

为了直观起见，伤亡事故趋势分析往往利用趋势图来表示。图 2-5 为某铁矿伤亡事故发生趋势图。由图 2-5 可以看出，1984 年以前千人负伤率下降幅度较大，之后呈稳定下降趋势。

图 2-5　某铁矿伤亡事故发生趋势图

2.3.2 伤亡事故发生规律探讨

通过分析研究伤亡事故统计资料，可以概略地掌握矿山企业、部门内部生产过程中伤亡事故发生的规律。一般来说，可以探讨如下的一些规律性：

（1）哪些矿山、坑口、采区或车间危险因素多，其原因和结果各是什么？

（2）不同的生产作业条件和工作内容对事故的发生有什么影响？

（3）伤亡事故的发生在时间上有什么周期性规律？

（4）随着生产作业时间的推移，事故发生频率有什么变化？

（5）伤亡事故的发生与职工年龄、工龄、性别等有何关系？

（6）人体的哪些部位容易受到伤害，与作业条件、工作内容有何关系，使用的防护用品是否合适？

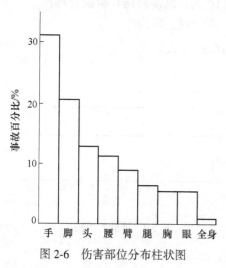

图 2-6　伤害部位分布柱状图

在研究伤亡事故发生规律时，常常配合使用各种统计图形来增强其直观性。图 2-6 为表示事故造成伤害的部位分布的柱状图；图 2-7 为反映事故结果严重程度比例的扇形图；图 2-8 为描述一天内不同时刻事故发生频率的玫瑰图。

在伤亡事故综合分析中，为了便于相互比较，应该尽量采用相对指标。这是因为，尽管伤亡事故绝对指标从一个侧面，在一定程度上反映了企业或部门的安全状况。但是，由于职工人数、劳动时间等变化，采用绝对指标就缺乏说服力。在进行对比分析或寻找某些统计规律性时，例如，按受伤害者的年龄、工龄等进行统计分析，探讨它们与事故发生之间关系时，应该以相应的职工人数而不是全部职工人数为基数，以免得出错误的结论。另外，根据伯努利大数定律，只有当样本容量足够大时，随机事件发生频率才趋于稳定，观测数据越少则得到的规律的可靠性越差。因此，应该设法增加样本容量，使伤亡事故综合分析的结果更可信。

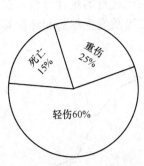

图 2-7 伤害严重度分布图

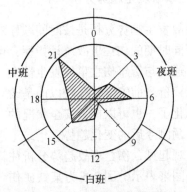

图 2-8 不同时刻事故频率玫瑰图

2.3.3 伤亡事故管理图

为了改善矿山安全状况，降低伤亡事故发生频率，矿山企业、部门广泛开展安全目标管理。把作为年度安全管理目标的伤亡事故指标逐月分解后，在实施过程中为了及时掌握事故发生情况，可以利用伤亡事故管理图。

如前所述，在一定时期内一个单位里伤亡事故发生次数的概率分布服从泊松分布，并且泊松分布的数学期望及标准差都是 λ。若以 λ 为每月伤亡事故发生次数的目标值，考虑 90%置信度，可按下列公式近似确定管理上、下限：

$$\left.\begin{array}{l}上限\ U=\lambda+2\sqrt{\lambda}\\下限\ U=\lambda-2\sqrt{\lambda}\end{array}\right\} \qquad (2\text{-}26)$$

在实际工作中，人们最关心的是实际事故发生次数的平均值能否超过规定的安全目标。所以往往不必考虑下限而只注重上限，力争每个月里事故发生次数不超过管理上限。

例 2-2 某矿山安全目标为平均每月伤亡不超过 10 人，试绘制伤亡事故管理图。

解： 月安全目标值 $\lambda=10$ 人，根据式（2-24）计算管理上限为

$$U=\lambda+2\sqrt{\lambda}=10+2\sqrt{10}=16.37\ （人）$$

取 $U=16$ 人，给出管理图如图 2-9 所示。

把每月实际发生伤亡事故次数点在图中相应位置上，根据各月份数据点的分布情况可以判断企业或部门的安全状况。正常情况下，各月份的实际伤亡事故次数应该在管理上限之内围绕目标值随机波动。当管理图上出现下列情况之一时，就应该认为安全状况发生了变化，需要查明原因加以改正：

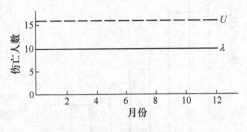

图 2-9 事故管理图

（1）个别点超出了管理上限（见图 2-10）；

（2）连续数点在目标值以上（见图 2-11）；

（3）多个点连续上升（见图 2-12）；

（4）大多数点在目标值以上（见图 2-13）。

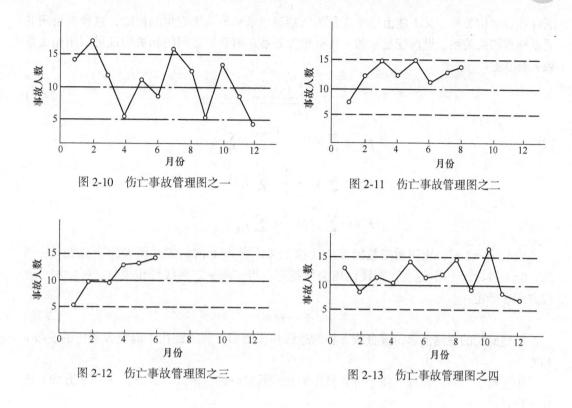

图 2-10　伤亡事故管理图之一　　　　图 2-11　伤亡事故管理图之二

图 2-12　伤亡事故管理图之三　　　　图 2-13　伤亡事故管理图之四

2.4　伤亡事故发生趋势预测

2.4.1　矿山事故预测概述

预测是人们对客观事物发展变化的一种认识和估计。人们通过对已经发生的矿山事故的分析、研究，弄清了事故发生机理，掌握了事故发生、发展规律，就可以对矿山事故在未来发生的可能性及发生趋势做出判断和估计。矿山事故发生可能性预测是对某种特定的矿山事故能否发生、发生的可能性如何进行的预测。它为采取具体技术措施防止事故发生提供依据。矿山事故发生趋势预测是根据事故统计资料对未来事故发生趋势进行的宏观预测，主要为确定矿山安全管理目标、制定安全工作规划或做出安全决策提供依据。

尽管矿山事故的发生受矿山自然条件、生产技术水平、人员素质及企业管理水平等许多因素影响，大量的统计资料却表明，矿山事故发生状况及其影响因素是一个密切联系的整体，并且这个整体具有相对的稳定性和持续性。于是，我们可以舍弃对各种影响因素的详细分析，在统计资料的基础上从整体上预测矿山事故发生情况的变化趋势。回归预测法是一种得到广泛应用的事故趋势预测法。此外，尚有指数平滑法、灰色系统预测法等方法，可用于矿山伤亡事故发生趋势预测。

2.4.2　回归预测法

回归预测法是通过对历史资料的回归分析来进行预测的方法。

回归分析是研究一个随机变量与另一个变量之间相关关系的数学方法。当两变量之间既存在着密切关系，又不能由一个变量的值精确地求出另一个变量的值时，这种变量间的关系称作相关关系。设两变量 x 和 y 具有相关关系，则它们之间的相关程度可以用相关系数 r 来描述：

$$r = \frac{L_{xy}}{\sqrt{L_{xx} \cdot L_{yy}}} \qquad (2\text{-}27)$$

式中

$$L_{xy} = \sum x_i y_i - \frac{1}{n} \sum x_i \sum y_i$$

$$L_{xx} = \sum x_i^2 - \frac{1}{n} \left(\sum x_i \right)^2$$

$$L_{yy} = \sum y_i^2 - \frac{1}{n} \left(\sum y_i \right)^2$$

当 $|r| = 1$ 时，表明两变量间完全线性相关；当 $r = 0$ 时，表明两者完全无关。一般地，$0 < |r| < 1$，$|r|$ 越大，则线性相关性越好。当 x 和 y 之间线性相关时，可以用一直线方程来描述：

$$\hat{y} = a + bx \qquad (2\text{-}28)$$

根据变量的观测值求得该直线方程的过程称作回归，其关键在于确定方程中的参数 a 和 b。

根据最小二乘法原理，使平方和最小的直线是最好的。由式（2-28）可把平方和写成如下形式：

$$\sum (y_i - \hat{y}_i)^2 = \sum (y_i - a - bx_i)^2 \qquad (2\text{-}29)$$

把该式对 a，b 分别求偏导数并令其为零，经整理得

$$b = \frac{L_{xy}}{L_{xx}} \qquad (2\text{-}30)$$

$$a = \bar{y} - b\,\bar{x} \qquad (2\text{-}31)$$

式中

$$\bar{x} = \frac{1}{n} \sum_{i=1}^{n} x_i, \quad \bar{y} = \frac{1}{n} \sum_{i=1}^{n} y_i$$

根据回归分析得到的直线方程，按外推方式可以求出对应于任意 x（$x > x_n$）的 $\hat{y}$ 的预测值。由于变量 x 与 y 之间不是确定的函数关系而是相关关系，所以实际的 y 不一定恰好在回归直线上，应该处在直线两侧的某一区间内。可以证明，当置信度（$1-\alpha$）时，预测区间为：

$$[\hat{y} - \delta(x), \hat{y} + \delta(x)] \qquad (2\text{-}32)$$

式中

$$\delta(x) = t_a(n-2) \cdot S \cdot \sqrt{1 + \frac{1}{n} + \frac{(x - \bar{x})^2}{L_{xx}}} \qquad (2\text{-}33)$$

式中　$t_a(n-2)$——t 分布值；

S——剩余标准差，$S = \sqrt{\dfrac{\sum (y_i - \hat{y}_i)^2}{n - 2}}$。

由式（2-33）可以看出，随着 x 远离 $\bar{x}$，预测区间变宽而预测精度降低（见图 2-14）。

2.4.3 矿山伤亡事故回归预测

矿山伤亡事故发生状况随时间的推移而变化，会呈现出某种统计规律性。一般来说，随着矿山生产技术的进步、劳动条件的改善及管理水平的提高，矿山安全程度不断提高而伤亡事故发生率逐渐降低。国内外大量的统计资料表明，矿山伤亡事故发生率逐年变化的规律可以表达为

$$\hat{y} = ae^{bx} \tag{2-34}$$

式中 $\hat{y}$——伤亡事故发生率；

x——时间。

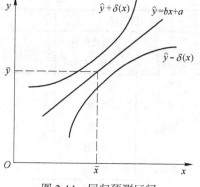

图 2-14 回归预测区间

把式（2-34）两端取对数，并令 $\hat{y}_0 = \ln\hat{y}$，$a_0 = \ln a$，则得到直线方程：

$$\hat{y}_0 = a_0 + bx \tag{2-35}$$

于是，根据历年矿山伤亡事故数据可以进行回归预测。经过线性回归求得对应某 x 的 $\hat{y}_0$ 的预测值，以及置信度（$1-\alpha$）的预测区间（$\hat{y}_0 - \delta(x)$，$\hat{y}_0 + \delta(x)$）之后，尚需把它们还原为真正的预测值及预测区间：

$$\hat{y} = e^{\hat{y}_0}, \quad (e^{\hat{y}_0 - \delta(x)}, \ e^{\hat{y}_0 + \delta(x)})$$

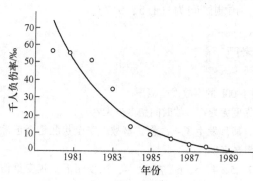

图 2-15 千人负伤率随时间的变化

例 2-3 表 2-5 列出了某矿山 1980～1988 年间的千人负伤率变化情况，试预测 1989 年的千人负伤率。

解： 首先将原始数据点画在坐标内，如图 2-15 所示。根据数据点分布情况，初步判定该矿千人负伤率随时间的变化符合式（2-34）的规律。

然后，将原始数据进行处理，处理结果列于表 2-5 的右部。按表内数据计算出各参数如下：

$$n = 9 \qquad \bar{x} = 4 \qquad \bar{y}_0 = 2.88$$

$$L_{xy_0} = -21.62 \qquad L_{xx} = 60 \qquad L_{y_0y_0} = 8.18$$

表 2-5 某矿山千人负伤率情况

原 始 数 据		处 理 结 果				
年 份	千人负伤率 $y_f/‰$	x_f	$y_{0f} = \ln y_f$	x_f^2	$x_f \cdot y_{0f}$	y_{0f}^2
1980	0.562	0	4.03	0	0	16.24
1981	0.557	1	4.02	1	4.02	16.16
1982	0.495	2	3.90	4	7.80	15.21
1983	0.346	3	3.54	9	10.62	12.53

原始数据		处　理　结　果				
年　份	千人负伤率 $y_f/‰$	x_f	$y_{0f}=\ln y_f$	x_f^2	$x_f \cdot y_{0f}$	y_{0f}^2
1984	0.144	4	2.67	16	10.68	7.31
1985	0.095	5	2.25	25	11.25	5.06
1986	0.090	6	2.20	36	13.20	4.84
1987	0.065	7	1.87	49	13.09	3.50
1988	0.041	8	1.41	64	11.28	1.99
Σ		36	25.89	204	81.94	82.66

按式（2-25）计算 y_0 与 x 的相关系数为 $r=-0.98$，表明两变量强线性相关。

按式（2-30）和式（2-31）算得 $a=4.32$，$b=-0.36$。于是，直线方程为

$$\hat{y}_0 = 4.32 - 0.36x$$

外推到 1989 年时相当于 $x=9$，算得 $\hat{y}_0=1.08$，$\hat{y}=2.9$。取置信度 $(1-\alpha)=95\%$，则 $t_{0.05}(7)=2.262$。按式（2-33）算得 $\delta(x)=0.66$。这时的预测区间为 $(e^{1.08-0.66}, e^{1.08+0.66})$，即（1.5，5.7）。

故该矿 1989 年千人负伤率的预测值为 2.9，预测区间为（1.5，5.7）。

复习思考题

2-1 某矿在 7000h 内发生了 10 次事故，求某次事故后 1000h 的事故发生概率。

2-2 某矿平均无死亡事故时间为 400 天，按 90% 的可靠度无死亡事故时间是多少天？

2-3 一矿山企业的安全目标为全年伤亡不超过 15 人。某月发生了 4 次伤亡事故，安全状况是否正常？根据安全目标，一个月内发生 4 次伤亡事故的概率是多少？

2-4 某矿近 10 年来每年重伤、死亡人数为 15，12，7，5，4，5，6，7，4，4，试预测下一年度重伤、死亡人数。

3 伤亡事故发生与预防原理

3.1 事故因果连锁论

在与各种工业伤害事故斗争中，人们不断积累经验，探索伤亡事故的发生规律，相继提出了许多阐明事故为什么会发生，事故是怎样发生的，以及如何防止事故发生的理论。这些理论被称作事故致因理论，是指导预防事故工作的基本理论。

事故因果连锁论是一种得到广泛应用的事故致因理论。

3.1.1 海因里希事故因果连锁论

海因里希（W. H. Heinrich）在 20 世纪 30 年代首先提出了事故因果连锁的概念。他认为，工业伤害事故的发生是许多互为因果的原因因素连锁作用的结果。即：人员伤亡的发生是由于事故的发生，事故的发生是因为人的不安全行为或机械、物质的不安全状态（简称物的不安全状态）；其中人的不安全行为是由人的缺点错误造成的；人的缺点起源于先天的遗传因素或不良的社会环境。

所谓人的不安全行为或物的不安全状态，是指那些曾经引起过事故，或可能引起事故的人的行为或机械、物质的状态。人们用多米诺骨牌来形象地表示这种事故因果连锁关系（见图 3-1）。如果骨牌系列中的第一颗骨牌被碰倒了，则由于连锁作用其余的骨牌相继被碰倒。该理论认为，生产过程中出现的人的不安全行为和物的不安全状态是事故的直接原因，企业安全工作的中心就是防止人的不安全行为，消除机械的或物质的不安全状态，中断事故连锁过程而避免事故发生。

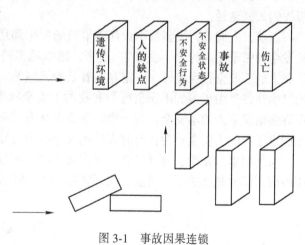

图 3-1　事故因果连锁

态，中断事故连锁过程而避免事故发生。这相当于移去骨牌系列的中间一颗骨牌，使连锁被破坏，事故过程被中止。

该因果连锁论把不安全行为和不安全状态的发生归因于人的缺点，强调遗传、社会环境等因素的影响，把事故责任加在操作者身上，反映了时代的局限性。随着科学技术的进步，工业生产面貌的变化，在海因里希因果连锁论的基础上，出现了反映现代安全观念的事故因果连锁论。

3.1.2 现代事故因果连锁论

现代安全观念认为，发生在生产现场的人的不安全行为或物的不安全状态作为事故的直接原因必须加以追究。但是，它们只是一种表面现象，是其背后的间接原因的征兆，是根本原因——管理失误的反映。图 3-2 为现代事故因果连锁。

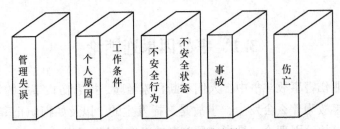

图 3-2　现代事故因果连锁

在该事故因果连锁中，不安全行为或不安全状态的发生是由于个人原因及工作条件方面原因造成的。在安全工作中只有找出这些间接原因，采取恰当措施克服它们，才能防止不安全行为或不安全状态的出现，才能有效地防止事故的发生。

管理失误是该事故因果连锁中最重要的原因因素。安全管理是企业管理的一个部分。在计划、组织、指挥、协调和控制等管理机能中，控制是安全管理的核心。它从对间接原因因素的控制入手，通过对人的不安全行为和物的不安全状态的控制，达到防止伤亡事故发生的目的。所谓管理失误，主要是指在控制机能方面的缺欠，使得最终能够导致事故的个人原因及工作条件方面原因得以存在。按此理论，加强企业管理和安全管理是防止伤亡事故的重要途径。

以前，人们认为大多数工业伤害事故的发生都是由于人的不安全行为造成的，把事故的发生归因于工人的"不注意"。后来，越来越多的人认识到，大多数伤害事故的发生除了有人的不安全行为之外，一定存在着某种机械的、物质的不安全状态，即工业伤害事故的发生往往是由于人的不安全行为和物的不安全状态共同起作用的结果。值得注意的是，在许多情况下人的不安全行为与物的不安全状态又互为因果。有时机械、物质的不安全状态诱发了人的不安全行为；有时人的不安全行为会导致机械、物质的不安全状态的出现。

实际的事故发生、发展过程是非常复杂的，事故因果连锁论只是抽象地概括事故主要原因因素间的相互关系。目前，我国常用图 3-3 所示的因果连锁模型来描述伤亡事故发展

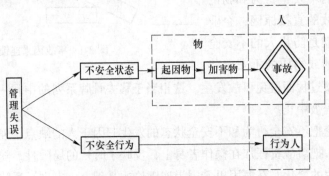

图 3-3　事故因果连锁模型

过程。该模型中把物的因素进一步划分为起因物和加害物。前者是引起事故发生的物体；后者是作用于人体导致人员伤害的物体。模型明确了人的不安全行为是指行为人——事故当事者的不安全行为。

3.1.3 预防事故对策

根据事故因果连锁论，人的不安全行为及物的不安全状态是事故发生的直接原因。因此，应该消除或控制人的不安全行为及物的不安全状态来防止事故发生。一般地，引起人的不安全行为的原因可归结为四个方面。

（1）态度不端正。由于对安全生产缺乏正确的认识而故意采取不安全行为，或由于某种心理、精神方面的原因而忽视安全。

（2）缺乏安全生产知识，缺少经验或操作不熟练等。

（3）生理或健康状况不良，如视力、听力低下，反应迟钝，疾病，醉酒或其他生理机能障碍。

（4）不良的工作环境。工作场所照明、温度、湿度或通风不良，强烈的噪声、振动，作业空间狭小，物料堆放杂乱，设备、工具缺陷及没有安全防护装置等。

针对这些问题，可以通过教育提高职工的安全意识，增强职工搞好安全生产的自觉性，变"要我安全"为"我要安全"，通过教育培训增加职工的安全知识，提高生产操作技能。并且，要经常注意职工的思想情绪变化，采取措施减轻他们的精神负担。在安排工作任务时，要考虑职工的生理、心理状况对职业的适应性；为职工创造整洁、安全、卫生的工作环境。

应该注意到，人与机械设备不同，机械设备在人们规定的约束条件下运转，自由度少；人的行为受各自思想的支配，有较大的行为自由性。一方面，人的行为自由性使人有搞好安全生产的能动性和一定的应变能力；另一方面，它也能使人的行为偏离规定的目标，产生不安全行为。由于影响人的行为的因素特别多，所以控制人的不安全行为是一件十分困难的工作。

通过改进生产工艺，采用先进的机械设备、装置，设置有效的安全防护装置等，可以消除或控制生产中的不安全因素，使得即使人员产生了不安全行为也不至于酿成事故。这样的生产过程、机械设备等生产条件的安全被称为本质安全。在所有的预防事故措施中，首先应该考虑消除物的不安全状态，实现生产过程、机械设备等生产条件的本质安全。

受企业实际经济、技术条件等方面的限制，完全消除生产过程中的不安全因素几乎是不可能的。我们只能努力减少、控制不安全因素，防止出现不安全状态或一旦出现了不安全状态及时采取措施消除，使事故不容易发生。因此，在任何情况下，通过科学的安全管理，加强对职工的安全教育及训练，建立健全并严格执行必需的规章制度，规范职工的行为都是非常必要的。

上述预防事故的措施被归纳为 3E 对策，作为指导安全工作的一般原则。所谓 3E 就是：

（1）Engineering，工程技术。利用工程技术手段实现生产工艺、机械设备等生产条件的安全。

（2）Education，教育。通过各种形式的安全教育使职工树立"安全第一"的思想，掌握安全生产所必需的知识和技能。

（3）Enforcement，强制。借助规章制度、法规约束人们的行为。

3.1.4　事故发生频率与伤害严重度

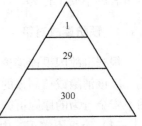

图 3-4　比例 1∶29∶300

海因里希根据大量事故统计结果发现，在同一个人发生的 330 起同类事故中，300 起事故没有造成伤害，29 起发生了轻微伤害，1 起导致了严重伤害。即严重伤害、轻微伤害和没有伤害的事故件数之比为 1∶29∶300。该比例说明，同一种事故其结果可能极不相同，事故能否造成伤害及伤害的严重程度如何具有随机性质（见图 3-4）。

事故发生后造成严重伤害的情况是很少的，轻伤及无伤害的情况是大量的。在造成轻伤及无伤害的事故中包含着与产生严重伤害事故相同的原因因素。因此，有时事故发生后虽然没有造成伤害或严重伤害，却不能掉以轻心，应该认真追究原因，及时采取措施防止同类事故再度发生。

比例 1∶29∶300 是根据同一个人发生的同类事故的统计资料得到的结果，并以此来定性地表示事故发生频率与伤害严重度间的一般关系。实际上，不同的人、不同种类的事故导致严重伤害、轻微伤害及无伤害的比例是不同的。特别是不同工业部门及不同生产作业中发生事故造成严重伤害的可能性是不同的。表 3-1 为我国某钢铁公司 1951～1981 年间伤亡事故中死亡、重伤和轻伤的人数。这些数字表明，不同部门的生产作业中存在的危险因素不同，主要事故类型不同，一旦发生事故作用于人体的能量不同，因而造成严重伤害的可能性也不同。

表 3-1　某钢铁公司 1951～1981 年间伤亡事故统计

部　门	死　亡	重　伤	轻　伤
钢铁焦化	1	2.25	138
工矿建筑	1	3.48	197
机械铸造	1	4.44	408
原材料	1	6.89	430
运　输	1	1.76	73
采　矿	1	1.89	91

3.2　能量意外释放论

3.2.1　能量在伤害事故发生中的作用

能量在生产过程中是不可缺少的，人类利用能量做功以实现生产的目的。在正常生产过程中能量受到种种约束和限制，按照人们的意图流动、转换和做功。如果由于某种原因能量失去了控制，超越了人们设置的约束或限制而意外地逸出或释放，则说发生了事故。

如果失去控制，意外释放的能量达及人体，并且能量的作用超过了人体的承受能力，则人员将受到伤害。可以说，所有伤害的发生都是因为人体接触了超过机体组织抵抗力的某种形式的过量能量，或人体与外界的正常能量交换受到了干扰（如窒息、淹溺等）。因此，各种形式的能量构成了伤害的直接原因。

导致人员伤害的能量形式有机械能、电能、热能、化学能、电离及非电离辐射、声能和生物能等。在矿山伤害事故中机械能造成伤害的情况最为常见，其次是电能、热能及化学能造成的伤害。

意外释放的机械能造成的伤害事故是矿山伤害事故的主要形式。矿山生产的立体作业方式使人员、矿岩及其他位于高处的物体具有较高的势能。当人员具有的势能意外释放时，将发生坠落或跌落事故；当矿岩或其他物体具有的势能意外释放时，将发生冒顶片帮、山崩、滑坡及物体打击等事故。除了势能外，动能是另一种形式的机械能。矿山生产中使用的各种运输设备，特别是各种矿山车辆，以及各种机械设备的运动部分，具有较大的动能。人员一旦与之接触，则将发生车辆伤害或机械伤害。据统计，势能造成的事故伤亡人数占井下各种事故伤亡人数的一半以上；动能造成的事故伤亡人数占露天矿各类事故伤亡人数的第一位。因此，预防由机械能导致的伤害事故在矿山安全中具有十分重要的意义。

矿山生产中广泛利用电能，当人员意外地接触或接近带电体时，可能发生触电事故而受到伤害。

矿山生产中要利用热能，矿山火灾时可燃物燃烧时释放出大量热能，矿山生产中利用的电能、机械能或化学能可以转变为热能。人体在热能的作用下可能遭受烫伤或烧灼。

炸药爆炸后的炮烟及矿山火灾气体等有毒有害气体使人员中毒是化学能引起的典型伤害事故。

人体对每一种形式能量的作用都有一定的抵抗能力，或者说有一定的伤害阈值。当人体与某种形式的能量接触时能否产生伤害及伤害的严重程度如何，主要取决于作用于人体能量的大小。作用于人体的能量越多，造成严重伤害的可能性越大。例如，球形弹丸以4.9N的冲击力打击人体时，只能轻微地擦伤皮肤；重物以68.6N的冲击力打击人的头部，会造成头骨骨折。此外，人体接触能量的时间和频率、能量的集中程度，以及接触能量的部位等也影响人员伤害的发生情况。

该理论提醒人们要经常注意生产过程中能量的流动、转换以及不同形式能量的相互作用，防止发生能量的意外逸出或释放。

3.2.2 屏蔽

调查矿山伤亡事故原因发现，大多数矿山伤亡事故都是因为过量的能量或干扰人体与外界正常能量交换的危险物质的意外释放引起的，并且几乎毫无例外地，这种过量能量或危险物质的意外释放都是由于人的不安全行为或物的不安全状态造成的，即人的不安全行为或物的不安全状态使得能量或危险物质失去了控制，是能量或危险物质释放的导火线。

从能量意外释放论出发，预防伤害事故就是防止能量或危险物质的意外释放，防止人体与过量的能量或危险物质接触。我们把约束、限制能量所采取的措施称为屏蔽（与下面将介绍的屏蔽设施不同，此处是广义的屏蔽）。

矿山生产中常用的防止能量意外释放的屏蔽措施有如下几种：

（1）用安全能源代替危险能源。在有些情况下，某种能源危险性较高，可以用较安全的能源取代。例如，在采掘工作面用压缩空气动力代替电力，防止发生触电事故。但是应该注意，绝对安全的事物是没有的，压缩空气用作动力也有一定的危险性。

（2）限制能量。在生产工艺中尽量采用低能量的工艺和设备。例如，限制露天矿爆破装药量以防止飞石伤人，利用低电压设备防止电击，限制设备运转速度以防止机械伤害等。

（3）防止能量蓄积。能量的大量蓄积会导致能量的突然释放，因此要及时泄放能量防止能量蓄积。例如，通过接地消除静电蓄积，利用避雷针放电保护重要设施等。

（4）缓慢地释放能量。缓慢地释放能量降低单位时间内释放的能量，减轻能量对人体的作用。例如，各种减振装置可以吸收冲击能量，防止伤害人员。

（5）设置屏蔽设施。屏蔽设施是一些防止人员与能量接触的物理实体。它们可以被设置在能源上，例如安装在机械转动部分外面的防护罩；也可以被设置在人员与能源之间，例如安全围栏、井口安全门等。人员佩戴的个体防护用品可看做是设置在人员身上的屏蔽设施。在生产过程中也有两种或两种以上的能量相互作用引起事故的情况。例如，矿井杂散电流引爆电雷管造成炸药意外爆炸，车辆压坏电缆绝缘物导致漏电等。为了防止两种能量间的相互作用，可以在两种能量间设置屏蔽。

（6）信息形式的屏蔽。各种警告措施可以阻止人的不安全行为，防止人员接触能量。

根据可能发生意外释放的能量的大小，可以设置单一屏蔽或多重屏蔽，并且应该尽早设置屏蔽，做到防患于未然。

3.3　系统安全与系统安全工程

3.3.1　系统安全

20 世纪 50 年代以后，科学技术进步的一个显著特征是设备、工艺和产品越来越复杂。战略武器研制、宇宙开发和核电站建设等使得作为现代先进科学技术标志的大规模复杂系统相继问世。这些复杂的系统往往由数以千万计的元件、部件组成，元件、部件之间以非常复杂的关系相连接；在它们被研制及使用的过程中常常涉及高能量。系统中的微小差错就会引起大量能量的意外释放，导致灾难性的事故，"蝼蚁之穴"可毁千里长堤。这些大规模复杂系统的安全性问题受到了人们的关注。

系统安全是人们为解决复杂系统的安全性问题而开发、研究出来的安全理论、原则、方法体系。所谓系统安全，是在系统寿命期间内应用系统安全工程和管理方法，辨识系统中的危险源，并采取控制措施使其危险性最小，从而使系统在规定的性能、时间和成本范围内达到最佳的安全程度。从安全科学理论的角度，系统安全包含如下许多创新的安全观念。

3.3.1.1　危险源是事故发生的原因

系统安全认为，系统中存在的危险源是事故发生的根本原因。按定义，危险源是可能导致事故的潜在的不安全因素。系统中不可避免地会存在着某些种类的危险源。系统安全的基本内容就是辨识系统中的危险源，采取措施消除和控制系统中的危险源，使系统安全。

危险性是指某种危险源导致事故、造成人员伤亡或财物损失的可能性。一般地，危险性包括危险源导致事故的可能性和一旦发生事故造成人员伤亡、财物损失或环境污染的后果严重程度两个方面的问题。在定量地描述危险源的危险性时，采用危险度作为指标；在概率地评价危险源的危险性时，一般认为危险度等于危险源导致事故的概率和事故后果严重度的乘积。

为了实现系统安全需要采取措施控制危险源。在危险源控制方面有著名的系统安全三命题：

（1）不可能彻底消除一切危险源和危险性；

（2）可以采取措施控制危险源，减少现有危险源的危险性；

（3）宁可降低系统整体的危险性，而不是只彻底地消除几种选定的危险源及其危险性。

由于人的认识能力有限，有时不能完全认识系统中的危险源及其危险性；即使认识了现有的危险源，随着科学技术的发展，新技术、新工艺、新能源、新材料和新产品的出现，又会产生新的危险源。对于已经认识了的危险源，受技术、资金、劳动力等诸多因素的限制，完全根除也是办不到的。因此，系统安全的目标是努力控制危险源，把后果严重的事故的发生可能性降到最低，或者万一发生事故时，造成的人员伤亡和财产损失最少。

3.3.1.2　没有绝对安全

由于不可能彻底消除系统中的一切危险源和危险性，即系统中一定存在危险源和危险性，也就意味着没有绝对的安全。

长时间以来，人们一直把安全和危险看做截然不同的、相互对立的事情，认为某一事物或者安全或者危险，没有中间状态。许多辞典里把安全一词解释为"没有危险的状态"；在日常安全工作中把安全理解为"不会发生事故，不会导致人员伤害或财物损失的状态"。系统安全与以往的安全观念不同，认为世界上没有绝对安全的事物，任何事物中都包含有不安全的因素，具有一定的危险性，安全只是一个相对的概念。

一个工厂、一个生产过程在一段时间内可能没有发生事故，但是却不能保证永远不发生事故。事故是一种出乎人们意料之外的事件，其发生与否并不取决于人的主观愿望。"事故为零"只能是安全工作的奋斗目标，通过安全工作的艰苦努力使事故发生间隔时间尽可能延长，使事故发生率逐渐减少而趋近于零，却永远不能真正达到事故为零。平时人们说某工厂、某生产过程安全时，是把它与本厂某阶段或其他不安全的工厂、生产过程相比较而言。"安全的"工厂、生产过程并不意味着已经杜绝了事故和事故损失，只不过相对地事故发生率较低，事故损失较少并在允许限度内而已。

既然没有绝对的安全，系统安全所追求的目标也就不是"事故为零"那样的极端理想的情况，而是达到"最佳的安全程度"，一种实际可能的、相对的安全目标。

安全是相对的，危险是绝对的。所谓安全，就是没有超过允许限度的危险，也就是发生事故、造成人员伤亡或财物损失的危险没有超过允许的限度。这种"允许限度的危险"被称作"可接受的危险"，是人们用来判别安全与危险的基准。每个人、甚至同一个人在不同场合的可接受危险都不尽相同，在安全工程领域以社会大众的可接受危险作为判别安全与危险的标准，称之为"社会允许危险"。

3.3.1.3　不可靠是不安全的原因

可靠性是判断、评价系统性能的一个重要指标，表明系统在规定的条件下，在规定的时间内完成规定功能的性能。系统由于性能低下而不能完成规定的功能的现象称作故障或失效。系统的可靠性越高，发生故障的可能性越小，完成规定功能的可能性越大。当系统很容易发生故障时，则系统很不可靠。

许多情况下，系统不可靠会导致系统不安全。当系统发生故障时，不仅影响系统功能的实现，而且有时会导致事故，造成人员伤亡或财物损失。例如，飞机的发动机发生故障时，不仅影响飞机正常飞行，而且可能使飞机失去动力而坠落，造成机毁人亡的后果。系统安全的一个重要观点是提高系统安全性应该从提高系统可靠性入手。

可靠性着眼于维持系统功能的发挥，实现系统目标；安全性着眼于防止事故发生，避免人员伤亡和财物损失。两者的着眼点不同。可靠性研究故障发生以前直到故障发生为止的系统状态；安全性则侧重于故障发生后故障对系统的影响，故障是可靠性和安全性的连接点。在防止故障发生这一点上，可靠性和安全性是一致的。许多情况下，采取提高系统可靠性的措施，既可以保证实现系统的功能，又可以提高系统的安全性。

系统不可靠是因为构成系统的元素不可靠。构成系统的机械设备等物的不可靠称作故障或失效；作为系统元素的人在发挥功能时也有个可靠性问题，当人不能实现其规定的功能时称作人失误。系统安全认为，为了保证系统的安全性需要防止物的故障、失效和人失误。

3.3.1.4　安全工作贯穿于系统的整个寿命期间

系统安全的一个基本原则是，早在一个新系统的构思阶段就必须考虑其安全性问题，制定并开始执行安全工作规划，进行系统安全工作，并把系统安全工作贯穿于整个系统寿命期间，直到系统报废为止。

该项原则充分体现了系统安全的重要特征：安全工作不是仅仅在系统运行阶段进行，而是贯穿于整个系统寿命期间。即在新系统的立项、可行性论证、设计、建造、试运转、运转、维修直到废弃的各个阶段都要辨识、评价、控制系统中的危险源。特别是在新系统的立项、可行性论证和设计阶段进行的系统安全工作，包括预测新系统中可能出现的危险源及其危险性，通过良好的工程设计消除或控制它们，更能体现预防为主的安全工作方针。

3.3.2　产品安全与产品责任

进入 20 世纪 70 年代，产品安全问题日益突出。作为现代物质文明的各种工业产品带给人们福祉的同时，也给人们带来更多的危险。特别是，许多与人们生活密切相关的产品要面向包括老弱病残、妇孺等各类人员。面对激烈的市场竞争，制造厂家不能对用户提出各种各样严格的使用要求，只能考虑如何把自己的产品制造得更加安全，只要用户使用时稍加注意就可以免遭伤害。相应地，制造厂家必须对其产品的安全性负责的"产品责任"理念出现了。欧美一些国家、日本等相继颁布了"产品责任法"，要求厂家为其产品的安全性负责，保障用户在使用其产品过程中的安全。我国的《产品质量法》中有相关的条款。

产品责任理念也扩展到了生产过程安全领域。生产过程中使用的机械设备、装置，其至原材料等也是产品，作为这些机械设备、装置和原材料等的制造厂家也必须采取措施消除、控制其中的危险源，降低它们的危险性，保障其使用者使用过程中的安全。根据这种理念，防止生产过程中机械设备、装置和原材料等发生事故、造成人员伤亡的主要责任在机械设备、装置和原材料等的制造厂家，而不是使用它们的用户、操作者。

产品是由生产厂家制造的，除了制造过程之外产品的设计对产品的安全性能起着决定性的作用。近年来，国际社会在"产品责任"理念的基础上又萌生了"产品责任预防"的理念，并且已经体现在一些国际安全技术标准中。根据产品责任预防理念，产品的设计者必须根据"采用当代技术（state of the art）"的原则，预测产品可能带来的安全问题并通过设计保证产品的安全性。这样，预防事故的主要责任就落在了设计者的肩上。

系统安全、产品安全的基本理念是本质安全，强调系统或产品"内在的"安全而不是"附加上去的"安全。在矿山生产领域，本质安全是指相对于依靠对人的管理、"操作者的注意"实现的安全，工艺过程、机械设备、装置和原材料等的安全才是本质上的安全。相应地，矿山系统的设计者和建造者承担主要的系统安全责任。

3.3.3 系统安全工程

系统安全工程运用科学和工程技术手段辨识、消除或控制系统中的危险源，实现系统安全。系统安全工程包括系统危险源辨识、危险性评价、危险源控制等基本内容。

3.3.3.1 危险源辨识

危险源辨识是发现、识别系统中危险源的工作。这是一件非常重要的工作，它是危险源控制的基础，只有辨识了危险源之后才能有的放矢地考虑如何采取措施控制危险源。

危险源辨识方法可以粗略地分为两大类：

（1）对照法。与有关的标准、规范、规程或经验相对照来辨识危险源。有关的标准、规范、规程，以及常用的安全检查表，都是在大量实践经验的基础上编制而成的。因此，对照法是一种基于经验的方法，适用于有以往经验可供借鉴的情况。

（2）系统安全分析法。系统安全分析是从安全角度进行的系统分析，通过揭示系统中可能导致系统故障或事故的各种因素及其相互关联来辨识系统中的危险源。系统安全分析法经常被用来辨识可能带来严重事故后果的危险源，也可用于辨识没有事故经验的系统的危险源。系统越复杂，越需要利用系统安全分析法来辨识危险源。

3.3.3.2 危险源控制

危险源控制是利用工程技术和管理手段消除、控制危险源，防止危险源导致事故、造成人员伤害和财物损失的工作。

危险源控制的基本理论依据是能量意外释放论。

控制危险源主要通过技术手段来实现。危险源控制技术包括防止事故发生的安全技术和减少或避免事故损失的安全技术。前者在于约束、限制系统中的能量，防止发生意外的能量释放；后者在于避免或减轻意外释放的能量对人或物的作用。显然，在采取危险源控制措施时，我们应该着眼于前者，做到防患于未然。另外，也应做好充分准备，一旦发生事故时防止事故扩大或引起其他事故（二次事故），把事故造成的损失限制在尽可能小的范围内。

管理也是危险源控制的重要手段。管理的基本功能是计划、组织、指挥、协调、控制。通过一系列有计划、有组织的系统安全管理活动，控制系统中人的因素、物的因素和环境因素，以有效地控制危险源。

3.3.3.3　危险性评价

系统危险性评价是对系统中危险源危险性的综合评价。危险源的危险性评价包括对危险源自身危险性的评价和对危险源控制措施效果的评价两方面的问题。

系统中危险源的存在是绝对的，任何工业生产系统中都存在着若干危险源。受实际的人力、物力等方面因素的限制，不可能完全消除或控制所有的危险源，只能集中有限的人力、物力资源消除、控制危险性较大的危险源。在危险性评价的基础上，按其危险性的大小把危险源分类排队，可以为确定采取控制措施的优先次序提供依据。

采取了危险源控制措施后进行的危险性评价，可以表明危险源控制措施的效果是否达到了预定的要求。如果采取控制措施后危险性仍然很高，则需要进一步研究对策，采取更有效的措施使危险性降低到允许危险的标准。当危险源的危险性很小时可以被忽略，则不必采取进一步的控制措施。

3.3.4　两类危险源

实际上，系统或产品中的危险源——不安全因素种类繁多、非常复杂，它们在导致事故发生、造成人员伤害和财物损失方面所起的作用很不相同，它们的辨识、控制和评价方法也很不相同。根据危险源在事故发生、发展中的作用，把危险源划分为两大类，即第一类危险源和第二类危险源。

3.3.4.1　第一类危险源

根据能量意外释放论，事故是能量或危险物质的意外释放，作用于人体的过量的能量或干扰人体与外界能量交换的危险物质是造成人员伤害的直接原因。于是，把系统中存在的、可能发生意外释放的能量或危险物质称作第一类危险源。

一般地，能量被解释为物体做功的本领。做功的本领是无形的，只有在做功时才显现出来。因此，实际工作中往往把产生能量的能量源或拥有能量的能量载体看做第一类危险源来处理。例如，带电的导体、奔驰的车辆等。

可以列举常见的第一类危险源如下：

（1）产生、供给能量的装置、设备；

（2）使人体或物体具有较高势能的装置、设备、场所；

（3）能量载体；

（4）一旦失控可能产生巨大能量的工艺过程、装置、设备或场所，如强烈放热反应的化工工艺、装置等；

（5）一旦失控可能发生能量蓄积或突然释放的工艺过程、装置、设备或场所，如各种压力容器等；

（6）危险物质，如各种有毒、有害、可燃烧爆炸的物质等；

（7）生产、加工、储存危险物质的工艺过程、装置、设备或场所；

（8）人体一旦与之接触将导致人体能量意外释放的物体。

第一类危险源具有的能量越多，一旦发生事故其后果越严重。相反，第一类危险源处于低能量状态时比较安全。同样，第一类危险源包含的危险物质的量越多，干扰人的新陈代谢越严重，其危险性越大。

3.3.4.2 第二类危险源

在生产、生活中，为了利用能量，让能量按照人们的意图在系统中流动、转换和做功，必须采取措施约束、限制能量，即必须控制危险源。约束、限制能量的屏蔽应该可靠地控制能量，防止能量意外地释放。实际上，绝对可靠的控制措施并不存在。在许多因素的复杂作用下约束、限制能量的控制措施可能失效，能量屏蔽可能被破坏而发生事故。导致约束、限制能量措施失效或破坏的各种不安全因素称作第二类危险源。

从系统安全的观点来考察，使能量或危险物质的约束、限制措施失效、破坏的原因因素，即第二类危险源，包括人、物、环境三个方面的问题。

人的问题包括人的不安全行为和人失误，根据人失误的定义人的不安全行为也可以看做是人失误，是事故现场的操作者直接导致事故的人失误。人失误可能直接破坏对第一类危险源的控制，造成能量或危险物质的意外释放。例如，合错了开关使检修中的线路带电，误开阀门使有害气体泄放等。人失误也可能造成物的故障，物的故障进而导致事故。例如，超载起吊重物造成钢丝绳断裂，发生重物坠落事故。

物的因素问题包括物的不安全状态和物的故障或失效，从可靠性的角度来看，物的不安全状态也属于物的故障或失效。物的故障或失效可能直接使约束、限制能量或危险物质的措施失效而发生事故。例如，电线绝缘损坏发生漏电；管路破裂使其中的有毒有害介质泄漏等。有时一种物的故障或失效可能导致另一种物的故障或失效，最终造成能量或危险物质的意外释放。例如，压力容器的泄压装置故障，使容器内部介质压力上升，最终导致容器破裂。物的故障有时会诱发人失误；人失误会造成物的故障，实际情况比较复杂。

环境因素主要指系统运行的环境，包括温度、湿度、照明、粉尘、通风换气、噪声和振动等物理环境，以及企业和社会的软环境。不良的物理环境会引起物的故障、失效或人失误。例如，潮湿的环境会加速金属腐蚀而降低结构或容器的强度；工作场所强烈的噪声影响人的情绪，分散人的注意力而发生人失误；企业的管理制度、人际关系或社会环境影响人的心理，可能引起人失误。

第二类危险源往往是一些围绕第一类危险源随机发生的现象，它们出现的情况决定事故发生的可能性。第二类危险源出现得越频繁，发生事故的可能性越大。

3.3.4.3 两类危险源与事故

一起事故的发生是两类危险源共同起作用的结果。第一类危险源的存在是事故发生的前提，没有第一类危险源就谈不上能量或危险物质的意外释放，也就无所谓事故。另外，如果没有第二类危险源破坏对第一类危险源的控制，也不会发生能量或危险物质的意外释放。第二类危险源的出现是第一类危险源导致事故的必要条件。

在事故的发生、发展过程中，两类危险源相互依存、相辅相成。第一类危险源在事故发生时释放出的能量是导致人员伤害或财物损坏的能量主体，决定事故后果的严重程度；第二类危险源出现的难易决定事故发生的可能性的大小。两类危险源共同决定危险源的危险性。防止事故既要控制第一类危险源也要控制第二类危险源。

3.4 可靠性与安全

3.4.1 可靠性的基本概念

可靠性是指系统或系统元素在规定的条件下和规定的时间内，完成规定的功能的性能。可靠性是判断和评价系统或元素的性能的一个重要指标。当系统或元素在运行过程中因为性能低下而不能实现预定的功能时，则称发生了故障。故障的发生是人们所不希望的，却又是不可避免的。故障迟早总会发生，人们只能设法使故障发生得晚些，让系统、元素能够尽可能长时间地工作。一般来说，机械设备、装置、用具等物的系统或元素的故障，可能导致物的不安全状态或引起人的不安全行为。因此，可靠性与安全性有着密切的因果关系。

故障的发生具有随机性，需要应用概率统计的方法来研究可靠性。系统或元素在规定的条件下和规定的时间内，完成规定的功能的概率称为可靠度。可靠度是可靠性的定量描述，其数值在 0~1 之间。可靠度与运行时间有关。随着运行时间的增加，可靠度逐渐降低。这符合"旧的不如新的"的一般规律。用 R 表示可靠度，则可靠度随运行时间 t 的变化规律可以表示为

$$R(t) = \exp\left[-\int_0^t \lambda(t)\,\mathrm{d}t\right] \tag{3-1}$$

式中，$\lambda(t)$ 为故障率，等于单位时间里发生故障的比率，表明系统、元素发生故障的难易程度。根据故障率随时间变化的情况，把故障分为初期故障、随机故障及磨损故障三种类型。

初期故障发生在系统或元素投入运行的初期，是由于设计、制造、装配不良或使用方法不当等原因造成的，其特点是故障率随运行时间的增加而减少；随机故障发生在系统或元素正常运行阶段，是由于一些复杂的、不可控制的，甚至未知的因素造成的，其故障率基本恒定；磨损故障发生在运行时间超过寿命期间之后，由于磨损、老化等原因故障率急剧上升。图3-5 为典型的故障率随时间变化曲线，习惯上把它称作浴盆曲线。

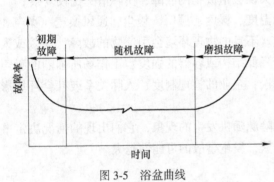

图 3-5 浴盆曲线

矿山生产中经常遇到的系统或元素故障主要是随机故障。由于随机故障的故障率近似于常数，即 $\lambda(t) = \lambda$，因此式（3-1）变为

$$R(t) = e^{-\lambda t} \tag{3-2}$$

到 t 时刻系统或元素发生故障的概率 $F(t)$ 为：

$$F(t) = 1 - R(t) = 1 - e^{-\lambda t} \tag{3-3}$$

式（3-3）与式（2-7）的形式完全一样，只是 λ 的含义略有不同。

系统或元素自投入运行开始到故障发生的时间经过称作故障时间。故障时间的平均值 θ 是故障率 λ 的倒数，即 $\theta = 1/\lambda$。在故障发生后不再修复使用的场合，故障时间的平均值

称为平均故障时间，记为 MTTF；对于故障后经修理重复使用的情况，把它称作平均故障间隔时间，记为 MTBF。

3.4.2 简单系统的可靠性

系统是由若干元素构成的。系统的可靠性取决于元素可靠性及系统结构。按系统故障与元素故障之间的关系，可以把简单系统分为串联系统和冗余系统两大类。

3.4.2.1 串联系统的可靠性

串联系统又称基本系统，从实现系统功能的角度来看，它是由各元素串联组成的系统。串联系统的特征是，只要构成系统的元素中的一个元素发生了故障，就会造成系统故障。图 3-6 为表示串联系统的可靠性框图。

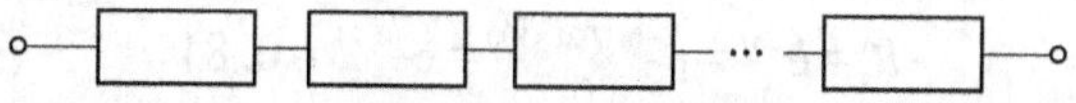

图 3-6 串联系统图

由 n 个元素组成的串联系统的可靠度 R_s 等于各个元素可靠度 R_i 的乘积：

$$R_s = \prod_{i=1}^{n} R_i \tag{3-4}$$

由于可靠度是 0~1 之间的数，所以系统的可靠度低于元素的可靠度，并且组成系统的元素越多，系统的可靠度越低。

例 3-1 组成串联系统的三个元素的平均故障时间分别是 200h、80h、300h，求系统的平均故障时间。

解：由式（3-4）和式（3-2），系统可靠度为

$$R_s = R_1 \cdot R_2 \cdot R_3$$
$$= e^{-\lambda_1 t} \cdot e^{-\lambda_2 t} \cdot e^{-\lambda_3 t}$$
$$= e^{-(\lambda_1 + \lambda_2 + \lambda_3)t}$$

于是

$$\lambda_s = \lambda_1 + \lambda_2 + \lambda_3 = \frac{1}{\theta_1} + \frac{1}{\theta_2} + \frac{1}{\theta_3}$$
$$= \frac{1}{200} + \frac{1}{80} + \frac{1}{300}$$
$$= \frac{1}{48}$$

系统的平均故障时间为

$$\theta_s = \frac{1}{\lambda_s} = 48 \ (\text{h})$$

3.4.2.2 冗余系统的可靠性

所谓冗余，是把若干元素附加于构成基本系统的元素之上来提高系统可靠性的方法。附加的元素称作冗余元素；含有冗余元素的系统称作冗余系统。冗余系统的特征是，只有一个或几个元素发生故障时系统不一定发生故障。按实现冗余的方式不同，冗余系统分为并联系统、备用系统及表决系统。

（1）并联系统。在并联系统中冗余元素与原有元素同时工作，只要其中的一个元素不

发生故障，系统就能正常运行。图 3-7 为表示并联系统的可靠性框图。并联系统的故障概率 F_s 等于各元素故障概率 F_i 的乘积：

$$F_s = \prod_{i=1}^{n} F_i \qquad (3\text{-}5)$$

系统的可靠度与元素的可靠度之间的关系可用式（3-6）表示：

$$R_s = 1 - \prod_{i=1}^{n} (1 - R_i) \qquad (3\text{-}6)$$

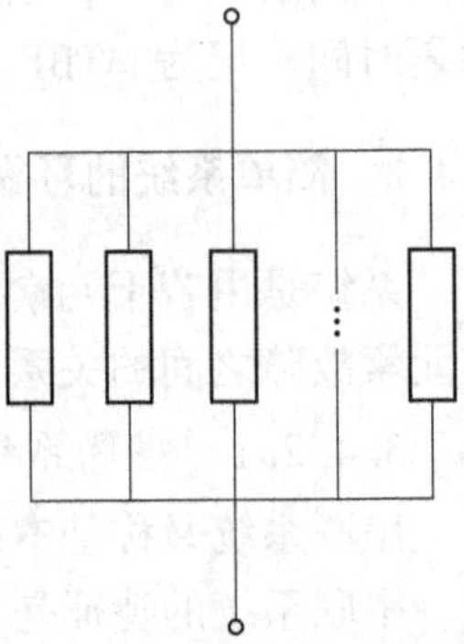

例 3-2　某种元素的故障率为 0.0021（1/h），试计算由三个这种元素构成的并联系统投入运行 100h 后的可靠度。

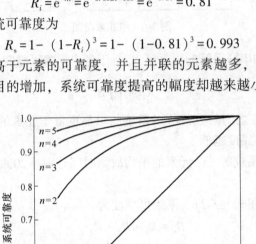

图 3-7　并联系统图

解：按式（3-2）计算元素运行到 100h 后的可靠度为

$$R_i = e^{-\lambda t} = e^{-0.0021 \times 100} = e^{-0.21} = 0.81$$

根据式（3-6），系统可靠度为

$$R_s = 1 - (1 - R_i)^3 = 1 - (1 - 0.81)^3 = 0.993$$

并联系统的可靠度高于元素的可靠度，并且并联的元素越多，则系统的可靠度越高。但是，随着并联元素数目的增加，系统可靠度提高的幅度却越来越小（见图 3-8）。

图 3-8　并联系统可靠度

（2）备用系统。备用系统的冗余元素平时处于备用状态，当原有元素故障时才投入运行。为了保证备用系统的可靠性，必须有可靠的故障检测机构和使备用元素及时投入运行的转换机构。

（3）表决系统。构成系统的 n 个元素中有 k 个不发生故障，系统就能正常运行的系统称作表决系统。表决系统的性能处于串联系统和并联系统性能之间，多用于各种安全监测系统，使之有较高的灵敏度和一定的抗干扰性能。

3.4.3　提高系统可靠性的途径

一般来说，可以从如下几方面采取措施来提高系统的可靠性：

（1）选用可靠度高的元素。高质量的元件、设备的可靠性高，由它们组成的系统可靠度也高。

（2）采用冗余系统。根据具体情况，可以采用并联系统、备用系统或表决系统。

（3）改善系统运行条件。控制系统运行环境中温度、湿度、防止冲击、振动、腐蚀等，可以延长元素、系统的寿命。

（4）加强预防性维修保养。及时、正确的维修保养可以延长使用寿命；在元素进入磨损故障阶段之前及时更换，可以维持恒定的故障率。

3.5 不安全行为的心理原因

根据心理学的研究，人的行为是个人因素与外界因素相互关联、共同作用的结果。个人因素是人的行为的内因，在矿山生产过程中人的行为主要取决于人的信息处理过程，个人的经验、技能、气质、性格等在长时期内形成的特征，以及发生事故时相对短时间里的个人生理、心理状态，如疲劳、兴奋等影响人的信息处理过程。外界因素，包括生产作业条件及人际关系等，是人的行为的外因。外因通过内因起作用。

3.5.1 人的信息处理过程

人的信息处理过程可以简单地表示为输入→处理→输出。输入是经过人的感官接受外界刺激或信息的过程。在处理阶段，大脑把输入的刺激或信息进行选择、记忆、比较和判断，做出决策。输出是通过人的运动器官或发音器官把决策付诸实现的过程。图3-9为人的信息处理过程模型。

3.5.1.1 知觉

知觉是人脑对于直接作用于感觉器官的事物整体的反映，是在感觉的基础上形成的。感觉是直接作用于人的感觉器官的客观事物的个别属性在人脑中的反映。实际上，人很少有单独的感觉产生，往往以知觉的方式反映客观事物。通常把感觉和知觉合称为感知。

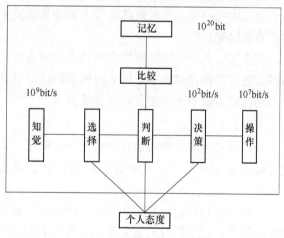

图3-9 人的信息处理过程

人的视、听、味、嗅、触觉器官同时从外界接受大量的信息。据研究，在工业生产过程中，操作者每秒钟接受的视觉信息可能高达 3×10^6 bit，听觉信息可能高达 3×10^4 bit。感觉器官接受的信息约以 10^9 bit/s 的速度向大脑中枢神经传递。

另一方面，作为信息处理中心的大脑的信息处理能力却非常低，其最大处理能力仅为 100bit/s 左右。感觉器官接受的信息量大而大脑处理信息能力低，在大脑中枢处理之前要对感官接受的信息进行预处理，即对接受的信息进行选择。在信息处理过程中人通过注意来选择输入信息。

3.5.1.2　注意

在信息处理过程中，人们把注意与有限的短期记忆能力、决策能力结合起来，选择每一瞬间应该处理的信息。

注意是人的心理活动对一定对象的指向和集中。注意的品质包括注意的稳定性、注意的范围、注意的分配及注意的转移。

注意的稳定性也称持久性，是指把注意保持在一个对象上或一种活动上所能持续的时间。人对任何事物都不可能长期持久地注意下去，在注意某事物时总是存在着无意识的瞬间。也就是说，不注意是人的意识活动的一种状态，存在于注意之中。据研究，对单一不变的刺激，保持明确意识的时间一般不超过几秒钟。注意的稳定性除了与对象的内容、复杂性有关外，还与人的意志、态度、兴趣等有关。

注意的范围是指同一时间注意对象的数量。扩大注意范围可以使人同时感知更多的事物，接受更多的信息，提高工作效率和作业安全性。注意范围太小会影响注意的转移和分配，使精神过于紧张而诱发误操作。注意的范围受注意对象的特点、工作任务要求及人员的知识和经验等因素的影响。

注意的分配是指在同一时间内注意两种或两种以上不同对象或活动。现代矿山生产作业往往要求人员同时注意多个对象，进行多种操作。如果人员至少能熟练地进行一种操作，则可以把大部分注意力集中于较生疏的操作上。当注意分配不好时，可能出现顾此失彼现象，最终导致发生事故。通过技术培训和操作训练可以提高职工的注意分配能力。

注意的转移是指有目的、及时而迅速地把注意由一个对象转移到另一个对象上。矿山生产作业很复杂，环境条件也经常变化。如果注意转移得缓慢，则不能及时发现异常而导致危险局面的出现。注意转移的快慢和难易取决于对原对象的注意强度，以及引起注意转移的对象的特点等。

注意在防止矿山伤害事故方面具有重要意义。安全教育的一个重要方面就在于使人员懂得，在生产操作过程中的什么时候应该注意什么。利用警告可以唤起操作者的注意，让他们把注意力集中于可能会被漏掉的信息。

3.5.1.3　记忆

经过预处理后的输入信息被存储于记忆中。人脑具有惊人的记忆能力，正常人的脑细胞总数多达100亿个，其中有意识的记忆容量为1000亿bit，下意识的记忆容量为100亿bit。

记忆分为短期记忆和长期记忆。输入的信息首先进入短期记忆中。短期记忆的特点是记忆时间短，过一段时间就会忘记，并且记忆容量有限，当人员记忆7位数时就会出错。当干扰信息进入短期记忆中时，短期记忆里原有的信息被排挤掉，发生遗忘现象而可能导致事故。经过多次反复记忆，短期记忆中的东西就进入了长期记忆。长期记忆可以使信息长久地，甚至终生不忘地在头脑里保存下来。人们的知识、经验都存储在长期记忆中。

3.5.1.4　决策

针对输入的信息，长期记忆中的有关信息（知识、经验）被调出并暂存于短期记忆中，与进入短期记忆的输入信息相比较，进行识别、判断然后做出决策，选择恰当的行为。

　　人们为了做出正确的决策，必须获取充足的外界信息，具有丰富的知识和经验，以及充裕的决策时间。一般来说，做出决策需要一定的思考时间。在生产任务紧迫或面临危险的情况下，往往由于没有足够的决策时间而匆匆做出决定，结果发生决策失误。熟练技巧可以使人员不经决策而下意识地进行条件反射式的操作。这一方面可以使人员高效率地从事生产操作，另一方面，在异常情况下，下意识的条件反射可能导致不安全行为。此外，个人态度、决策能力和执行决策能力对决策有重要的影响。

3.5.1.5　行为

　　大脑中枢做出的决策指令经过神经传达到相应的运动器官（或发音器官），转化为行为。运动器官动作的同时把关于动作的信息经过神经反馈给大脑中枢，对行为的进行情况进行监测。已经熟练的行为进行时一般不需要监测，并且在行为进行的同时，可以对新输入的信息进行处理。

　　为了正确地进行决策所规定的行为，机械设备、用具及工作环境符合人机学要求是非常必要的。

3.5.2　个性心理特征与不安全行为

　　个性心理特征是个体稳定地、经常地表现出来的能力、性格、气质等心理特点的总和。不同的人其个性心理特征是不同的。每个人的个性心理特征在先天素质的基础上，在一定的社会条件下，通过个体具体的社会实践活动，在教育和环境的影响下形成和发展。

　　能力是直接影响活动效率，使得活动顺利完成的个性心理特征。矿山生产的各种作业都要求人员具有一定的能力才能胜任。一些危险性较高、较重要的作业特别要求操作者有较高的能力。通过安全教育、技术培训和特种作业培训，可以使职工在原有能力基础上进一步提高，实现安全生产。

　　性格是人对事物的态度或行为方面的较稳定的心理特征，是个性心理的核心。知道了一个人的性格，就可以预测在某种情况下他将如何行动。鲁莽、马虎、懒惰等不良性格往往是产生不安全行为的原因。但是，人的性格是可以改变的。安全管理工作的一项任务就是发现和发展职工的认真负责、细心、勇敢等良好性格，克服那些与安全生产不利的性格。

　　气质主要表现为人的心理活动的动力方面的特点。它包括心理过程的强度和稳定性、速度以及心理活动的指向性（外向型或内向型）等。人的气质不以活动的内容、目的或动机为转移。气质的形成主要受先天因素的影响，教育和社会影响也会改变人的气质。

　　人的气质分为多血质、胆汁质、黏液质和抑郁质四种类型。各种类型的典型特征如下：

　　（1）多血质型。具有这种气质的人活泼好动，反应敏捷，喜欢与人交往，注意力容易转移，兴趣多变。

　　（2）胆汁质型。这种类型的人直率热情，精力旺盛，情感强烈，易于冲动，心境变化剧烈。他们大多是热情而性急的人。

　　（3）黏液质型。具有这种气质的人沉静、稳重，情绪不外露，反应缓慢，注意力稳定且难于转移。

　　（4）抑郁质型。这种类型的人观察细微，动作迟缓，多半是情感深厚而沉默的人。

气质类型无好坏之分，任何一种气质类型都有其积极的一面和消极的一面。在每一种气质的基础上都有可能发展起某些优良的品质或不良的品质。从矿山安全的角度，在选择人员，分配工作任务时要考虑人员的性格、气质。例如，要求迅速做出反应的工作任务由多血质型的人员完成较合适；要求有条不紊、沉着冷静的工作任务可以分配给黏液质类型的人。应该注意，在长期工作实践中人会改变自己原来的气质来适应工作任务的要求。

3.5.3　非理智行为

非理智行为是指那些"明知有危险却仍然去做"的行为。大多数的违章操作都属于非理智行为，在引起矿山事故的不安全行为中占有较大比例。非理智行为产生的心理原因主要有以下几个方面：

（1）侥幸心理。伤害事故的发生是一种小概率事件，一次或多次不安全行为不一定会导致伤害。于是，一些职工根据采取不安全行为也没有受到伤害的经验，认为自己运气好，不会出事故，或者得出了"这种行为不会引起事故"的结论。针对职工存在的侥幸心理，应该通过安全教育使他们懂得"不怕一万，就怕万一"的道理，自觉地遵守安全规程。

（2）省能心理。人总是希望以最小的能量消耗取得最大的工作效果，这是人类在长期生活中形成的一种心理习惯。省能心理表现为嫌麻烦、怕费劲、图方便，或者得过且过的惰性心理。由于省能心理作祟，操作者可能省略了必要的操作步骤或不使用必要的安全装置而引起事故。在进行工程设计、制定操作规程时要充分考虑职工由于省能心理而采取不安全行为问题。在日常安全管理中要利用教育、强制手段防止职工为了省能而产生不安全行为。

（3）逆反心理。在一些情况下个别人在好胜心、好奇心、求知欲、偏见或对抗情绪等心理状态下，产生与常态心理相对抗的心理状态，偏偏去做不该做的事情，产生不安全行为。

（4）凑兴心理。凑兴心理是人在社会群体中产生的一种人际关系的心理反应，多发生在精力旺盛、能量有剩余而又缺乏经验的青年人身上。他们从凑兴中得到心理满足，或消耗掉剩余的精力。凑兴心理往往导致非理智行为。

实际上导致不安全行为的心理因素很多，很复杂。在安全工作中要及时掌握职工的心理状态，经过深入细致的思想工作提高职工的安全意识，自觉地避免不安全行为。

3.6　矿山事故中的人失误

3.6.1　人失误的定义及分类

人失误，即人的行为失误，是指人员在生产、工作过程中实际实现的功能与被要求的功能不一致，其结果可能以某种形式给生产、工作带来不良影响。通俗地讲，人失误是人员在生产、工作中产生的差错或误差。人失误可能发生在计划、设计、制造、安装、使用及维修等各种工作过程中。人失误可能导致物的不安全状态或人的不安全行为。不安全行为本身也是人失误，但是，不安全行为往往是事故直接责任者或当事者的行为失误。一般来说，在生产、工作过程中人失误是不可避免的。

按人失误产生原因可以把它分成随机失误、系统失误和偶发失误三类。

（1）随机失误。这是由人的动作、行为的随机性质引起的人失误。例如，用手操作时用力的大小、精确度的变化、操作的时间差、简单的错误或一时的遗忘等。随机失误往往是不可预测、不会重复发生的。

（2）系统失误。这是由工作条件设计方面的问题或人员的不正常状态引起的失误。系统失误主要与工作条件有关，设计不合理的工作条件容易诱发人失误。容易引起人失误的工作条件大体上有两方面的问题：其一是工作任务的要求超出了人的承受能力；其二是规定的操作程序方面的问题，在正常工作条件下形成的下意识行动、习惯使人们不能应付突然出现的紧急情况。在类似的情况下，系统失误可能重复发生。通过改善工作条件及教育训练，能够有效地防止此类失误。

（3）偶发失误。偶发失误是由某种偶然出现的意外情况引起的过失行为，或者事先难以预料的意外行为。例如违反操作规程、违反劳动纪律的行为。

3.6.2 矿山人失误模型

矿山生产中存在着许多不安全因素，它们是矿山伤亡事故发生的根本原因。经验表明，有些矿山事故尽管在瞬间内发生，在此之前却有一个由不安全因素逐渐发展、演变为事故的相对较长的过程，并且出现一些特殊的迹象，表明事故将要发生。例如，采矿场发生大冒落前矿岩在地压作用下断裂发出响声，以及出现小块矿岩脱落的"掉渣"现象；矿井内因火灾发生前空气湿度增加，空气中水分在巷道壁凝聚出现所谓的"巷道出汗"现象等。人们已经积累了大量关于矿山事故征兆方面的知识。根据事故征兆出现的信息，人们可以判明危险因素的存在，预测某种矿山事故发生的可能性。此外，借助于先进的检测手段或安全监测系统提供的信息，能够可靠地发现潜在的危险因素，让人们及早采取措施防止事故发生。

矿山生产过程中与安全有关的各种信息不断出现，要求人们及时接受信息，做出正确的反应，采取恰当的行为。如果人们对外界的信息没有做出正确的反应，则将发生人失误。在面临危险局面而必须采取行为的场合，人失误可能导致伤害事故的发生。由于人的信息处理过程中每一环节都可能发生失误，因此，可以用图 3-10 所示的矿山人失误模型来说明矿山人失误的发生。

在矿山生产过程中可能有某种形式的信息，警告人员应该注意危险的出现。对于在生产现场的某人（当事人）来说，关于危险出现的信息称作

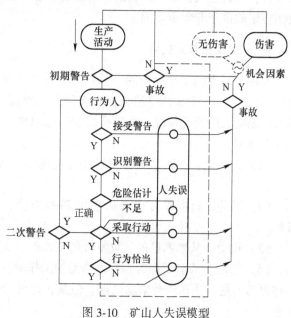

图 3-10　矿山人失误模型

初期警告。如果在没有关于危险出现的初期警告的情况下发生伤害事故，则往往是由于缺乏有效的检测手段，或者管理人员没有事先提醒人们存在着危险因素，当事人在不知道危险的情况下发生的事故，属于管理失误造成的事故。在存在初期警告的情况下，人员在接受、识别警告，或对警告做出反应方面的失误都可能导致事故：

（1）接受警告失误。尽管有初期警告出现，可是由于警告本身不足以引起人员注意，或者由于外界干扰掩盖了警告、分散了人员的注意力，或者由于人员本身的不注意等原因没有感知警告，因而不能发现危险情况。

（2）识别警告失误。人员接受到警告之后，只有从众多的信息中识别警告、理解警告的含义才能意识到危险的存在。如果工人缺乏安全知识和经验，就不能正确地识别警告和预测事故的发生。

（3）对警告反应失误。人员识别了警告而知道了危险即将出现之后，应该采取恰当措施控制危险局面的发展或者及时回避危险。为此应该正确估计危险性，采取恰当的行为及实现这种行为。人员根据对危险性的估计采取相应的行为避免事故发生。人员由于低估了危险性将对警告置之不理，因此对危险性估计不足也是一种失误，一种判断失误。除了缺乏经验而做出不正确判断之外，许多人往往麻痹大意而低估了危险性。即使在对危险性估计充分的情况下，人员也可能因为不知如何行动或心理紧张而没有采取行动，也可能因为选择了错误的行为或行为不恰当而不能摆脱危险。在矿山生产的许多作业过程中，威胁人员安全的主要危险来自矿山自然条件。受技术、经济条件的限制，人控制自然的能力是有限的，在许多情况下不能有效地控制危险局面。这种情况下，恰当的对策是迅速撤离危险区域，以避免受到伤害。

（4）二次警告。矿山生产作业往往是多人作业、连续作业。某人在接受了初期警告、识别了警告并正确地估计了危险性之后，除了自己采取恰当行为避免伤害事故外，还应该向其他人员发出警告，提醒他们采取防止事故措施。当事人向其他人员发出的警告称作二次警告，对其他人员来说，它是初期警告，在矿山生产过程中及时发出二次警告对防止矿山伤害事故也是非常重要的。

3.6.3　心理紧张与人失误

不注意是大脑正常活动的一种状态，注意力集中程度取决于大脑的意识水平（警觉度）。研究表明，意识水平降低而引起信息处理能力的降低是发生人失误的内在原因。根据人的脑电波的变化情况，可以把大脑的意识水平划分为无意识、迟钝、被动、能动和恐慌五个等级：

（1）无意识。在熟睡或癫痫发作等情况下，大脑完全停止工作，不能进行任何信息处理。

（2）迟钝。过度疲劳或者从事单调的作业，困倦或醉酒时，大脑的信息处理能力极低。

（3）被动。从事熟悉的、重复性的工作时，大脑被动地活动。

（4）能动。从事复杂的、不太熟悉的工作时，大脑清晰而高效地工作，积极地发现问题和思考问题，主动进行信息处理。但是，这种状态仅能维持较短的时间，然后进入被动状态。

（5）恐慌。工作任务过重，精神过度紧张或恐惧时，由于缺乏冷静而不能认真思考问题，信息处理能力降低。在极端恐慌时，会出现大脑"空白"现象，信息处理过程中断。

在矿山生产过程中人员正常工作时，大脑意识水平经常处在能动和被动状态下，信息处理能力高、失误少。当大脑意识水平处于迟钝或恐慌状态时，信息处理能力低、失误多。人的大脑意识水平与心理紧张度有密切的关系，而人的心理紧张程度主要取决于工作任务对人的信息处理要求的情况。

图 3-11 为人的信息处理能力与心理紧张度之间关系的示意图。由该图可以看出，存在着最优的心理紧张度，此时大脑的意识水平经常处于能动状态，信息处理能力最高，失误最少。可以把心理紧张度划分为四个等级：

（1）极低紧张度。当从事缺少刺激的、过于轻松的工作时，几乎不用动脑筋思考。

（2）最优紧张度。从事较复杂的、需要思考的作业时，大脑能动地工作。

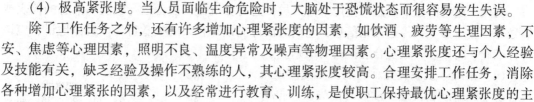

图 3-11 信息处理能力与心理紧张度

（3）稍高紧张度。在要求迅速采取行动或一旦发生失误可能出现危险的工作中，心理紧张度稍高，容易发生失误。

（4）极高紧张度。当人员面临生命危险时，大脑处于恐慌状态而很容易发生失误。

除了工作任务之外，还有许多增加心理紧张度的因素，如饮酒、疲劳等生理因素，不安、焦虑等心理因素，照明不良、温度异常及噪声等物理因素。心理紧张度还与个人经验及技能有关，缺乏经验及操作不熟练的人，其心理紧张度较高。合理安排工作任务，消除各种增加心理紧张的因素，以及经常进行教育、训练，是使职工保持最优心理紧张度的主要途径。

3.6.4 个人能力与人失误

在矿山生产作业中，人员要经常处理各种有关的信息，付出一定的智力和体力来承受工作负荷。如果人的信息处理能力过低，则将容易发生失误。每个人的信息处理能力是不同的，它取决于进行生产作业时人员的硬件状态、心理状态和软件状态。

硬件状态包括人员的生理、身体、病理和药理状态。疲劳、睡眠不足、醉酒、饥渴等，以及生物节律、倒班、生产作业环境中的不利因素等影响人员的生理状态，降低大脑的意识水平，从而降低信息处理能力。人体的感觉器官的灵敏性及感知范围影响人员对外界信息的接收；身体的各部分尺寸、各方向上力量的大小及运动速度等影响行为的进行。疾病、心理变态、精神不正常、脑外伤后遗症等病理状态影响大脑意识水平。服用某些药剂，如安眠药、镇静剂、抗过敏药物等，会降低大脑意识水平。

人员的心理状态直接影响心理紧张度。焦虑、恐慌等妨碍正常的信息处理；家庭纠纷、忧伤等引起的情绪不安定会分散注意力，甚至忘却必要的操作。工作任务、工作环境及人际关系等方面的问题也会影响人的心理状态。

软件状态是指人员在生产操作方面的技术水平、按作业规程和程序操作的能力及知识水平。在信息处理过程中软件状态对选择、判断、决策有重要的影响。随着矿山生产技术的进步，机械化、自动化程度的提高，对人员的软件状态的要求越来越高了。人的生理、心理状态在短时间内就会发生很大变化，而软件状态要经过长期的工作实践和经常的教育、训练才能改变。

3.7 人、机、环境匹配

矿山生产作业是由人员、机械设备、工作环境组成的人、机、环境系统。作为系统元素的人员、机械设备、工作环境合理匹配，使机械设备、工作环境适应人的生理、心理特征，才能使人员操作简便、准确、失误少、工作效率高。人机工程学（简称人机学）就是研究这个问题的科学。

人、机、环境匹配问题主要包括机器的人机学设计，人、机功能的合理分配及生产作业环境的人机学要求等。机器的人机学设计主要是指机器的显示器和操纵器的人机学设计。这是因为机器的显示器和操纵器是人与机器的交接面：人员通过显示器获得有关机器运转情况的信息；通过操纵器控制机器的运转。设计良好的人机交接面可以有效地减少人员在接受信息及实现行为过程中的人失误。

3.7.1 显示器的人机学设计

机械、设备的显示器是一些用来向人员传达有关机械、设备运行状况的信息的仪表或信号等。显示器主要传达视觉信息，它们的设计应该符合人的视觉特性。具体地讲，应该符合准确、简单、一致及合理排列的原则。

（1）准确。仪表类显示器的设计应该让人员容易正确地读数，减少读数时的失误。据研究，仪表面板刻度形式对读数失误率有较大影响。在图 3-12 所示的五种面板刻度形式中，以窗口形为最好，然后为圆形刻度，以下依次为半圆形、水平及竖直形刻度。

（2）简单。根据使用目的，显示器在满足功能要求的前提下越简单越好，以减轻人员的视觉负担，减少失误。

（3）一致。显示器指示的变化应该与机械、设备状态变化的方向一致。例如，仪表读数增加应该表示机器的输出增加；仪表指针的移动方向应该与机器的运动方向一致，或者与人的习惯一致。否则，很容易引起操作失误。

（4）合理排列。当显示器的数目较多时，例如大型设备、装置控制台（或控制盘）上的

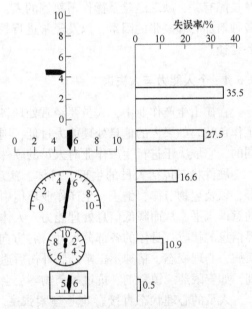

图 3-12 面板刻度形式与读数失误率

仪表、信号等，把它们合理地排列可以有效地减少失误。一般地，排列显示器时应该注意如下问题：

1）重要的、常用的显示器应该安排在视野中心的上、下30°范围内，这是视觉效率最

高的范围；

2）按其功能把显示器分区排列；

3）尽量把显示器集中安排在最优视野范围内；

4）显示器在水平方向上的排列范围可以大于在竖直方向的排列范围，这是因为人的眼睛做水平运动比做垂直运动的速度快、幅度大。

图 3-13 为人员坐位时的最优视野范围及合理的控制台形状。在控制台的上部排列各种显示器，在中部安装各种开关，在下部排列各种操纵器。

3.7.2 操纵器的人机学设计

操纵器的设计应该使人员操作起来方便、省力、安全。为此，要依据人的肢体活动极限范围和极限能力来确定操纵器的位置、尺寸、驱动力等参数。

3.7.2.1 作业范围

一般地，按操作者的躯干不动时手、脚达及的范围来确定作业范围。如果操纵器的布置超出了该作业范围，则操作者需要进行一些不必要的动作才能完成规定的操作。这给操作者造成不方便，容易产生疲劳，甚至造成误操作。下面分别讨论用手操作和用脚操作的作业范围。

（1）上肢作业范围。通常把手臂伸直时指尖到达的范围作为上肢作业的最大作业范围。考虑到实际操作时手要用力完成一定的操作而不能充分伸展，以及肘的弯曲等情况，正常作业范围要比最大作业范围缩小些。图 3-14 为上肢水平作业范围。

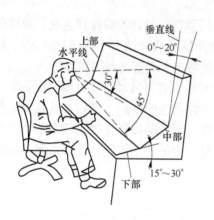

图 3-13 合理的控制台形状

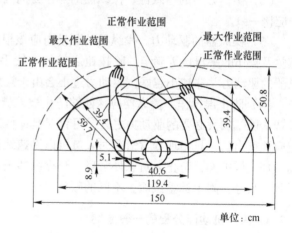

图 3-14 上肢水平作业范围

（2）下肢作业范围。当人员坐在椅子上用脚操作时，脚跟和脚尖的活动范围如图 3-15 所示。当椅子靠背后倾时，下肢的活动范围缩小。

3.7.2.2 操纵器的设计原则

设计操纵器时，首先应确定是用手操作还是用脚操作。一般地，要求操作位置准确或要求操作迅速到位的场合，应该考虑用手操作；要求连续操作、手动操纵器较多或非站立操作时需要 98N 以上的力进行操作的场合应该考虑用脚操作。

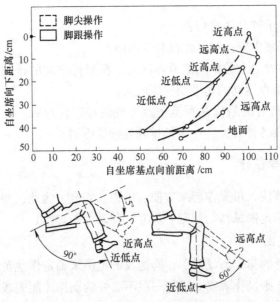

图 3-15　下肢作业范围

其次，从适合人员操作、减少失误的角度，必须考虑如下问题：

（1）操作量与显示量之比。根据控制的精确度要求选择恰当的操作量与显示量之比。当要求被控制对象的运动位置等参数变化精确时，操作量与显示量之比应该大些。

（2）操作方向的一致性。操纵器的操作方向与被控对象的运动方向及显示器的指示方向应该一致。

（3）操纵器的驱动力。操纵器的驱动力应该根据操纵器的操作准确度和速度、操作的感觉及操作的平滑性等确定。除按钮之外的一般手动操纵器的驱动力不应超过 9.8N。操纵器的驱动力并非越小越好，驱动力过小会由于意外地触碰而引起机器的误动作。

（4）防止误操作。操纵器应该能够防止被人员误操作或意外触动造成机械、设备的误运转。除了加大必要的驱动力之外，可针对具体情况采取适当的措施。例如，紧急停止按钮应该突出，一旦出现异常情况时人员可以迅速地操作；而启动按钮应该稍微凹陷，或在周围加上保护圈，防止人员意外触碰。当操纵器很多时，为了便于识别，可以采用不同的形状、尺寸，附上标签或涂上不同的颜色。

3.7.3　人、机功能分配的一般原则

随着科学技术的进步，人类的生产劳动越来越多地为各种机器所代替。例如，各类机械取代了人的手脚，检测仪器代替了人的感官，计算机部分地代替了人的大脑等。用机器代替人，既减轻了人的劳动强度，有利于安全健康，又提高了工作效率。然而，人由于具有机器无法比拟的优点，今后将仍然是生产系统中不可缺少的重要元素。充分发挥人与机器各自的优点，让人员和机器合理地分配工作任务，是实现安全、高效生产的重要方面。

表 3-2 中列出了人与机器的主要特征。

概略地说，在进行人、机功能分配时，应该考虑人的准确度、体力、动作的速度及知觉能力等 4 个方面的基本界限，以及机器的性能维持能力、正常动作能力、判断能力及成

表 3-2 机器与人的特性对比

特性	机器	人
感知信息能力	可能感知非常复杂的，能以一定方式被发现的信息； 较人的感觉范围大； 在干扰下会偏离目标，抗干扰能力差； 对信号不能选择	可能从各种信息中发现不常出现的信息； 在良好条件下可以感知各种形式物理量； 可以从各种信息中选择必要的信息； 在干扰下很少偏离目标
信息处理能力	有较强的识别时空方式的能力； 成本越高则可靠性越高； 可以快速、正确地计算； 处理信息量大； 记忆的容量大； 没有推理、创造能力； 过负荷会发生故障、事故	可以把复杂信息简化后再处理； 可以采取不同方法，因而提高可靠性； 有推理、创造能力； 可承受暂时过负荷； 计算能力差； 处理的信息量小； 记忆的容量小
信息输出能力	功率大、持续性好； 同时多种输出； 滞后时间短； 需要经常维修保养	力气小、耐力差； 模仿能力差； 持续作业时能力随时间下降，休息后又恢复； 滞后时间长

本等 4 个方面的基本界限。人员适合从事要求智力、视力、听力、综合判断力、应变能力及反应能力的工作；机器适于承担功率大、速度快、重复性作业及持续作业的任务。应该注意，即使是高度自动化的机器，也需要人员来监视其运行状况，另外，在异常情况下需要由人员来操作，以保证安全。

3.7.4 生产作业环境的人机学要求

矿山生产过程中存在许多危险因素，其生产作业环境也与一般工业生产作业环境有很大差别。许多矿山伤害事故的发生都与不良的生产作业环境有着密切的关系。矿山生产作业环境问题主要包括温度、湿度、照明、噪声及振动、粉尘及有毒有害物质等问题。这里仅简要讨论矿山生产环境中的照明、噪声及振动方面的问题，其他问题在"矿井通风与防尘"等课程中讲述。

3.7.4.1 照明

人员从外界接受的信息中，80%以上是通过视觉获得的。照明的好坏直接影响视觉接受信息的质量，许多矿山伤亡事故都是由于作业场所照明不良引起的。对生产作业环境照明的要求可概括为适当的照度和良好的光线质量两个方面。

（1）适当的照度。在各种生产作业中为使人员清晰地看到周围的情况，光线不能过暗或过亮。强烈的光线令人目眩及疲劳，且浪费能量，昏暗的光线使人眼睛疲劳，甚至看不清东西。一般地，进行粗糙作业时的照度应在 70lx 左右，普通作业在 150lx 左右，较精密的作业应在 300lx 以上。矿山井下作业环境比较特殊，在凿岩、支护、装载及运输作业中发生的许多事故都与作业场所的照度偏低有关。有些研究资料认为，井下作业场所越亮，事故发生率越低。

井下空气中的水蒸气、炮烟及粉尘等吸收光能并产生散射而降低了作业场所照度。采取通风净化措施消除水雾、炮烟及粉尘，对改善照明有一定的益处。

（2）良好的光线质量。光线质量包括被观察物体与背景的对比度、光的颜色、眩光及光源照射方向等。按定义，对比度等于被观察物体的亮度与背景亮度的差与背景亮度之比。为了能看清楚被观察的物体，应该选择适当的对比度。当需要识别物体的轮廓时，对比度应该尽量大；当观察物体细部时，对比度应该尽量小些。眩光是眩目的光线，往往是在人的视野范围内的强光源产生的。眩光使人眼花缭乱而影响观察，因此应该合理地布置光源。特别是在井下，不要面对探照灯光等强光束作业。

3.7.4.2　噪声与振动

噪声是指一切不需要的声音，它会造成人员生理和心理损伤，影响正常操作。

噪声用噪声级来衡量，其单位为 dB。对应于声压 p 的噪声级 L 为

$$L = 20\lg(p/p_0)$$

式中，p_0 为基准声压，一般取 $p_0 = 2 \times 10^{-5}\text{Pa}$。噪声超过 80dB 时，就会对人的听力产生影响。矿山生产作业环境中有许多强烈噪声的噪声源。矿山设备中的扇风机、凿岩机和空气压缩机等工作时都产生很强的噪声。矿井主扇风机入口 1m 处的噪声可高达 110dB 以上；井下局部扇风机附近 1m 处的噪声超过 100dB；井下凿岩机的噪声高达 120dB 以上。

噪声的危害主要表现在以下几个方面：

（1）损害听觉。短时间暴露在较强噪声下可能造成听觉疲劳，产生暂时性听力减退。长时间暴露于噪声环境或受到非常强烈噪声的刺激，会引起永久性耳聋。

（2）影响神经系统及心脏。在噪声的刺激下，人的大脑皮质的兴奋和抑制平衡失调，引起条件反射异常。久而久之，会引起头痛、头晕、耳鸣、多梦、失眠、心悸、乏力或记忆力减退等神经衰弱症状。长期暴露于噪声环境中会影响心血管系统。

（3）影响工作和导致事故。噪声使人心烦意乱和容易疲劳，分散人员的注意力，干扰谈话及通讯。噪声可能使人听不清危险信号而发生事故。

我国已经颁布并实行了《工业企业噪声卫生标准》。表 3-3 为工业噪声允许标准。

表 3-3　工业噪声允许标准

每天接触噪声的时间/h	允许噪声（A）/dB	
	新建、扩建、改建企业	现有企业
8	85	90
4	88	93
2	91	96
1	94	99

振动直接危害人体健康，往往伴随噪声的产生，并降低人员知觉和操作的准确度，不利于安全生产。根据振动对人员的影响，把振动分为局部振动和全身振动两类：

（1）局部振动。工业生产中最常见的和对人危害最大的是局部振动。例如，凿岩机的强烈振动会使凿岩工患振动病。振动病的症状有手麻、发僵、疼痛、四肢无力及关节疼痛等，其中以手麻最为常见。当症状严重时手指及关节变形、肌肉萎缩，出现白指、白手。

（2）全身振动。全身振动多为低频率、大振幅的振动，可能引起人体器官的共振而妨碍其机能。在人体受到较强烈全身振动时，可能出现头晕、头痛、疲劳、耳鸣、胸腹痛、口语不清、视物不清、甚至内出血等症状。振动对人的影响主要取决于振动频率，频率4~8Hz的振动对人体危害最大，其次是10~12Hz和20~25Hz的振动。

控制噪声和振动的措施有隔声、吸声、消声、隔振和阻尼等。

复习思考题

3-1 海因里希事故因果连锁论的主要内容是什么，它的局限性主要表现在哪些方面？

3-2 不安全行为产生的原因是什么，怎样防止不安全行为？

3-3 在实际安全工作中，怎样运用 3E 原则？

3-4 比例 1：29：300 说明了什么？

3-5 能量意外释放论的主要内容是什么，对安全工作有何指导意义？

3-6 系统安全的主要观点有哪些？

3-7 注意的品质包括哪些，它们在安全方面有何意义？

3-8 长期记忆和短期记忆有何区别？

3-9 正确决策的必要条件有哪些？

3-10 何谓人失误，系统失误与随机失误有何区别？

3-11 矿山人失误模型有何特点？

3-12 人的信息处理能力主要取决于哪些因素？

3-13 解释名词：可靠性，故障率，浴盆曲线，MTTF，MTBF，冗余系统，表决系统。

3-14 设计要求某种元素平均寿命 1000h，现仅有平均寿命 600h 的同种元素，为满足设计要求需要把几个这样的元素并联使用？

3-15 用 4 个相同的元素按下列方式组成系统，若到某时刻元素可靠度为 0.8，求此时刻系统的可靠度：

（1）元素两两串联后再并联；（2）元素两两并联后再串联。

3-16 视觉显示器的人机学设计原则是什么？

系统安全分析与评价

4.1 系统安全分析

系统安全分析是从安全角度对系统进行的分析,它通过揭示系统中可能导致系统故障或事故的各种因素及其相互关联来辨识系统中的危险源,以便采取措施消除或控制它们。系统安全分析是系统安全评价的基础,定量的系统安全分析是定量的系统安全评价的基础。

4.1.1 系统安全分析方法

迄今为止,人们已经研究开发了数十种系统安全分析方法,适用于不同的系统安全分析过程。其中,预先危害分析、故障类型和影响分析、鱼刺图分析、事件树分析(详见4.1.2节)及故障树分析(详见4.3~4.6节)等方法较为常用。

4.1.1.1 预先危害分析(PHA)

这是在一项工程开始之前的方案选择、初步设计阶段进行的初步系统安全分析,它为以后的更详细的系统安全分析奠定基础。

进行预先危害分析时,首先利用安全检查表,根据经验和技术判断查明重大的危险源存在的部位,然后识别使其发展为不安全状态的触发因素,研究由危险状态演变为事故的必要条件,以及事故的危险性等级等,并且进一步研究防止可能发生事故的方法及其效果。

4.1.1.2 故障类型和影响分析(FMEA)

故障类型和影响分析是对系统的各组成部分、元素进行的分析。系统的组成部分或元素在运行过程中会发生故障,并且往往可能发生不同类型的故障。例如,电气开关可能发生接触不良或接点粘连等类型故障。不同类型的故障对系统的影响是不同的。这种分析方法首先找出系统中各组成部分及元素可能发生的故障及其类型,查明各种类型故障对邻近部分或元素的影响以及最终对系统的影响,然后提出避免或减少这些影响的措施。

例如,矿山压缩空气站的储气罐由储气罐体及其附属安全装置安全阀组成。对各元素的故障类型和影响分析情况列于表4-1中。

表 4-1　储气罐元素的故障类型和影响分析

元素	故障类型	故障的影响	故障原因	故障的识别	校正措施
储气罐罐体	轻微漏气	能耗增加	接口不严	漏气噪声,空压机频繁打压	加强维修保养
	严重漏气	压力迅速下降	焊缝有裂隙	压力表读数下降,巡回检查	停机修理

续表 4-1

元素	故障类型	故障的影响	故障原因	故障的识别	校正措施
储气罐罐体	破裂	压力迅速下降,损伤周围设备人员	材料缺陷、受冲击等	压力表读数下降,巡回检查	停机修理
	漏气	能耗增加	弹簧疲劳	漏气噪声,空压机频繁打压	加强维修保养
安全阀	误开启	压力迅速下降	弹簧折断	压力表读数下降,巡回检查	停机修理
	不开启	超压时失去功能,储气罐内超压	锈蚀,污物,调节错误	无,只有在检验安全阀时发现	

一般来说,构成系统的元素数目非常多,每个元素往往又有多种故障类型,结果这种分析变得非常繁杂。在实际应用时,往往把它与后述的故障树分析结合起来,只对那些影响重大的部分或元素故障进行分析。

故障类型与影响分析是一种归纳的分析方法,即由原因推断结果的分析方法。

4.1.1.3 鱼刺图分析

鱼刺图分析是利用形状像鱼骨架的鱼刺图进行的系统安全分析方法。它用于事故或重大故障的原因分析,是一种由结果推论其发生原因的演绎的分析方法。

鱼刺图又称因果分析图,其主干的右端(相当于鱼头)为被分析的事件;在主干的两侧排列若干条主刺,分别代表造成被分析事件发生的直接原因或主要原因类别;由主刺两侧分支出来的细刺代表造成直接原因的间接原因,或属于某主要原因类别的诸原因。根据需要,细刺的两侧还可以分支出更细的刺,用以表示更进一步的原因。图 4-1 为鱼刺图的结构形状。

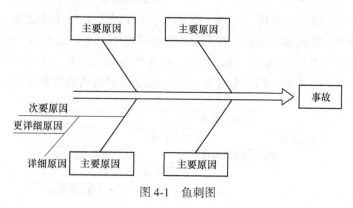

图 4-1　鱼刺图

4.1.2　事件树分析(ETA)

事件树是一种按时间顺序描述事故或故障发生发展过程中各种事件之间相互关系的树图。事件树是由决策树演化而来的,其数学基础是概率论中的马尔可夫过程。

矿山伤害事故或系统的重大故障的发生往往是许多原因事件按时间顺序相继发生的结果。于是,后一事件的发生概率是前一事件发生条件下的条件概率。并且,后一事件的发生往往仅与前一事件的发生有关，而与更前面的事件无关，这相当于简单马尔可夫过程。

进行事件树分析时，从导致被分析事件发生的最初始的事件开始。初始事件可能是故障、失误或其他不正常的事件。一般地，系统中包含许多安全功能（安全系统、操作者的行为等），在初始事件发生时消除或减轻其影响以维持系统的安全运行。按每一事件发生后安全功能可能成功或失败，会产生两种对立结果事件（安全或危险等）的途径之一发展的规则，自左至右，把成功的、结果好的分支画在上面，把失败的、结果不好的分支画在下面，一步步地展示故障或事故的发展过程，直到最终系统故障或伤害事件为止，做成事件树。

如果知道事件树中各事件发生的概率，则可以按条件概率公式计算出被分析事件发生的概率。

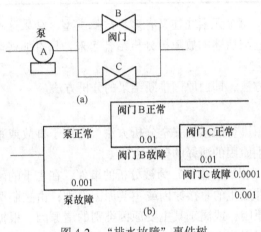

(a)

(b)

图 4-2　"排水故障"事件树

(a) 矿井排水系统；(b) 事件树

例如，针对图 4-2 中由一台水泵和两个阀门组成的矿井排水系统，可以画出"排水故障"的事件树如图 4-2 (b) 所示。在该事件树中，有两条导致"排水故障"的途径，并在图中标出了各事件发生的概率。

图 4-3 是针对某露天矿发生的撞车事故做出的事件树。

该露天矿的铁路运输过程中，上坡行驶的列车的尾车因连接器断裂而跑车。尽管调车员发现了尾车已经开始向后滑行，却没有及时采取措施阻止车辆滑行，车速不断增加。当尾车滑行到 135 站时，该站运转员误将车放入上线了。当尾车经过 117 站时，117 站运转员束手无策。结果，尾车与前面的检修车相撞，造成多人伤亡。在图 4-3 的事件树中，S_1、S_2 和 S_3 代表可以避免事故的途径；S_4 代表发生事故的途径。可以看出，撞车事故的发生是一系列物的故障和人的失误造成的结果。为了防止矿山伤亡事故发生，应该尽早采取措施中断事故发展进程。

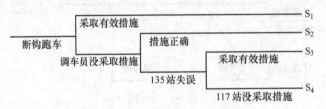

图 4-3　某露天矿撞车事故事件树

4.2　故障树分析

故障树分析（FTA）是从特定的故障事件（或事故）开始，利用故障树考察可能引起该事件发生的各种原因事件及其相互关系的系统安全分析方法。它本来是一种复杂系统可靠性分析方法，由于可靠性与安全性有密切的因果关系，故障树分析方法在安全工程领域得到了广泛的应用。

故障树是演绎地表示故障事件发生原因及其逻辑关系的逻辑树图。因其形状像一棵倒置的树，并且其中的事件一般都是故障事件，故而得名。

4.2.1 故障树中的事件及其符号

在故障树中，事件间的关系是因果关系或逻辑关系，用逻辑门来表示。以逻辑门为中心，上一层事件是下一层事件产生的结果，称为输出事件；下一层事件是上一层事件的原因，称为输入事件。

作为被分析对象的特定故障事件被画在故障树的顶端，称作顶事件。导致顶事件发生的最初始的原因事件位于故障树下部的各分支的终端，称作基本事件。处于顶事件与基本事件中间的事件称作中间事件，它们是造成顶事件的原因，又是基本事件产生的结果。

故障树的各种事件的具体内容写在事件符号之内。常用的事件符号有以下几种（见图4-4）：

（1）矩形符号。表示需要进一步被分析的故障事件，如顶事件和中间事件。

（2）圆形符号。表示属于基本事件的故障事件。

（3）菱形符号。一种省略符号，表示目前不能分析或不必要分析的事件。

（4）房形符号。表示属于基本事件的正常事件，一些对输出事件的出现必不可少的事件。

（5）转移符号。表示与同一故障树中的其他部分内容相同。

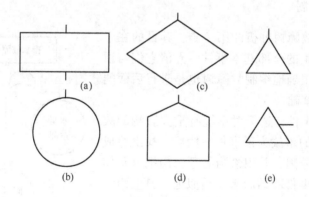

图 4-4　故障树的事件符号
（a）矩形符号；（b）圆形符号；（c）菱形符号；（d）房形符号；（e）转移符号

4.2.2 逻辑门及其符号

系统安全分析中常见的故障树事件间的逻辑关系主要是逻辑与和逻辑或的关系。相应地，故障树中的逻辑门主要是逻辑与门和逻辑或门。

逻辑与门表示全部输入事件都出现时输出事件出现，只要有一个输入事件不出现则输出事件就不出现的逻辑关系；逻辑或门表示只要有一个或一个以上输入事件出现则输出事件就出现，只有全部输入事件都不出现则输出事件才不出现的逻辑关系。逻辑与门和逻辑或门的符号有许多种画法，图4-5中列出了常用的画法。

除了逻辑与门和逻辑或门之外，故障树中还用另外一些特殊的逻辑门：

（1）控制门。这是一种逻辑上的修正，当满足输入事件的发生条件时输出事件才出现，如果不满足输入事件发生条件则不产生输出。控制门符号如图4-5(c)所示。

（2）条件门。把逻辑与门或逻辑或门与条件事件结合起来，构成附有各种条件的逻辑门。图4-5(d)、(e)分别为条件与门和条件或门符号。

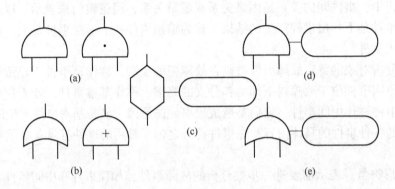

图4-5　逻辑门符号

（a）逻辑与门；（b）逻辑或门；（c）控制门；（d）条件与门；（e）条件或门

在故障树分析中，控制门和条件门在性质上相当于逻辑与门，而要求满足的条件相当于输入到逻辑与门的一个基本事件。

4.2.3　故障树的编制

编制故障树是故障树分析的第一步，其目的在于找出导致顶事件发生的全部基本事件，弄清它们与顶事件之间的关系。正确地编制故障树也是进行后面的定性、定量分析的基础。

首先，确定顶事件，选择对系统有重大影响的故障事件或后果严重的事故为顶事件。然后，找出造成顶事件发生的直接原因，并用恰当的逻辑门把这些作为原因的事件与顶事件联结起来。类似地，自上而下依次画出各故障事件的原因事件，直到找出全部基本事件为止。

对于图4-2(a)所示的矿井排水系统，可以画出"排水故障"的故障树如图4-6所示。

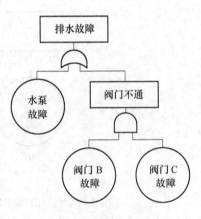

图4-6　"排水故障"故障树

矿山伤亡事故的发生，往往是由于人的因素和物的因素两方面原因共同起作用的结果。因此，编制矿山伤亡事故原因分析故障树时，所谓的"故障事件"，可能是人失误、物的故障，或者人的不安全行为、物的不安全状态。例如，在图4-7所示的"从脚手架上坠落死亡"的故障树中，既有人的原因，也有物的原因，并且两者共同起作用使伤亡事故发生。

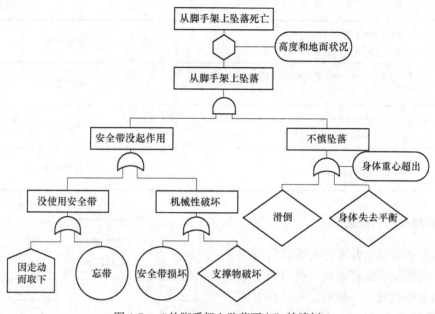

图 4-7 "从脚手架上坠落死亡"故障树

4.3 故障树的数学表达

为了进行故障树定性分析和定量分析，需要建立故障树的数学模型，写出它的数学表达式。

4.3.1 布尔代数及逻辑运算

布尔代数是集合论的一部分，是一种逻辑运算方法。它特别适合于描述仅能取两种对立状态之一的事物。故障树中的事件只能取故障发生或不发生两种状态之一，不存在任何中间状态，并且故障树的事件间的关系是逻辑关系，所以，可以用布尔代数来表现故障树。

在布尔代数中，与集合的"并"相对应的是逻辑和运算，记为"∪"或"+"；与集合的"交"相对应的是逻辑积运算，记为"∩"或"·"。本书中把逻辑和记为"+"，把逻辑积记为"·"。故障树中的逻辑或门对应于布尔代数的逻辑和运算，逻辑与门对应于逻辑积运算。

表 4-2 为布尔代数主要运算法则。

表 4-2　布尔代数的主要运算法则

$\left.\begin{array}{l} A \cdot A = A \\ A + A = A \end{array}\right\}$	幂等法则
$\left.\begin{array}{l} A \cdot B = B \cdot A \\ A + B = B + A \end{array}\right\}$	交换法则

$A+(B+C)=(A+B)+C$ $A\cdot(B\cdot C)=(A\cdot B)\cdot C$	结合法则
$A\cdot(B+C)=(A\cdot B)+(A\cdot C)$ $A+(B\cdot C)=(A+B)\cdot(A+C)$	分配法则
$A\cdot(A+B)=A$ $A+(A\cdot B)=A$	吸收法则
$\overline{A\cdot B}=\overline{A}+\overline{B}$ $\overline{A+B}=\overline{A}\cdot\overline{B}$	对偶法则

4.3.2　故障树的布尔表达式

把故障树中联结各事件的逻辑门用相应的布尔代数逻辑运算表现，就得到了故障树的布尔表达式。一般地，可以自上而下将故障树逐步展开，得到其布尔表达式。

例如，可以按下面的步骤写出如图4-8所示的故障树的布尔表达式：

$$T=G_1+G_2$$
$$=x_4\cdot G_3+x_1\cdot G_4$$
$$=x_4\cdot(x_3+G_5)+x_1\cdot(x_3+x_5)$$
$$=x_4\cdot(x_3+x_2\cdot x_5)+x_1\cdot(x_3+x_5)\quad(4\text{-}1)$$

故障树的布尔表达式是故障树的数学描述。对于给定的故障树就可以写出其布尔表达式；知道了布尔表达式就可以画出相应的故障树。

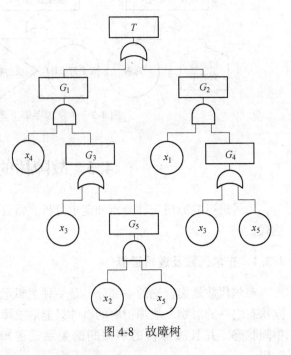

图 4-8　故障树

当故障树中基本事件相互统计独立时，事件逻辑积的概率为

$$g(x_1\cdot x_2\cdot\cdots\cdot x_n)=q_1\cdot q_2\cdots q_n=\prod_{i=1}^{n}q_i\quad(4\text{-}2)$$

事件逻辑和的概率为

$$g(x_1+x_2+\cdots+x_n)=1-(1-q_1)(1-q_2)\cdots(1-q_n)$$

$$=1-\prod_{i=1}^{n}(1-q_i)\quad(4\text{-}3)$$

式中　q_i——基本事件发生概率。

根据故障树的布尔表达式和式（4-2）、式（4-3），可以得到由基本事件发生概率来计算顶事件发生概率的公式。因为顶事件发生概率是基本事件发生概率的函数，所以又把这样的顶事件发生概率计算公式称作概率函数。

例如，根据式(4-1)~式(4-3)，可以写出如图4-8所示故障树的概率函数：

$$g(q) = 1 - \{1 - q_4[1 - (1 - q_3)(1 - q_2 q_5)]\}\{1 - q_1[1 - (1 - q_3)(1 - q_5)]\}$$

(4-4)

如果知道各基本事件发生概率，则可按该式计算出顶事件发生概率。

4.3.3 故障树化简

在同一故障树中，如果相同的基本事件在不同的位置上出现时，需要考虑故障树中是否有多余的事件必须除掉，否则将造成分析结果的错误。

例如，图4-9(a)所示故障树中基本事件 x_1 在两处出现。它的布尔表达式为

$$T = x_1 \cdot x_2 \cdot (x_1 + x_3)$$

(4-5)

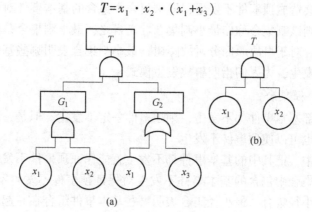

图4-9 故障树化简

(a) 故障树；(b) 化简后的故障树

其概率函数为

$$g(q) = q_1 q_2 [1 - (1 - q_1)(1 - q_3)]$$

假设 $q_1 = q_2 = q_3 = 0.1$，则得

$$g(q) = 0.1 \times 0.1 \times [1 - (1 - 0.1)(1 - 0.1)]$$
$$= 0.0019$$

如果用布尔代数的幂等法则和吸收法则整理式 (4-5)，则有

$$T = x_1 \cdot x_2 \cdot (x_1 + x_3)$$
$$= x_1 \cdot x_2 \cdot x_1 + x_1 \cdot x_2 \cdot x_3 \quad （分配法则）$$
$$= x_1 \cdot x_2 + x_1 \cdot x_2 \cdot x_3 \quad （幂等法则）$$
$$= x_1 x_2 \quad （吸收法则）$$

这时顶事件发生概率为

$$g(q) = q_1 q_2 = 0.1 \times 0.1 = 0.01$$

通过化简除去了多余的事件 x_3，见图4-9(b)。

4.4 故障树定性与定量分析

故障树定性分析包括编制故障树，找出导致顶事件发生的全部基本事件，求出最小割集合与径集合，确定各基本事件的重要度，为采取措施防止顶事件发生提供依据。

故障树定量分析主要在于计算顶事件发生概率，为概率危险性评价提供依据。

4.4.1　最小割集合与最小径集合

4.4.1.1　最小割集合

故障树的全部基本事件都发生，则顶事件必然发生。但是，大多数情况下并不一定要全部基本事件都发生顶事件才发生，而是只要某些基本事件组合在一起发生就可以导致顶事件发生。

在故障树分析中，把能使顶事件发生的基本事件集合称作割集合。如果割集合中任一基本事件不发生就会造成顶事件不发生，即割集合中包含的基本事件对引起顶事件发生不但充分而且必要，则该割集合称作最小割集合。简言之，最小割集合是能够引起顶事件发生的最小的割集合。对于事故原因分析故障树，最小割集合表明哪些基本事件组合在一起发生可以使顶事件发生，为人们指明事故发生模式。

4.4.1.2　最小径集合

故障树中的全部基本事件都不发生，则顶事件一定不发生。但是，某些基本事件组合在一起都不发生，也可以使顶事件不发生。

在故障树分析中，把其中的基本事件都不发生就能保证顶事件不发生的基本事件集合称作径集合。若径集合中包含的基本事件不发生对保证顶事件不发生不但充分而且必要，则该径集合称作最小径集合。最小径集合表明哪些基本事件组合在一起不发生就可以使顶事件不发生。对于事故原因分析故障树，它指明应该如何采取措施防止事故发生。

4.4.1.3　最小割集合求法

最小割集合有以下几种求法：

（1）通过观察可以直接找出简单故障树的最小割集合。例如，对于图 4-10 所示的故障树，考察能够引起顶事件发生的基本事件组合，可以得到 6 个割集合：

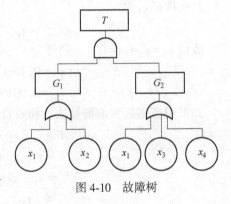

图 4-10　故障树

$$(x_1,x_1)(x_1,x_3)$$
$$(x_1,x_4)(x_2,x_1)$$
$$(x_2,x_3)(x_2,x_4)$$

上述割集合中有的不是最小割集合。应用布尔代数的幂等法则、吸收法则整理后，得到该故障树的最小割集合为：

$$(x_1)(x_2,x_3)(x_2,x_4)$$

（2）利用故障树的布尔表达式可以方便地找出简单故障树的最小割集合。根据布尔代数的运算法则，把布尔表达式变换成基本事件逻辑积的逻辑和的形式，则逻辑积项包含的基本事件构成割集合；进一步应用幂等法则和吸收法则整理，得到最小割集合。例如，对于图 4-10 所示的故障树，其布尔表达式展开后化简：

$$
\begin{aligned}
T &= (x_1 + x_2) \cdot (x_1 + x_4 + x_3) \\
&= x_1 \cdot x_1 + x_1 \cdot x_4 + x_1 \cdot x_3 + x_1 \cdot x_2 + x_2 \cdot x_4 + x_2 \cdot x_3 \\
&= x_1 + x_2 \cdot x_4 + x_2 \cdot x_3
\end{aligned}
$$

最终得到最小割集合为

$$(x_1)(x_2,x_4)(x_2,x_3)$$

（3）对于比较复杂的故障树，其布尔表达式很复杂，最小割集合数目也很多，往往利用计算机求解。在计算机求解法中行列法比较著名，这是福赛尔在计算机程序 MOCUS 中使用的方法。该方法的基本思想是，逻辑与门使割集内包含的基本事件增加，逻辑或门使割集合的数目增加。

4.4.1.4　最小径集合求法

根据布尔代数的对偶法则 $\overline{A\cdot B}=\overline{A}+\overline{B}$ 和 $\overline{A+B}=\overline{A}\cdot\overline{B}$，将故障树中故障事件用与其对立的非故障事件代替，将逻辑与门用逻辑或门代替，逻辑或门用逻辑与门代替，便得到了与原来故障树对偶的成功树。求出成功树的最小割集合，就得到了原故障树的最小径集合。例如，与图 4-10 所示故障树对偶的成功树如图 4-11 所示。该成功树的最小割集合为

$$(\overline{x_1},\overline{x_2})(\overline{x_1},\overline{x_4},\overline{x_3})$$

于是，原故障树的最小径集合为

$$(x_1,x_2)(x_1,x_4,x_3)$$

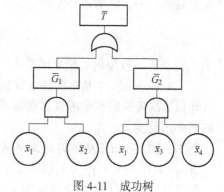

图 4-11　成功树

4.4.2　基本事件重要度

导致顶事件发生的初始原因很多，在采取防范措施时应该分清轻重缓急，优先解决那些比较重要的问题，首先消除或控制那些对顶事件影响重大的初始原因因素。

在故障树分析中，用基本事件重要度来衡量某一基本事件对顶事件影响的大小。

4.4.2.1　结构重要度

基本事件在故障树结构中的位置不同，对顶事件的作用也不同。基本事件的结构重要度取决于它们在故障树结构中的位置。可以根据基本事件在故障树最小割集合（或最小径集合）中出现的情况，评价其结构重要度：

（1）在由较少基本事件组成的最小割集合中出现的基本事件，其结构重要度较大；

（2）在不同最小割集合中出现次数多的基本事件，其结构重要度较大。

于是，可以按式（4-6）计算第 i 个基本事件的结构重要度：

$$I_\phi(i)=\frac{1}{k}\sum_{j=1}^{m}\frac{1}{R_j} \tag{4-6}$$

式中　k——故障树包含的最小割集合数目；

　　　m——包含第 i 个基本事件的最小割集合数目；

　　　R_j——包含第 i 个基本事件的第 j 个最小割集合中基本事件的数目。

例如，图 4-8 所示故障树的最小割集合为 $(x_4,\ x_3)$，$(x_1,\ x_3)$，$(x_1,\ x_5)$，$(x_4,\ x_2,\ x_5)$，按式（4-6）计算各基本事件的结构重要度如下：

$$I_\phi(1) = I_\phi(3) = \frac{1}{4} \times \left(\frac{1}{2} + \frac{1}{2}\right) = \frac{1}{4}$$

$$I_\phi(2) = \frac{1}{4} \times \frac{1}{3} = \frac{1}{12}$$

$$I_\phi(4) = I_\phi(5) = \frac{1}{4} \times \left(\frac{1}{2} + \frac{1}{3}\right) = \frac{5}{24}$$

所以　　　　　　　　　　$$I_\phi(1) = I_\phi(3) > I_\phi(4) = I_\phi(5) > I_\phi(2)$$

4.4.2.2　概率重要度

基本事件对顶事件的影响除了取决于基本事件在故障树结构中的位置外，还与基本事件发生概率有关。概率重要度的定义为

$$I_g(i) = \frac{\partial g(q)}{\partial q_i} \tag{4-7}$$

式中　$g(q)$——故障树的概率函数；

　　　　q_i——第 i 个基本事件的发生概率。

知道了故障树的概率函数和各基本事件发生概率，就可以按式（4-7）计算各基本事件的概率重要度了。

例如，图 4-8 所示故障树的概率函数为

$$g(q) = 1 - \{1 - q_4[1 - (1 - q_3)(1 - q_2 q_5)]\}\{1 - q_1[1 - (1 - q_3)(1 - q_5)]\}$$

假设各基本事件发生的概率为 $q_1 = 0.01$，$q_2 = 0.02$，$q_3 = 0.03$，$q_4 = 0.04$，$q_5 = 0.05$。按式（4-7），基本事件 x_1 的概率重要度为

$$I_g = \frac{\partial g(q)}{\partial q_1} = \{1 - q_4[1 - (1 - q_3)(1 - q_2 q_5)]\}[1 - (1 - q_3)(1 - q_5)]$$

$$= 0.078$$

类似地，可以算出其余各基本事件的概率重要度为 $I_g(2) = 0.02$，$I_g(3) = 0.049$，$I_g(4) = 0.031$，$I_g(5) = 0.01$。于是，各基本事件概率重要度次序为

$$I_g(1) > I_g(3) > I_g(4) > I_g(2) > I_g(5)$$

如果能够减小概率重要度大的那些基本事件发生的概率，则可以有效地控制顶事件发生。

4.4.2.3　临界重要度

一般情况下，减少发生概率大的基本事件的概率比较容易。用顶事件发生概率的相对变化率与基本事件发生概率的相对变化率之比来表示基本事件的重要度，称作临界重要度。基本事件临界重要度的定义为

$$I_c(i) = \frac{\partial[\ln g(q)]}{\partial(\ln q_i)} \tag{4-8}$$

式（4-8）又可以写成

$$I_c(i) = \frac{\partial g(q)}{g(q)} \cdot \frac{q_i}{\partial q_i} = I_g(i) \cdot \frac{q_i}{g(q)} \tag{4-9}$$

若图 4-8 所示故障树中各基本事件发生概率同前，则按式（4-9）计算各基本事件临界重要度为 $I_c(1) = 0.39$，$I_c(2) = 0.02$，$I_c(3) = 0.74$，$I_c(4) = 0.62$，$I_c(5) = 0.25$。于是，各

基本事件临界重要度次序为

$$I_c(3) > I_c(4) > I_c(1) > I_c(5) > I_c(2)$$

4.4.3 顶事件发生概率的计算

根据故障树的概率函数式可以计算顶事件发生概率，但是必须知道基本事件的发生概率。为了取得关于基本事件发生概率的数据资料，需要进行大量的观测或实验。取得各种基本事件发生概率的数据非常困难，使得定量分析的实际应用受到限制。

关于机械设备、物品发生故障的概率，可以近似地用故障率来代替。在一些产品手册、样本中可以查到产品的故障率。由于造成人失误的原因非常复杂，因此，目前关于人员发生行为失误的概率尚处在研究阶段。在粗略的概率计算中，可取机械零件、电子元件的故障概率为 $10^{-6} \sim 10^{-4}$。人员进行重复性操作的失误概率为 $10^{-3} \sim 10^{-2}$。

4.4.4 故障树分析中计算机的应用

对于简单的故障树可以利用前面介绍的方法进行分析。当故障树比较复杂时，为节省时间和人力必须利用电子计算机。在故障树分析的算法中，相关结构理论得到了广泛应用。

当故障树中所有的基本事件都与顶事件的发生有关时，称故障树结构为相关结构。按相关结构理论，每个基本事件的状态都是二值变量，即仅能取两种数值之一的变量：

$$x_i = \begin{cases} 1, & \text{第 } i \text{ 个基本事件发生} \\ 0, & \text{第 } i \text{ 个基本事件不发生} \end{cases}$$

顶事件状态是基本事件状态的函数，称为结构函数。它是仅取数值 1 或 0 两种数值之一的二值函数：

$$\Phi(x) = \begin{cases} 1, & \text{顶事件发生} \\ 0, & \text{顶事件不发生} \end{cases}$$

故障树的各基本事件所取状态的组合称作状态矢量。由 n 个基本事件组成的故障树，其状态矢量共有 2^n 个。

4.4.4.1 故障树结构函数

故障树结构函数的一般表达式为

$$\Phi(x) = \sum y \prod_{i=1}^{n} x_i^{y_i} (1 - x_i)^{1-y_i} \Phi(y) \qquad (4\text{-}10)$$

式中 y_i ——代表第 i 个基本事件状态的变量 x_i 的取值；

$\Phi(y)$ ——对应于某状态矢量的结构函数的取值；

$\sum y$ ——对全部状态矢量求和。

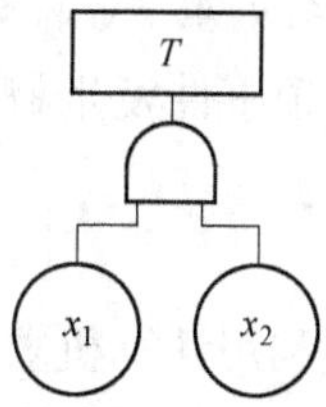

图 4-12 与门故障树

例如，图 4-12 所示的由逻辑与门联结的故障树，其状态矢量列于表 4-3 中。

表 4-3 状态矢量

y_1	y_2	$\Phi(y)$
1	1	1
1	0	0

y_1	y_2	$\Phi(y)$
0	1	0
0	0	0

根据式（4-10）可以得到其结构函数如下：

$$\Phi(x) = x_1 \cdot x_2 = \prod_{i=1}^{2} x_i$$

对于由逻辑与门联结 n 个基本事件组成的故障树，其结构函数为

$$\Phi(x) = \prod_{i=1}^{n} x_i$$

类似地，用逻辑或门联结的故障树，其结构函数为

$$\Phi(x) = 1 - \prod_{i=1}^{n} (1 - x_i)$$

这样的过程很适合于计算机运算。

可以利用最小割集合或最小径集合来表示故障树的结构函数。由于最小割集合相当于其中的基本事件用逻辑与门联结，整个故障树相当于各最小割集合用逻辑或门联结，最小径集合相当于其中的基本事件用逻辑或门联结，整个故障树相当于各最小径集合用逻辑与门联结，所以故障树的结构函数可以写成：

$$\Phi(x) = 1 - \prod_{j=1}^{k} \left(1 - \prod_{i \in k_j} x_i\right) \tag{4-11}$$

$$\Phi(x) = \prod_{i=1}^{p} \left[1 - \prod_{i \in p_j} (1 - x_i)\right] \tag{4-12}$$

式中　k_j——第 j 个最小割集合；

　　　k——故障树包含的最小割集合数目；

　　　p_j——第 j 个最小径集合；

　　　p——故障树包含的最小径集合数目。

4.4.4.2　故障树顶事件发生概率

顶事件发生概率是故障树结构函数取值为 1 的概率，它等于结构函数取值的数学期望：

$$g(q) = Pr\{\Phi(x) = 1\} = E\{\Phi(x)\} \tag{4-13}$$

利用计算机求解顶事件发生概率时，往往首先找出故障树的最小割集合和最小径集合，然后利用最小割集合或最小径集合来进行。当最小割集合或最小径集合相互统计独立时，即同一基本事件不在不同的最小割集合或最小径集合中出现的场合，对式（4-11）、式（4-12）取数学期望得到下列公式：

$$g(q) = 1 - \prod_{i=1}^{k} \left(1 - \prod_{i \in k_j} q_i\right) \tag{4-14}$$

$$g(q) = \prod_{i=1}^{p} \left[1 - \prod_{i \in p_j} (1 - q_i)\right] \tag{4-15}$$

许多情况下这样的条件不能被满足，对于更一般的情况可以按下列公式求解：

$$g(q) = \sum_{r=1}^{k} \prod_{i \in K} q_i - \sum_{1 \leq h < j \leq k} \prod_{i \in K_h \cup K_j} q_i + \cdots + (-1)^{k-1} \prod_{i=1}^{n} q_i \qquad (4\text{-}16)$$

$$g(q) = 1 - \sum_{r=1}^{p} \prod_{i \in p_r} (1 - q_i) + \sum_{1 \leq h < j \leq p} \prod_{i \in P_h \cup P_j} (1 - q_i) - \cdots +$$

$$(-1)^{p} \prod_{i=1}^{n} (1 - q_i) \qquad (4\text{-}17)$$

式中　r, h, j ——最小割集合或最小径集合的序号；

　　　　k ——故障树包含的最小割集合数目；

　　　　p ——故障树包含的最小径集合数目；

　　　　K ——最小割集合；

　　　　P ——最小径集合。

故障树中逻辑或门较多时，最小割集合数目多而最小径集合数目少，用式（4-17）计算较方便；反之，当故障树中逻辑与门较多时，用式（4-16）计算较方便。

4.5　故障树分析实例

在矿山安全工程中，故障树分析常被用于事故原因分析，以找出导致矿山事故发生的机械设备故障、人失误或不安全行为，以及环境的不安全因素等，研究如何采取措施防止事故的发生。下面以竖井提升过程中人员上、下罐笼时发生的伤亡事故为例，介绍故障树分析方法在事故原因分析中的应用。

4.5.1　人员上、下罐笼过程中伤亡事故的发生

调查研究表明，在竖井提升过程中许多伤亡事故发生在人员上、下罐笼的时候。在人员上、下罐笼时罐笼意外移动，或者罐笼移动时人员上、下罐笼，可能导致人员坠落或被挤。人员坠落前有较高的势能，罐笼运动时有较高的动能，事故一旦发生往往使人员受到严重伤害。例如，某矿工人正在上罐笼时，罐笼突然下降。正往罐笼上迈步的一名工人因为一只脚踏在罐笼内，一只脚在井口平台上，被掉下的罐笼门挤下而坠落致死。另一名工人的一只脚被罐笼挤伤。又如，某竖井的罐笼以约 5m/s 的速度运行到一中段马头门下 5m 处时，罐内一工人突然跳出罐笼，结果坠落到竖井内当场死亡。

在研究人员上、下罐笼过程中的安全问题时，把提升设备、信号设备、安全设施、人员和环境组成的提升系统划分为运转部分和乘罐人员部分（见图 4-13）。

运转部分包括卷扬机、罐笼、信号装置等物的元素，以及使用、操纵这些设备、装置的卷扬机司机、信号员等人的元素。这是一个人机串联系统，该部分

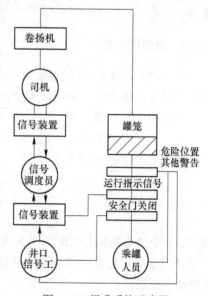

图 4-13　提升系统示意图

中任何物的故障或人的失误都会造成罐笼误运行，造成不安全状态。

　　乘罐人员包括进出矿井的全体人员。每个乘罐者的行为受各自的思想支配，有较大的行为自由度，在上、下罐笼过程中有可能出现不安全行为。

　　为了防止人体所具有的势能意外释放，以及防止罐笼运动的能量意外地作用于人体，在人与能量流通渠道之间设置屏蔽。例如，罐笼门、井口安全门等安全防护设施可以阻止人员意外进入，井口的提升运行指示信号等信息形式的屏蔽提醒人员不要进入。尽管存在这些多重屏蔽，但这些屏蔽措施都是由人员控制而起作用的，一旦控制它们的人员发生失误或出现不安全行为，就会失去功能。

　　环境因素对事故发生也有重要影响。例如，井口附近设备运转噪声会干扰提升信号，使人员思想不集中；信号调度室、卷扬机室照明不良、噪声会造成人员误操作；井下恶劣的环境可能增加设备、装置的故障率等。

4.5.2　编制故障树

　　以"人员上、下罐笼时伤亡事故"为顶事件，它的发生是由于"人员上、下罐笼时罐笼移动"和"人员处于危险位置"（即处于罐笼与中段井口之间的位置，见图 4-14）两事件出现的结果。罐笼移动时人员能否受到伤害取决于人员是否处于危险位置，因此这里把"人员处于危险位置"作为控制门的条件事件考虑。"人员上、下罐笼时罐笼移动"有两种情况，即"罐笼运行时人员误上、下罐"和"人员上、下时罐笼误移动"，在故障树中用逻辑或门把它们联结起来。"人员上、下罐时罐笼误移动"又包括"罐笼被误启动"和"跑罐"两种情况，也用逻辑或门联结。对这些事件继续分析原因，得到如图 4-15 所示的故障树。该故障树共包含 12 个基本事件。

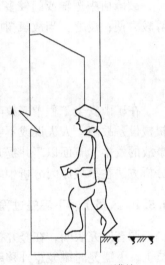

图 4-14　上、下罐笼时的危险位置

4.5.3　故障树分析

　　仔细观察图 4-15 所示故障树的逻辑门可以发现，除了两个逻辑与门及一个控制门外，其余的都是逻辑或门，表明该系统的安全性较差，较容易发生事故。

　　故障树的结构函数为

$$T = x_1 \cdot [x_2 \cdot x_3 \cdot x_4 + x_5 + x_6 + x_7 + x_8 + x_9 + x_{10} \cdot (x_{11} + x_{12})]$$

该故障树有 8 个最小割集合：

$$(x_1, x_2, x_3, x_4)(x_1, x_5)(x_1, x_6)$$
$$(x_1, x_7)(x_1, x_8)(x_1, x_9)$$
$$(x_1, x_{10}, x_{11})(x_1, x_{10}, x_{12})$$

其中，5 个最小割集合仅由两个基本事件组成，代表容易发生事故的 5 种情况。另外的 3 个最小割集合中包含的基本事件数目也不多，同样说明该系统安全性较差。故障树中含有 7 个最小径集合：

$$(x_1)(x_2, x_5, x_6, x_7, x_8, x_9, x_{10})$$

$$(x_3, x_5, x_6, x_7, x_8, x_9, x_{10})$$
$$(x_4, x_5, x_6, x_7, x_8, x_9, x_{10})$$
$$(x_2, x_5, x_6, x_7, x_8, x_9, x_{11}, x_{12})$$
$$(x_3, x_5, x_6, x_7, x_8, x_9, x_{11}, x_{12})$$
$$(x_4, x_5, x_6, x_7, x_8, x_9, x_{11}, x_{12})$$

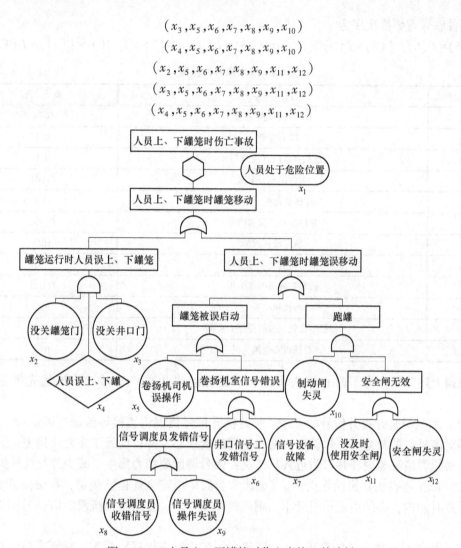

图 4-15 "人员上、下罐笼时伤亡事故"故障树

由于罐笼移动时人员处于危险位置是随机的，通过控制基本事件 x_1 来防止伤害事故很难实现，所以应该考虑根据余下的最小径集合来采取预防措施。在余下的最小径集合中，每个包含 7 个或 8 个基本事件，并且其中大部分是人失误或人的不安全行为，表明事故预防工作非常艰巨。

假设各基本事件发生概率如表 4-4 中的数值，则顶事件发生概率为

$$g(q) = q_1 \big[1 - (1 - q_2 q_3 q_4)(1 - q_5)(1 - q_6)(1 - q_7)(1 - q_8)$$
$$(1 - q_9) \big] \{ 1 - q_{10} \big[1 - (1 - q_{11})(1 - q_{12}) \big] \}$$
$$= 4.005 \times 10^{-6}$$

不考虑基本事件 x_1，余下的基本事件结构重要度次序为

$$I_\phi(5) = I_\phi(6) = I_\phi(7) = I_\phi(8) = I_\phi(9) > I_\phi(10) > I_\phi(11) = I_\phi(12) > I_\phi(2) = I_\phi(3) = I_\phi(4)$$

基本事件概率重要度次序为

$$I_g(5) = I_g(6) = I_g(8) = I_g(9) > I_g(7) > I_g(4) = I_g(12) > I_g(10) > I_g(2) = I_g(3) > I_g(11)$$

基本事件临界重要度次序为

$$I_c(5)=I_c(6)=I_c(8)=I_c(9)>I_c(2)=I_c(3)=I_c(4)>I_c(7)>I_c(10)>I_c(11)=I_c(12)$$

表 4-4　基本事件发生概率

事件	内　容	概　率
x_1	人员处于危险位置	0.01
x_2	没关罐笼门	0.1
x_3	没关井口门（安全门）	0.1
x_4	人员误上、下罐	0.001
x_5	卷扬机司机误操作	0.001
x_6	井口信号工发错信号	0.001
x_7	信号设备故障	10^{-6}
x_8	信号调度员收错信号	0.001
x_9	信号调度员操作失误	0.001
x_{10}	卷扬机制动闸失灵	10^{-5}
x_{11}	卷扬机司机没及时使用安全闸	0.001
x_{12}	卷扬机安全闸失灵	10^{-6}

　　根据上述分析，为了防止在人员上、下罐笼时发生伤亡事故，应该优先考虑如下措施：

　　（1）加强对竖井提升信号的管理。竖井提升信号错误将直接导致罐笼误运行。因此，要加强对信号员的教育训练和管理，增强他们的责任心。井口信号工在发出罐笼运行信号之前，必须看清罐笼内和井口附近人员情况；信号调度要精力集中，减少转发信号失误。

　　（2）减少卷扬机司机操作失误。《金属非金属矿山安全规程》规定，在交接班及人员上、下井时间内，必须由正司机开车，副司机在场监护；卷扬机司机没听清信号用途时不准开车。

　　（3）加强对乘罐人员的管理。《金属非金属矿山安全规程》规定，乘罐人员应在距井口 5m 以外候罐，必须严格遵守乘罐制度，听从信号工指挥。

　　另外，要注意对提升设备、信号装置的维修保养，使之经常处于完好状态，减少故障的发生。

4.5.4　系统的改进

　　井口安全门是防止人员进入能量流通渠道的重要措施，但当人员由于某种原因而没有把它关闭时，则不能起到安全防护作用。为了保证井口安全门发挥作用，可以把它与卷扬机控制电气联锁。这样，当安全门开敞时，卷扬机不能运转，可以防止人员上、下罐笼过程中罐笼误运行；若使卷扬机能够运转，则安全门必须呈关闭状态，可以防止罐笼运行时人员意外地上、下罐笼。

　　采用电气联锁井口安全门后，人员上、下罐笼时伤亡事故的故障树如图 4-16 所示。故障树由 4 个基本事件组成，其结构函数为

$$T=x_1 \cdot x_{10} \cdot (x_{11}+x_{12})$$

假设各基本事件发生概率仍取表4-4中的数值，可以算出顶事件发生概率为

$$g(q)=q_1q_{10}\left[1-(1-q_{11})(1-q_{12})\right]$$
$$=1.001\times10^{-10}$$

改进后的系统较原系统的安全性提高了许多。

《金属非金属矿山安全规程》规定，提升装置的机电控制系统应该设置井口及各中段安全门未关闭的联锁。

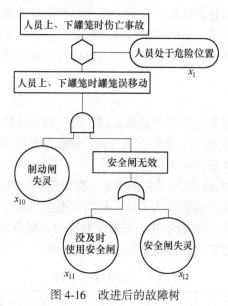

图4-16　改进后的故障树

4.6　系统安全评价

4.6.1　系统安全评价原理及方法

如前所述，受许多实际因素的限制，完全消除矿山生产中的危险因素是不可能的，只能采取措施努力控制危险源，使其危险性尽可能地小。绝对的安全是没有的，当危险性小到可接受的危险水平时，就认为系统是安全的。所谓"可接受的危险"，是来自某种危险源的实际危险，不能威胁有知识而又谨慎的人。例如，在交通拥挤的道路上骑自行车虽然可能发生交通事故，可是人们仍然愿意骑车代步，这就是一种可接受的危险。不同的人，甚至同一个人在不同场合，其可接受的危险可能不尽相同。在安全工程实践中，以被社会大众接受的危险作为评判安全与危险的标准。被社会大众接受的危险称为"社会允许危险"（简称"允许危险"），它取决于社会政治、经济和技术等许多因素。

系统安全评价是对系统危险程度的客观评价，通过对系统中存在的危险源及其控制措施的评价客观地描述系统的危险程度，判断危险性是否可以被接受，从而指导人们先行采取措施降低系统的危险性。

系统危险性包括系统中存在的危险源导致事故的可能性及危险严重程度两个方面。危险严重程度是对某种危险源导致事故所产生的最坏结果的评价，可以用人员伤亡、财产损

失或设备损坏的最严重程度来度量。在涉及人员伤害时，常用伤害严重度来表示危险严重程度。

根据矿山系统的伤亡事故统计指标可以评价系统危险性，但这是对系统过去的安全状况的评价。从预防矿山伤亡事故的角度，希望能够在事故发生之前对系统的危险性做出恰当的估计，评价系统是否安全。因此，系统安全评价主要是指预先安全评价。

系统安全评价方法有定性评价方法与定量评价方法之分。从本质上看，安全评价是对系统的危险性定性的，即回答系统是否安全，其危险性是可接受的还是不可接受的。如果系统是安全的，则不必采取进一步的控制危险源措施；否则，必须采取改进措施，以实现系统安全。这里所谓的定性评价、定量评价，是指在实施危险性评价时，是否要把危险性指标进行量化处理。

A　定性评价

定性安全评价时，不对危险性进行量化处理，而只做定性的比较。常用方法如下：

（1）与有关的标准、规范或安全检查表对比，判断系统的危险程度。例如，利用安全系数来评价矿井提升钢丝绳是否安全。

（2）根据同类系统或类似系统以往的事故经验指定危险性分类等级。例如，美国的MILSTD-882D标准中把危险严重度分为4级；把事故发生可能性分成5级，构成危险性评价矩阵（见表4-5）。该危险性评价矩阵中列出了对应于不同危险严重度与事故发生可能性组合的危险性排序，根据危险性排序将系统危险性划分为4个等级（见表4-6）。

表4-5　危险性评价矩阵

事故发生可能性（概率）	危险严重度			
	Ⅰ致命的	Ⅱ严重的	Ⅲ危险的	Ⅳ可忽略的
（A）经常（$>10^{-1}$）	1	3	7	13
（B）容易（$10^{-2} \sim 10^{-1}$）	2	5	9	16
（C）偶然（$10^{-3} \sim 10^{-2}$）	4	6	11	18
（D）稀少（$10^{-6} \sim 10^{-3}$）	8	10	14	19
（E）不能（$<10^{-6}$）	12	15	17	20

表4-6　危险性评价标准

危险性排序	危险性等级	危险性排序	危险性等级
1~5	高	10~17	中等
6~9	较高	18~20	低

定性安全评价比较粗略，一般用于整个系统安全评价过程中的初步评价。

B　定量评价

定量安全评价是在危险性量化基础上进行的评价，能够比较精确地描述系统的危险状况，因而在系统安全评价中得到了广泛的应用。

按对危险性量化处理的方式不同，定量安全评价方法又分为相对的评价方法和概率的评价方法。

（1）相对的安全评价方法，是评价者根据以往的经验和个人见解规定一系列打分标准，然后按危险性分数值评价危险性的方法。相对的评价法又叫做打分法。这种方法需要更多的经验和判断，受评价者主观因素的影响较大。例如，美国道化学公司的火灾爆炸指数法及下面将要介绍的作业条件危险性评价方法等。

（2）概率的危险性评价方法，是以某种系统事故发生概率计算为基础的评价方法，目前应用较多的是概率危险性评价（PRA）。

在一些领域采用半定量的安全评价方法，将采取危险源控制措施前的危险程度划分为若干等级，针对严重程度不同等级，评价危险源控制措施故障概率是否在允许范围内，如功能安全评价、防护层分析等。

4.6.2 生产作业条件的危险性评价

生产作业条件的危险性评价是一种评价具有潜在危险因素的生产作业危险性的相对的评价方法。它以被评价的作业条件与某些作为参考基准的作业条件之对比为基础，指定各种评价因素以一定分数，最后按总的危险分数来评价其危险性。

这种方法的评价因素包括事故发生可能性、人员暴露于危险环境情况和危险严重程度三个方面，并以它们的分数乘积来计算作业条件危险性分数 R：

$$R = L \cdot E \cdot C \tag{4-18}$$

式中　L——事故发生可能性分数；

　　　E——人员暴露情况分数；

　　　C——危险严重程度分数。

各种评价因素的分数值可参考表 4-7～表 4-9。评价某种生产作业条件的危险性时，按这三个表格选取适当的分数值后，按式（4-18）计算出危险分数，最后按表 4-10 的危险性评价标准进行评价。

表 4-7　事故发生可能性分数

分 数 值	事故发生可能性
10	完全会被预料到
6	相当可能
3	不经常，但可能
1	完全意外，极少可能
0.5	可以设想，但高度不可能
0.2	极不可能
0.1	实际上不可能

表 4-8　暴露于危险环境分数

分 数 值	暴露于危险环境情况
10	连续暴露于潜在危险环境
5	逐日在工作时间内暴露
3	每周一次或偶然地暴露

分 数 值	暴露于危险环境情况
2	每月暴露一次
1	每年几次出现在潜在危险环境
0.6	非常罕见地暴露

表 4-9　危险严重程度分数

分 数 值	可 能 结 果
100	许多人死亡
40	数人死亡
15	一人死亡
7	严重伤害
3	致残
1	需要治疗

表 4-10　危险性评价标准

分 数 值	危 险 程 度
>320	极其危险，不能继续作业
160~320	高度危险，需要立即整改
70~160	显著危险，需要整改
20~70	比较危险，需要注意
<20	稍有危险，或许可被接受

例如，工人每天都操作一台没有安全防护装置的机械，有时不注意会把手挤伤，过去曾发生过造成一只手致残的事故。为了评价这种操作条件的危险性，首先确定每种评价因素的分数值：

事故发生的可能性属于"相当可能发生"一级，其分数值为 $L=6$；

工人每天都在这样的条件下操作，暴露于危险环境分数为 $E=6$；

可能结果属于"致残"一级，$C=3$，于是，按式（4-18）算出这种操作条件的危险性分数为

$$R=6\times6\times3=108$$

对照表 4-10，它属于显著危险，需要整改。

为了实际应用方便，绘制了图 4-17 的诺模图。使用时首先在各评价因素的竖线上找出相应的分数点，然后过事故发生可能性分数点与暴露于危险环境分数点画直线交于辅助线上一点，过此点与危险严重程度分数点做直线与危险性分数线交点即为危险性分数点。在危险性分数点的右侧列出了评价结果。

4.6.3　概率危险性评价（PRA）

概率危险性评价是以某种伤亡事故或财产损失事故的发生概率为基础进行的危险性评

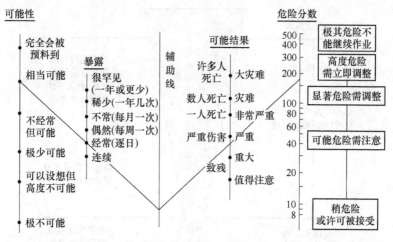

图 4-17 危险性评价诺模图

价。这是一种定量的评价方法，以危险度作为危险性评价指标。一般地：

$$危险度=事故发生概率×后果严重度$$

利用事件树分析、故障树分析等定量的系统安全分析方法，根据事故发生原因事件出现的概率，可以计算出伤亡事故或财产损失事故发生的概率。后果严重度可以用事故造成的财产损失金额或人员伤害严重度来表示。直接定量地描述人员遭受伤害的严重度是非常困难的，在伤亡事故统计中通过损失工作日数来间接地定量描述伤害严重度，有时与实际伤害程度有很大偏差。由于最严重的伤害——死亡的概念十分明确，所以在概率危险性评价中多用死亡事故发生概率作为评价指标。

确定概率危险性评价标准是个非常复杂的问题，涉及社会的政治、经济、技术和文化等诸多因素。表 4-11 列出的国外推荐的危险性评价标准可供参考。这些数字是综合企业中发生的各类伤害事故提出的。

表 4-11 概率危险性评价标准

危险度 （每人每年死亡概率）	可比事件	危险程度	对　策
10^{-3}	疾病死亡	特别高	立即采取对策
10^{-4}		中　等	必须采取对策
10^{-5}	游泳溺水	一　般	采取措施
10^{-6}	地震、天灾	很　小	注意预防
$10^{-8} \sim 10^{-7}$	陨石伤人	极　小	注意预防

1974 年，英国在《健康与安全法》中，采用了"合理可行的低（As Low As Reasonably Practicable，ALARP）"的确定危险性评价标准的原则，简称 ALARP 原则。所谓"合理可行的低"，是指为了再进一步降低危险性的成本与收益已经严重失衡时的危险性，见图 4-18。

系统安全的目标是使系统在规定的功能、成本、时间范围内危险性最小。因此，在系统的危险性和经济性之间有个协调、优化的问题。该原则把个人或企业承担的危险与获得

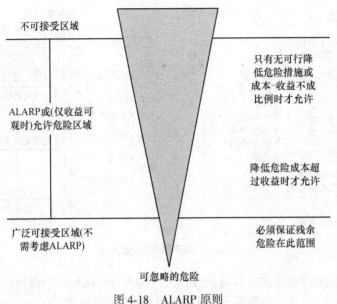

图 4-18　ALARP 原则

的利益相比较，考虑每项活动的得失，优化财力分配，使系统的危险性"合理可行的低"。

根据事故统计确定危险性评价标准是一种得到广泛应用的确定的方法。当有以往的事故统计资料时，参考这些统计资料再考虑技术、经济合理可行性，就可以确定危险性评价标准。

4.6.4　功能安全评价

伴随数字矿山、智能矿山建设，计算机技术和网络技术在矿山生产过程中的应用越来越广泛。计算机软件往往非常复杂，使得人们几乎不可能确定每种故障类型和很难预测其安全性能，给矿山安全带来了新课题。

4.6.4.1　安全相关系统与功能安全

2000 年国际电工委员会（IEC）颁布的标准 IEC 61508《电气/电子/可编程电子安全相关系统的功能安全》中，引入了安全相关系统（Safety-related System）和功能安全（Functional Safety）的概念。

（1）安全相关系统，是以某种技术实现安全功能的系统，是被要求实现一种或几种特殊功能以确保危险性在允许水平的系统。安全相关系统可以是独立于设备、过程控制的系统，也可能是设备、过程控制系统本身实现安全功能。

安全监控系统是典型的安全相关系统。

许多安全相关系统都是由计算机、电子通信装置和控制它们的软件等构成的电气/电子/可编程（E/E/PE）电子安全相关系统。一般地，电气/电子/可编程电子安全相关系统都很复杂，特别是广泛地使用计算机软件，因此，电气/电子/可编程电子安全相关系统的功能安全受到了关注。

（2）功能安全，定义为"整个安全的一部分，它依赖于对输入做出正确反应的系统或机器"。为了实现要求的安全功能，电气/电子/可编程电子安全相关系统应该具有较高的可靠性。

根据安全相关系统发生故障造成后果的情况，安全相关系统故障有安全故障与危险故障之分。其中，危险故障会导致安全相关系统丧失安全功能，因此在设计安全相关系统时，必须设法防止危险故障，或者当危险故障出现时控制它们。

4.6.4.2 电气/电子/可编程电子安全相关系统

电气/电子/可编程电子安全相关系统非常复杂，相应地造成安全相关系统危险故障的原因也很多。例如，系统、硬件或软件设计不正确，安全要求方面的疏漏，硬件的随机故障、系统故障，软件差错，共因故障，人失误，环境影响（如电磁场、温度、外力等），以及供电系统电压失调等。

设计、选择电气/电子/可编程电子安全相关系统时，首先根据残余危险情况确定电气/电子/可编程电子安全相关系统应该具有什么样的安全功能，然后确定电气/电子/可编程电子安全相关系统的安全完整度（Safety Integrity）要求。这里的安全完整度要求是指电气/电子/可编程电子安全相关系统实现规定的安全功能的性能要求。国际标准 IEC 61508 划分了 4 个安全完整度等级，SIL1 安全完整度最低，SIL4 安全完整度最高。

例如，一台有活动防护罩的旋转刃机器，操作者清扫机器时，抬起防护罩能够接触到刀刃。为了防止清扫机器时人员受到伤害，把防护罩电气联锁，当抬起防护罩时，机器电源被切断，在操作者碰到刀刃之前，刀刃已停止旋转。

首先，明确防护罩电气联锁的安全功能，当防护罩升起 5mm 或 5mm 以上时，电机应该停电和启动刹车，使刀刃在 1 秒钟内停止。

然后，通过危险性评价确定安全功能的安全度要求。防护罩电气联锁故障的后果可能是将操作者的手切断或者仅仅是擦伤。抬起防护罩的频率（即暴露危险），可能每天几次，也可能一个月不到一次。根据危险后果和危险出现概率，该安全完整度等级为 SIL2。

该例中，E/E/PE 安全相关系统由防护联锁开关、电路、接触器、电机和刹车组成。安全功能和安全完整度规定了 E/E/PE 安全相关系统作为一个整体在特定环境下的表现。

IEC 61508 标准详细规定了每个安全完整度等级的电气/电子/可编程电子安全相关系统必须达到的性能要求，安全完整度等级越高，要求越严格，允许的危险故障发生概率就越小（见表 4-12）。

表 4-12　各安全完整度等级对应的允许故障概率范围

安全度等级（SIL）	低频动作模式平均故障概率	高频或连续动作模式危险故障概率（1/h）
4	$10^{-5} \sim 10^{-4}$	$10^{-9} \sim 10^{-8}$
3	$10^{-4} \sim 10^{-3}$	$10^{-8} \sim 10^{-7}$
2	$10^{-3} \sim 10^{-2}$	$10^{-7} \sim 10^{-6}$
1	$10^{-2} \sim 10^{-1}$	$10^{-6} \sim 10^{-5}$

从功能安全的理念出发，国际电工委员会针对不同领域分别制定并颁布了相应的国际标准，并对相关的电气/电子/可编程电子安全相关系统产品实行认证制度。

我国已经采用了该标准，并颁布了国家标准 GB/T 20438.1-7—2006《电气/电子/可编程电子安全相关系统的功能安全》。

复习思考题

4-1 解释名词：系统安全分析，PHA，FMEA，PRA，ETA，FTA。

4-2 试评价在竖井中修理罐道作业的危险性。

4-3 求出图 4-19 所示故障树的最小割集合、最小径集合，各元素的结构重要度、概率重要度和临界重要度顺序。

4-4 一矿井排水系统如图 4-20 所示。若水泵的故障率为 $10^{-3}/h$，阀门的故障率为 $10^{-4}/h$，画出"排水故障"的故障树，并计算投入运行 1000h 后发生排水故障的概率。

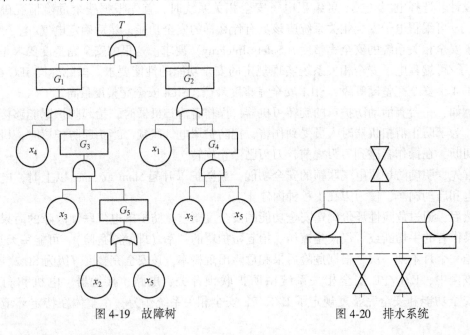

图 4-19 故障树   图 4-20 排水系统

4-5 如何确定概率危险性评价标准?

4-6 何谓功能安全，如何评价安全相关系统的功能安全?

5 矿山危险源控制

5.1 矿山危险源

矿山生产过程中存在着许多可能导致矿山伤亡事故的潜在的不安全因素，即矿山危险源。矿山危险源的主要特征是，具有较高的能量，一旦导致事故，往往造成严重伤害，并且在同一作业场所有多种危险源存在，而对这些危险源的识别和控制都比较困难。

首先我们考察一下矿山伤亡事故发生的情况。表 5-1 列出了我国 20 世纪 80 年代中期矿山伤亡事故按类别的分布。由表 5-1 可以看出，在各类矿山事故中冒顶片帮及车辆伤害所占比重最大，其次是中毒和窒息、机械伤害、高处坠落及触电等。进一步的统计表明，冒顶片帮是地下矿山的主要伤害事故类型；车辆伤害是露天矿山的主要伤害事故类型。在金属非金属矿山中，除了一般不存在瓦斯爆炸危险之外，其他类别事故危险都不同程度地存在。

表 5-1　各类矿山事故伤亡人数比例　　　　　　　　　　　　　（%）

事故类别	死　亡	重　伤
物体打击	2.6	5.7
车辆伤害	16.7	27.6
机械伤害	5.0	11.2
触　电	3.1	1.6
火　灾	0.8	0.1
高处坠落	3.5	2.1
坍　塌	1.7	0.9
冒顶片帮	39.0	30.5
透　水	2.9	0.3
放　炮	3.1	3.2
瓦斯煤尘爆炸	9.0	1.4
火药爆炸	0.4	0.5
锅炉爆炸	0.05	0.1
中毒和窒息	5.5	0.4
其　他	6.6	14.4

针对金属非金属矿山伤亡事故发生情况，可以列举主要矿山危险源（第一类危险源）如下：

（1）危险岩体和构筑物。可能发生岩体（或矿体）局部冒落、大面积岩体移动或边坡垮落等现象发生的岩体统称为危险岩体。危险岩体的存在主要取决于岩石的物理力学性质、地质赋存条件及采掘技术条件等。一旦发生坍塌、损毁可能带来严重后果的构筑物称为危险构筑物。矿山危险岩体和构筑物有如下几种情况：

1）危险顶板。矿井巷道或采矿场的顶板及侧帮，受采掘影响而岩体应力重新分布后，个别地段可能冒顶片帮；1987~1999年间，冒顶片帮和坍塌事故死亡人数占金属非金属矿山事故死亡人数的44%。

2）大面积空区。采矿后空场不做处理的矿山或空场处理不好的矿山，当空区面积过大时可能引起大规模岩体移动，破坏矿井运输、通风系统，造成地表陷落，并可能造成人员伤亡。例如，山东莱州马塘金矿因开采导致地表严重塌陷，致使莱州至招远的国家级公路遭受严重的塌陷破坏而中断交通，民房被毁；2002年5月22日，兰坪县金顶镇南场铅锌矿发生地裂及地面塌陷，导致10人被困井下，5人获救，5人失踪。

3）危险边坡。露天矿边坡角不当、岩石松散、涌水量大及开拓开采工艺不合理等，可能导致边坡塌落、滑倒和倾倒，掩埋人员和设备。

4）危险构筑物。矿区内一些构筑物，如尾矿库等，一旦塌垮将直接威胁人员生命安全。例如，2008年9月8日山西襄汾新塔矿业有限公司尾矿库溃坝，造成268人死亡、4人失踪和33人受伤。

（2）爆破材料。矿山生产中广泛利用炸药爆炸释放出的能量破碎矿岩。炸药是一种危险物质，在使用、储存、运输及制造过程中稍有不慎，就很容易发生意外爆炸事故。矿用炸药还是一种可燃性物质，遇火源燃烧时产生大量有毒有害气体，使人员中毒。矿山生产中可能引起炸药意外爆炸、燃烧的能量有以下几种：

1）机械能。冲击、摩擦或挤压等机械能，如凿岩时打残眼使残留的雷管、炸药爆炸，运输雷管、炸药过程中的冲击、震动或摩擦等，可能引起意外爆炸。

2）热能。明火、吸烟或过热物体等热源可能引爆雷管、炸药或引燃炸药。

3）电能。电能会引爆电雷管。金属矿山井下存在的杂散电流、输送炸药过程中产生的静电，以及雷电是可能引起意外爆炸的电能的主要形式。

4）爆炸能。雷管、炸药爆炸的爆轰波可能引爆一定距离范围内的雷管、炸药。
为保证爆破安全，必须采取措施消除或控制上述能量。

（3）矿井水与地表水。矿井水与地表水可能导致矿井透水、淹井事故；地表水可能淹没露天矿坑；一些泥石流发达的山区，泥石流可能毁坏矿区设施，伤害人员及影响生产。

（4）可燃物集中的场所。可燃物是矿山火灾发生的必要因素之一。可燃物集中的场所，往往存在着发生矿山火灾的危险性。

（5）高差较大的场所。矿井中的竖直井巷或倾斜井巷，露天矿中的台阶等高差较大的场所，人员或物体都具有较大的势能。当人员具有的势能释放时，可能发生坠落或跌落事故；当物体具有的势能转变为动能时，可能击中人体发生物体打击事故。

（6）机械与车辆。矿山生产中利用各种机械和车辆。机械的运动部分、运行的车辆都具有较大的动能，人员不慎与之接触可能受到伤害。竖井和斜井提升系统可能失控发生蹾罐、跑车等严重事故。

（7）压力容器。作为矿山主要动力源之一的空气压缩机的附属设备等压力容器，由于某种原因可能在内部介质压力下破裂，发生物理爆炸而造成人员伤亡及财产损失。

（8）电气系统及电气设施。由于矿山生产作业环境较差、工作面经常移动、设备频繁启动等原因，容易发生供电系统和电气设备绝缘破坏、接地不良等故障，使人员触电受到伤害。

控制矿山危险源，消除和减少生产过程中的不安全因素，主要通过各种矿山安全技术措施来实现。有关危险岩体方面危险源控制的安全技术已在有关课程中讲述，本课程着重讨论余下的各种危险源的控制问题。

5.2　矿山安全技术原则

矿山安全技术主要通过改进生产工艺、设备，设置安全防护装置等技术手段来控制危险源。它包括预防事故发生的安全技术和避免或减少事故造成的人员伤亡、物质损失的安全技术。显然，在考虑危险源控制时，应该着眼于前者，做到防患于未然。同时也应考虑到，万一发生了事故，能够防止事故扩大或避免引起其他事故，把事故伤害和损失限制在尽可能小的范围内。

5.2.1　预防事故发生的安全技术

预防事故发生的安全技术的基本出发点是采取措施约束、限制能量或危险物质，防止其意外释放。预防事故的安全技术包括消除或限制危险因素、隔离、故障-安全设计、减少故障或失误、操作程序和规程及校正措施等。其中，应该优先考虑消除和限制矿山生产中的不安全因素，创造安全的生产条件。

5.2.1.1　消除和限制危险因素

通过选择恰当的设计方案、工艺过程，合适的原材料或能源，可以消除危险因素。有时不能彻底消除某种危险因素，应该限制它们，使它们不会发展为事故。例如，用深孔落矿代替浅孔落矿工艺，可以避免或减少人员在危险顶板下的暴露；采用锚喷支护等可以有效地防止矿岩冒落等。金属矿山推广非电导爆起爆技术后，爆破伤亡事故大幅度减少。

为了采取措施消除或限制危险源，首先必须识别危险源，评价其危险性，这可以借助前面讲过的系统安全分析与评价方法来进行。应该注意的是，有时采取措施可以消除或限制一种危险因素，却又可能带来新的危险因素。例如，用压缩空气作动力可以防止触电事故，但是压气供应系统却可能发生物理爆炸。

5.2.1.2　隔离

隔离是最广泛被利用的矿山安全技术措施。一般情况下，一旦判明有危险因素存在，就应该设法把它隔离起来。

预防事故发生的隔离措施包括分离和屏蔽两种。前者是指空间上的分离；后者是指应用物理的屏蔽措施进行的隔离，它比空间上的分离更可靠，因而最为常见。利用隔离措施可以防止不能共存的物质接触。例如，把燃烧所必需的可燃物、助燃物和引火源隔离，防止发生矿山火灾。也可以利用隔离措施把人员与危险的物质、设备、空间隔开，防止人体与能量接触。例如，应用防护栅、防护罩防止人体或人体的一部分进入危险区域。

为了确保隔离措施发挥作用，有时采用联锁措施。但是，联锁本身并非隔离措施。联锁主要被用于下述两种情况：

（1）安全防护装置与设备之间的联锁。如果不利用安全防护装置，则设备不能运转而处于最低能量状态，防止事故发生。例如，竖井安全门、摇台与卷扬机启动电路联锁，可以防止误启动卷扬机。

（2）防止由于操作错误或设备故障造成不安全状态。例如，利用限位开关防止设备运转超出安全范围；利用光电联锁装置防止人体或人体的一部分进入危险区域等。联锁措施还可用于防止因操作顺序错误而引起事故。

在某些特殊情况下，要求联锁措施暂时不起作用，以便于人员进行一些必要的操作。这种可以暂时不起作用的联锁称作可绕过式联锁。当联锁被暂时绕过之后，必须能保证恢复其机能。如果绕过联锁可能发生事故时，应该设置警告信号，提醒人们注意联锁没起作用，需要采取其他安全措施。安装于竖井井架上部的过卷开关就是一种可绕过式联锁。

5.2.1.3　故障-安全设计

在系统、设备的一部分发生故障或破坏的情况下，在一定时间内也能保证安全的安全技术措施称为故障-安全设计（fail-safe）。一般来说，精心的技术设计，可使得系统、设备发生故障时处于低能量状态，防止能量意外释放。例如，电气系统中的熔断器就是典型的故障-安全设计，当系统过负荷时熔断器熔断，把电路断开而保证安全。

尽管故障-安全设计是一种有效的安全技术措施，考虑到故障-安全设计本身可能故障而不起作用，选择安全技术措施时不应该优先采用。

5.2.1.4　减少故障及失误

机械设备、装置等物的故障及人失误在事故致因中占有重要位置，因此，应该努力减少故障及失误的发生。一般来说，可以通过安全监控系统、增加安全系数或安全余裕或增加可靠性来减少物的故障。

在矿山生产过程中，广泛利用安全监控系统对某些参数进行监测，控制这些参数不达到危险水平而避免事故发生。典型的安全监控系统由检知部分、判断部分和驱动部分3个部分组成（见图5-1）。有些安全监控系统的驱动部分不是机械，而是由人员进行必要的操作。

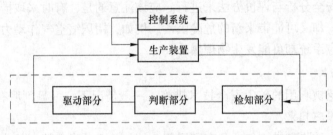

图 5-1　安全监控系统

检知部分主要由传感元件构成，用以感知特定物理量的变化。一般地，检知部分的灵敏度较人的感官灵敏度高得多，所以能够发现人员难以直接觉察的潜在变化。为了在危险情况出现之前有充分的时间采取措施，检知部分应该有足够的灵敏度，另外，也应有一定的抗干扰能力。

判断部分把检知部分得到的参数值与预先规定的参数值相比较，判断被监控对象是否正常。当驱动部分的功能由人员来完成时，往往把预定的参数值定得低些，以保证人员有充足的时间做出恰当的决策和行动。

驱动部分的功能在于判断部分判明存在异常、有可能出现危险时，实施恰当的措施。所谓恰当的措施，可能是停止设备、装置的动转，启动安全装置，或是向人员发出警告，让人员采取措施处理或回避危险。在若不立即采取措施就可能发生严重事故的场合，则应该采用自动装置以迅速地消除危险。

采用安全系数是在工程设计中最早用来减少故障的方法。由于结构、部件的强度超出所承受的最大应力的若干倍，所以能减少因设计计算错误、未知因素、制造缺陷及老化等造成的故障。

如前所述，人失误的产生原因非常复杂，防止与减少人失误是一件非常困难的事情。除了加强对职工的教育、训练外，在一旦发生失误会产生严重后果的场合，可以采取一人操作、一人监护的办法；从工程技术的角度改善人机匹配，设置警告，或采用耐失误设计（fool-proof）等，可以有效地减少人失误。

5.2.2 警告

在矿山生产操作过程中，人员要经常注意到危险因素的存在，以及一些必须注意的问题，以免发生失误。警告是提醒人们注意的主要技术措施。提醒人们注意的各种信息都是经过人的感官传达到大脑的。于是，可以通过人的各种感官来实现警告。根据所利用的感官之不同，警告分为视觉警告、听觉警告、气味警告、触觉警告及味觉警告。一般来说，矿山安全中不用味觉警告。

5.2.2.1 视觉警告

视觉是人们感知外界的主要感官，视觉警告是应用最广泛的警告方式。它的种类很多，常用的有以下几种：

（1）亮度。让有危险因素的地方较没有危险因素的地方更明亮，使人员注意有危险的地方。

（2）颜色。明亮、鲜艳的颜色容易引起人员的注意。黄色或橘黄色的矿山车辆、设备很容易与周围环境相区别；用特殊颜色区别有危险区域与其他区域，防止人员误入，输送有毒、有害、可燃、腐蚀性气体和液体的管路按规定涂上特殊颜色，防止混淆。

（3）信号灯。灯光可以吸引人的注意，闪动的灯光效果更好。不同颜色的信号灯可以表达不同的意义，如红灯表示危险，绿灯表示安全等。

（4）旗。矿山爆破时挂上红旗，防止人员误入危险区；在电气开关上挂上小旗，表示由于某种原因不能合上开关。

（5）标记和标志。在设备上或有危险的地方用标记提醒危险因素存在，或需要佩带防护用品等。有时使用规定了含义的符号标志，使得警告更加简单、醒目。

在一些情况下，视觉警告可能不足以引起人员的注意。例如，人员可能在看不见视觉警告的地方工作，或者在工作任务繁忙时，即使视觉警告很近也顾不上看等。这时，设计在听觉范围内的听觉警告更容易唤起人们的注意。

5.2.2.2 听觉警告

听觉警告主要适用于下述情况：

（1）在要求立即做出反应的场合，传达简短、暂时的信息；

（2）视觉警告受到限制的场合；

（3）唤起对某些视觉信息的注意。

喇叭、电铃、蜂鸣器等是常用的听觉警告器。

5.2.2.3 气味警告

气味警告是利用某些带有特殊气味的气体做的警告。例如，矿内火灾时往压缩空气管路中加入芳香气体，把一种烂洋葱气味送到井下工作面，通知井下工人采取措施。气味警告的优点在于气味可以在空气中迅速传播，特别是有风的时候可以顺风传播很远。它的缺点是人对气味会迅速地产生退敏作用，因而气味警告有时间方面的限制。

5.2.2.4 触觉警告

触觉警告主要利用振动和温度来实现。

5.2.3 避免或减少事故损失的安全技术

事故发生后如果不能迅速控制局面，则事故规模可能进一步扩大，甚至引起二次事故，释放出大量的能量。因此，在事故发生前就应考虑到采取避免或减少事故损失的技术措施。避免或减少事故损失的安全技术的基本出发点是防止意外释放的能量或危险物质达及人或物，或者减轻对人或物的作用，包括隔离、个体防护、接受微小损失、避难与救护等技术措施。

5.2.3.1 隔离

隔离除了作为一种预防事故发生的技术措施被广泛应用外，也是一种在能量剧烈释放时减少损失的有效措施。这里的隔离措施分为远离、封闭和缓冲措施三种。

（1）远离。把可能发生事故，释放出大量能量或危险物质的工艺、设备或设施布置在远离人群或被保护物的地方。例如，把爆破材料的加工制造、储存安排在远离居民区和建筑物的地方；爆破材料之间保持一定距离；重要建筑物布置在地表移动带之外等。

（2）封闭。利用封闭措施可以控制事故造成的危险局面，限制事故的影响。例如，防火密闭可以防止矿内火灾时火烟的蔓延；防水闸门可以阻断井下涌水而防止淹井。封闭还可以为人员提供保护，如矿内的避难硐室为人员提供一个安全的空间，保护人员不受事故伤害。

（3）缓冲。缓冲可以吸收能量，减轻能量的破坏作用。例如，矿工戴的安全帽可以吸收冲击能量，防止人员头部受伤。

5.2.3.2 个体防护

人员配备的个体防护也是一种隔离措施，它把人体与危险环境隔离。个体防护主要用于下述三种情况：

（1）有危险的作业。在不能彻底消除危险因素，一旦发生事故就会危及人体的情况下，必须使用个体防护。但是，应该避免用个体防护措施代替根除或限制危险因素的技术措施。

（2）为了调查或消除危险状态而进入危险区域。

（3）应急情况。在矿山事故或矿山灾害发生的应急情况下，个体防护用于矿工自救和互救。

5.2.3.3 接受微小损失

接受微小损失，又称薄弱环节措施，是利用事先设计的薄弱部分的破坏来泄放能量，以小的损失避免大的损失。例如，驱动设备上的安全连接棒在设备过载时破坏，从而断开负载而防止设备损坏。

5.2.3.4 避难与救护

矿山事故发生后，人员应该努力采取措施控制事态的发展。但是，当判明事态已经发展到不可控制的地步时，则应该迅速避难，撤离危险区域。在矿山设计中，要充分考虑一旦发生灾害性事故时的避难和救护问题。其原则是：使人员尽可能迅速地撤离危险区；用隔离措施保护人员；人员不能撤离时能够被救护队搭救。

5.2.4 实现矿山安全的技术体系

实现矿山安全的技术体系包括本质安全设计、安全防护以及安全操作程序和规程三个工程技术方面。

5.2.4.1 本质安全设计

本质安全设计作为危险源控制的基本方法，通过选择安全的生产工艺、机械设备、装置、材料等，在源头上消除或限制危险源，而不是依赖"附加的"安全防护措施或管理措施去控制它们。

进行本质安全设计首先要通过系统安全分析辨识系统中可能出现的危险源，然后针对辨识出来的危险源选择消除、限制危险源效果最好的技术方案，并在工程设计中体现出来。

例如，针对危险岩体，为了防止地压危害，进行采矿设计时尽量采用充填式采矿法或崩落式采矿法，不采用空场式采矿法；选择适当的矿房、矿柱尺寸等，消除或减少矿岩暴露面积；为了防止冒顶片帮时人员受到伤害，采用深孔或中深孔落矿方式，人员不进入采矿场，在暴露面积较小的凿岩巷道或硐室里进行凿岩作业等。

5.2.4.2 安全防护

经过本质安全设计之后，有些危险源被消除了，有些危险源被限制而危险性降低了，但是仍然有危险源，仍然需要采取措施对"残余危险"采取防护措施，即安全防护。各种隔离措施是典型的安全防护。

根据发挥防护功能的情况，把安全防护分为被动安全防护（Passive Protection）和主动安全防护（Active Protection）两类。被动安全防护主要是一些没有传感元件和动作部件而被动地限制、减缓能量或危险物质意外释放的物理屏蔽，如机械的防护栅、防护罩，矿井井口的安全门，高处作业场所的围栏等。主动安全防护是一些检测异常状态并使系统处于安全状态的安全监控系统，如报警、联锁、减缓装置，或使系统处于低能量状态的紧急停车系统等。

5.2.4.3 安全操作程序和规程

采取了安全防护之后危险源的危险性进一步降低，仍然有"残余危险"，需要人们按

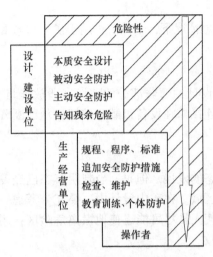

图 5-2　实现矿山安全

照安全操作程序和规程谨慎地操作。

根据系统安全的原则，实现矿山安全的努力应该贯穿于从立项、可行性研究、设计、建设、运行、维护，直到报废为止的整个系统寿命期间。特别是在早期的设计、建设阶段消除、控制危险源，使残余危险性尽可能小，对实现矿山安全尤其重要（见图 5-2）。

设计者肩负着重大安全责任，应该把本质安全的理念体现在他们的设计中，应用系统安全工程的原则和方法，系统地辨识所设计项目中的危险源，预见其危险性；通过本质安全设计和采用恰当的安全防护措施消除、控制危险源，把危险性降低到尽可能小，至少要低到可接受危险的水平，并把残余危险的情况告知生产经营单位。

生产经营单位根据从设计单位、建设单位那里得到的残余危险的信息，制定安全操作规程、程序和作业标准，教育训练操作者，加强安全文化建设提高操作者的安全素质。

生产经营单位的安全管理不仅仅是对人的管理，也包括对物的管理——本质安全管理。根据生产过程中发现的实际问题采取"追加的"安全防护措施，加强对工艺过程、机械设备和装置等的检查和维护，保持本质安全的生产作业条件。

5.3　坠落事故预防

坠落事故是一种在矿山生产过程中发生较多的事故，并且一旦发生往往造成严重伤害。因此，防止矿山坠落事故具有十分重要的意义。

5.3.1　坠落伤害

坠落事故的物理本质是人体具有的势能的意外释放。坠落事故是否造成伤害及伤害的严重程度如何，主要取决于人体着地时的速度、减速度，以及着地部位等。坠落着地时的速度取决于落下距离。当坠落高度小于 20m 时，可以把人体的坠落看作自由落体；当落下距离超过 20m 时，空气阻力的影响不可忽略，随落下时间的增加，落下加速度逐渐减小，而落下速度趋近于定值。人体接触地面后的减速度与地面硬度有关，地面越硬则减速度越大。当人员头部触地时后果较严重。

根据事故统计，自 1m 高处跌落的场合，约 50% 的人受伤；从 4m 高处坠落的场合，100% 的人受伤，甚至死亡；当坠落高度为 12m 时，约 50% 的人死亡；15m 以上时，约 100% 的人死亡（见图 5-3）。

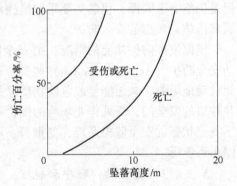

图 5-3　坠落高度与伤害严重度

事故经验表明，人员自距地面 2m 高处坠落时则可能死亡。这是因为，生产作业中人员的坠落往往是由于意外的动作失误或身体失去平衡引起的。在这种情况下，人员坠落时有一定初速度，着地时承受的冲击力比自由落下时的冲击力大。另外，由于落下时间仅有 0.2s 左右，人员来不及调整身体姿势及着地部位，所以若头部首先着地，则可能死亡。如果人员在坠落过程中能够调整姿势，则从较高的地方坠落仍能幸免于难的情况也是有的。

国标 GB 3608—83 规定，凡在坠落高度基准面 2m 以上（含 2m），有可能坠落的高处进行作业，均称为高处作业，需要采取防坠落措施。按高度把高处作业分为四级：高度 2～5m 为一级，5～15m 为二级，15～30m 为三级，30m 以上为特级。

5.3.2 矿山坠落事故

矿山生产过程中，人员在有 2m 以上高差处作业的情况很多。例如，露天矿的台阶间，矿井内的竖直井巷都有较大的高差；矿山工业建筑物、构筑物的修建、利用和维修过程中，人员在较高处作业；一些大型矿山设备的安装、调整和维修，也需要人员在有较大高差的场所作业。矿山坠落事故分为矿井外坠落事故及矿井内坠落事故。前者以地面为基准，有自高处坠落到地面和由地面坠落到坑（或沟）里两种情况；后者主要发生在矿井竖直（或急倾斜）巷道内，常见事故类型为坠入溜井、竖井，以及竖直井巷施工时的坠落等。

溜井、漏斗或矿仓等在没有被矿石充满时，人员一旦坠入，往往造成严重伤害。漏斗、矿仓内的悬空的矿石垮落时，在其上面作业的人员将随之坠落，并可能被矿石掩埋。金属非金属矿山溜井、漏斗或矿仓等数量多且分散，构成矿内坠落事故的主要危险源。

竖井是人员出入矿井的必由之路，也是容易发生坠落事故的场所。竖井坠落事故的发生主要有以下几种情况：

（1）人员误进入井口而坠落。在罐笼没有停在井口的情况下，人员不注意而误走向井口，或误向井口推车而同矿车一起坠井。

（2）沿罐笼与井壁之间的间隙坠落。当罐笼与井口边缘之间的间隙过大，稳罐装置故障时，上、下罐笼的人员不注意而坠井。

（3）从罐笼上坠落。乘罐人员相互拥挤、打闹而从罐笼上坠落。

（4）在梯子间或人行井里发生坠落。由于梯子间设计不合理、梯子或梯子平台损坏、人员不注意等原因，在梯子间或人行井中通行的人员可能发生坠落。

关于竖直井巷施工中的坠落原因，可以从支撑物破坏及人的动作失误两个主要方面考虑。

5.3.3 矿山坠落事故的预防

根据矿山安全技术原则，防止坠落伤害事故可以从三个方面来努力：创造人员不会坠落的工作环境；对将要发生的坠落采取阻止坠落的措施；在一旦发生坠落的情况下采取防止、减轻伤害的措施。

5.3.3.1 创造人员不会坠落的工作环境

为了创造人员不会坠落的生产作业环境，可以采取如下技术措施：

（1）消除或减少高差。使溜井、漏斗经常充满矿石，把溜井、坑洞加盖。缩小罐笼与

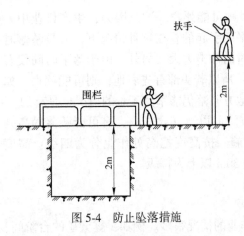

图 5-4　防止坠落措施

井口边缘的间隙，设置可靠的稳罐装置等。

（2）在高差超过 2m 的地方设置围栏、扶手等（见图 5-4）。例如，在溜井周围设置围栏，在竖井口设置安全门，罐笼安装罐笼门等。

固定的围栏、扶手等防止坠落设施的高度应该在人体重心之上，人体重心约在身高的 56% 处。《GB 4053.3—2009》规定，距基准面高度达到 2m 小于 20m 时，固定式防护栏高度应不低于 1050mm；距基准面高度达到 20m 及以上时，防护栏高度应不低于 1200mm。该标准对防护栏的结构形式和强度要求等也有明确规定。

《金属非金属矿山安全规程》规定，天井、溜井、地井和漏斗口，应设有标志、照明、护栏或格筛、盖板；报废的竖井、斜井和平巷，地面入口周围还应设有高度不低于 1.5m 的栅栏，并标明原来井巷的名称。

（3）安设符合安全要求的梯子间，以保证人员通过竖井或人行井时的安全。《金属非金属矿山安全规程》规定，梯子间中的梯子倾角不大于 80°；相邻两个梯子平台的距离不大于 8m；相邻平台的梯子孔要错开，梯子孔的长和宽分别不小于 0.7m 和 0.6m；梯子上端高出平台 1m，下端距井壁不小于 0.6m；梯子宽度不小于 0.4m，梯子磴间距离不大于 0.3m；竖井梯子间与提升间全部隔开。

5.3.3.2　阻止坠落

在坠落即将发生的场合，利用安全带可以阻止人员坠落。

安全带由带、绳和金属配件组成（见图 5-5）。按其结构形式，安全带分为单腰带式、单腰带加单背带式和单腰带、双背带加双腿式三种。无论哪种形式的安全带，都要符合以下条件：

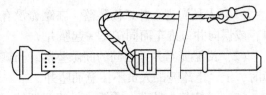

图 5-5　安全带

（1）必须有足够的强度承受人体落下时的冲击力；

（2）能在人体坠落到可能致伤的距离前拉住人体。

人体坠落时有很大的动能，在被安全带拉住时要承受很大的冲击力。如果作用于人体的冲击力过大，即使人员被拉住了，却可能因其内脏受到损伤而死亡。实验研究发现，当人体坠落时受到的冲击力达到 17777N 时一定会受到伤害。为了保证人员安全，必须把阻止人体下落时产生的冲击力限制在 8889N 之内。该冲击力的大小取决于人体落下的距离，即安全带绳的长度。一般地，安全带绳长度不得超过 2m。

5.3.3.3　防止坠落造成伤害

防止一旦坠落时人体受到伤害，可以采取缓冲措施吸收冲击能量。常用的缓冲措施有安全网、安全帽等。

（1）安全网。安全网由网体、边绳、系绳和试验绳组成，一般用锦纶或维纶纵横交叉编结而成，其规格为 3m×6m。按使用目的不同，安装形式不同，安全网分为立网和平网。立网用于防止人员坠落；平网用于防止人员坠落时受到伤害及防止掉落的物体打击人体。

高度 4m 以上的建筑施工作业都须安装安全网。安设安全网时，把网四周的系绳牢固地系在固定物上，并使网的外侧高于网内侧 60~80cm。安全网下要有足够的缓冲空间，3m 网以下留 3m，6m 网以下留 5m 以上的高度作为缓冲空间。当作业高度较大时，往往每隔一定高度安设一层安全网，以确保安全。

安全网的冲击试验是让质量 100kg、表面积 2800cm^2 的沙袋假人从 10m 高处落下，检验网绳、边绳和系绳是否断裂。

（2）安全帽。安全帽是避免或减轻冲击伤害人员头部的个体防护用品，也是矿工普遍佩戴的防护用品，它可以在发生坠落、碰撞或物体打击的情况下保护人员头部。

安全帽由帽壳和帽衬两部分组成。帽壳应该有一定的耐穿透性能，多用玻璃钢、塑料或橡胶加布等材料制成。帽衬多用棉织带制作，与帽壳之间有 20~50mm 的间隙，以缓冲冲击。

正确地佩戴安全帽才能充分发挥其防护功能。佩戴时通过调节帽衬的松紧，使人的头顶与帽壳之间至少有 32mm 以上的间隙，供帽壳受冲击时变形。另外，该间隙也有利于头部通风，有益于健康。为了防止安全帽受冲击时脱离人员头部而失去保护作用，佩戴时要把帽带系牢。

安全帽的性能试验包括冲击吸收试验和耐穿透性试验。前者用 5kg 钢锤自 1m 高处落下，打击置于木质头模之上的安全帽，头模所受冲击力不许超过 4900N。后者用 3kg 钢锥自 1m 高处落下，以钢锥不接触头模为合格。

5.4 矿山机械、车辆伤害事故预防

现代化的矿山生产广泛利用各种矿山机械、车辆，以提高劳动生产率，降低人员劳动强度。矿山机械、车辆运转时具有巨大的机械能，人员意外地遭受机械能的作用往往受到伤害。

5.4.1 机械伤害事故及其预防

机械伤害主要是由于人体或人体一部分接触机械的危险部分，或进入机械运转的危险区域造成的，其伤害类型包括挤压、剪切、切割或切断、缠绕、吸入或卷入、冲击、刺伤或刺穿、摩擦和磨损、高压流体喷射（喷出危险）等。

矿山机械的危险部分和危险区域主要有如下几种：

（1）旋转部分。机械的旋转部件，如转轴、轮等可能使人员的服饰、头发缠绕其上而造成伤害。旋转部件上的突出物可能击伤人体，或挂住人员的服饰、头发而造成伤害。

（2）啮合点。机械的两个相互紧密接触且相对运动的部分形成啮合点（见图 5-6）。当人员的手、肢体或服饰接触机械运动部件时，可能被卷入啮合点而发生挤压伤害。

（3）飞出物。机械运转时抛射出固体颗粒或碎屑，伤害人员眼睛或皮肤；工件或机械碎片意外抛出可能击伤人体；装载机械卸载时矿岩被高速抛出，人员进入卸载范围则可能受到伤害。

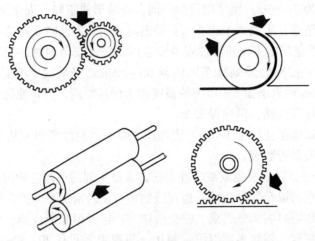

图 5-6　机械啮合点

（4）往复运动部分。往复运动的设备或机械的往复运动部件的往复运动区域是危险区域，一旦人员或人体的一部分进入，则可能受到伤害。

防止机械伤害的基本出发点是防止人与机械接触，或者接触时不伤害人员。

根据《机械安全　设计通则　风险评估与风险减小》（GB/T 15706—2012），防止机械伤害应该从机械设计入手，在危险源辨识、控制与评价的基础上进行本质安全设计，采取安全防护措施和附加的保护措施，并把残余危险信息告知使用者。

本质安全设计是通过适当选择机器的设计特性和暴露人员与机器的交互作用，达到消除危险源或降低危险性的目的。

在机械设计中要充分考虑人的特性，遵从人机学的设计原则，除了考虑人的生理、心理特征，减少操作者生理、精神方面的紧张等因素之外，还要"合理地预见可能的错误使用机械"的情况，必须考虑由于机械故障、运转不正常等情况发生时操作者的反射行为，操作中图快、怕麻烦而走捷径等造成的危险。为了防止机械的意外启动、失速、危险出现时不能停止运行、工件掉落或飞出等伤害人员，机械的控制系统也要进行本质安全设计。

机械本体的本质安全设计思路为：

（1）采取措施消除或消减危险源；

（2）尽可能减少人体或人体一部分接触机械的危险部分，或进入机械运转危险区域的可能性。

本质安全设计的主要技术原则包括以下内容：

（1）消除锐利的端部、角和突起物等；

（2）机械的形状、尺寸以及驱动力等保证操作者身体一部分不被挤伤、撞伤；

（3）足够的机械强度；

（4）采用无害材料、本质安全型防爆电器等本质安全技术；

（5）良好的人机学设计减轻操作者负担、防止误操作；

（6）防止控制系统故障产生的危险；

（7）避免人体或人体一部分进入机械危险区域作业等。

当通过本质安全设计后危险性仍然高于允许危险时，要采用安全防护措施和附加保护措施，进一步降低危险性。

为了防止人员或人体一部分与机械的危险部分接触或进入危险区间，在本质安全设计基础上，遵从隔离原则和停止原则采取安全防护措施：

（1）隔离原则。用栅栏把机械围起来，防止机械工作时人员接近；把容易被人员触及的可动零部件尽可能地封闭起来；在人员需要接近的危险部分或危险区域，设置必要的主动防护的安全装置等。

（2）停止原则。在人员或人体的一部分可能进入危险区域的场合，应该设置自动停车系统，一旦人员或人体的一部分意外进入，则切断动力供应使机械停止。在调整、检查或维修机械设备时，有可能需要人员或人体一部分进入危险区域。此时，必须采取措施防止机械设备误启动。

如果说隔离原则是人员作业空间与机械作业空间的空间上的隔离，则停止原则是时间上的隔离，即人员作业时，机械停止，机械作业时人员停止。

充分考虑可能出现的有些意外情况，需要采取附加的保护措施，如紧急停止装置、使机械处于能量为零状态的措施等。

5.4.2 矿井车辆伤害事故预防

车辆运输是金属非金属矿山井下运输的主要方式。井下运输巷道断面狭小，时而在地压作用下变形，巷道曲折、分支多，明视距离受限制等不利因素，给矿井车辆安全行驶带来许多困难，稍有不慎则可能发生车辆伤害事故。

5.4.2.1 平巷运输安全

矿山运输车辆及其驾驶人员组成一个运动人机系统。该运动人机系统在不断变化的巷道环境中运动时，驾驶员需要不断地认知外界条件，做出判断决策，操纵车辆运行。除了矿山车辆本身的性能之外，行驶速度、巷道宽度及运行信号等是影响平巷运输安全的重要因素。

（1）行驶速度。行驶速度是影响平巷运输车辆伤害事故发生的主要因素。随着车辆行驶速度的增加，相对的外界条件变化速度也增加。受人员的生理机能限制，当车辆行驶速度增加到一定程度时，驾驶员不能对前方出现的情况迅速地做出正确反应，很容易发生事故。设从驾驶员发现前方障碍物到经过操纵使车辆改变运行状态为止的时间内，车辆行驶的距离为 S，则

$$S = (t_1 + t_2 + t_3)v$$

式中　　v ——车辆行驶速度；

　　　　t_1 ——人员认知外界障碍物所需要的时间；

　　　　t_2 ——人员做出决策和操作操纵机构时间；

　　　　t_3 ——操纵机构被操作到执行机构动作时间。

如果车辆到障碍物的距离小于 S，则将发生碰撞。对于一定类型的矿山车辆来说，t_3 是一定的；虽然 t_2 因人而异，但是一般都在 $0.4 \sim 0.7 \mathrm{s}$ 之间。所以，车辆行驶速度越低，在车辆到障碍物距离一定的情况下，相对的 t_1 越长，即人员有充裕的时间认识外界条件。

《金属非金属矿山安全规程》规定，运送人员车辆的行驶速度不得超过 $3 \mathrm{m/s}$。这种情况下列车制动距离可以不超过 20m。

（2）巷道宽度。巷道断面的大小除了要满足通风、运输、敷设管线及电缆的要求外，还要满足行人安全的需要。如果运输巷道断面尺寸不够，或断面利用不合理，很容易发生挤、压碰人事故。《金属非金属矿山安全规程》规定，水平运输巷道人行道的有效宽度，人力运输时不小于0.7m，机车运输时不小于0.8m，无轨运输时不小于1.2m。

（3）信号。电机车或列车运行时应该有良好的照明，信号灯和警铃要完好；在接近风门、巷道口、弯道、道岔和坡度较大区段，以及前方有车辆、行人或视线有障碍时，应该减速和发出声、光信号。

5.4.2.2 斜井运输安全

利用绞车通过钢丝绳牵引车辆运行是目前金属非金属矿山斜井运输的主要方式。斜井跑车是斜井运输中最严重的事故。斜井跑车事故一旦发生，失去控制的车辆在重力作用下沿轨道高速下滑，损毁巷道支架及斜井内的设备、设施，伤害斜井内的人员。车辆连接不牢或牵引钢丝绳断裂，是发生跑车事故的主要原因。

斜井提升系统必须有防止跑车事故的安全装置和设施，行车时井巷中严禁行人。

防止斜井跑车事故可以从三方面采取措施：防止跑车发生；一旦跑车后，尽早阻止车辆继续下滑；防止失控车辆伤害人员。

（1）经常检查斜井车辆、连接装置及钢丝绳等，发现问题及时更换、修理。运输作业中要保证车辆连接可靠。

（2）在斜井上部和中部车场设置阻车器和挡车栏，防止矿车意外进入斜井。阻车器和挡车栏应该经常关闭，只有车辆通过时打开。图5-7为上部车场挡车栏。在斜井下部车场的安全地点设置躲避硐，供一旦发生跑车时人员进入躲避。

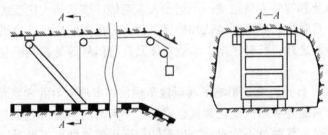

图5-7 斜井上部挡车栏

（3）在斜井串车的前后端拴上保险绳，即用一根较细的钢丝绳，一端固定在提升钢丝绳的终端，另一端固定在尾车的车尾，这样即使矿车脱钩也不致发生跑车（见图5-8）。

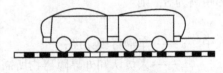

图5-8 串车保险绳

（4）在矿车下端挂上阻车叉，在矿车上端挂上抓车钩，一旦矿车脱钩或断绳，阻车叉插入枕木下面，抓车钩迅速抓住枕木，阻止矿车下滑。图5-9所示为阻车叉，图5-10所示为抓车钩。

（5）运送人员使用的斜井人车应有顶棚，并有可靠的断绳保险器。断绳保险器既可以自动也可以手动，断绳或脱钩时执行机构插入枕木下或钩住枕木，或夹住钢轨阻止人车下滑。各辆人车的断绳保险器要互相联结，并能在断绳瞬间同时起作用。

（6）斜井内设置捞车器，一旦发生跑车时捞车器挡住失控车辆，阻止矿车继续下滑。

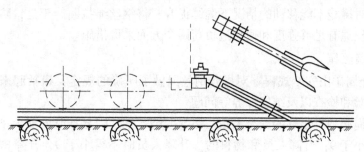

图 5-9 阻车叉

斜井捞车器有刚性捞车器和柔性捞车器两种，后者可以缓冲矿车冲击，捞车效果较好。近年来，常闭式单网和双网斜井捞车器在一些矿山得到了推广应用。图 5-11 为双网斜井捞车器。

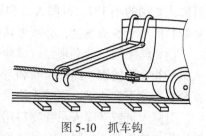

图 5-10 抓车钩

（7）斜井提升应该有良好的声、光信号装置。例如，人车的每节车厢都能在行车途中向卷扬机发出紧急停车信号，各水平发出的信号要互相区别以便于卷扬机司机辨认；所有收、发信号的地点都要悬挂明显的信号牌等。

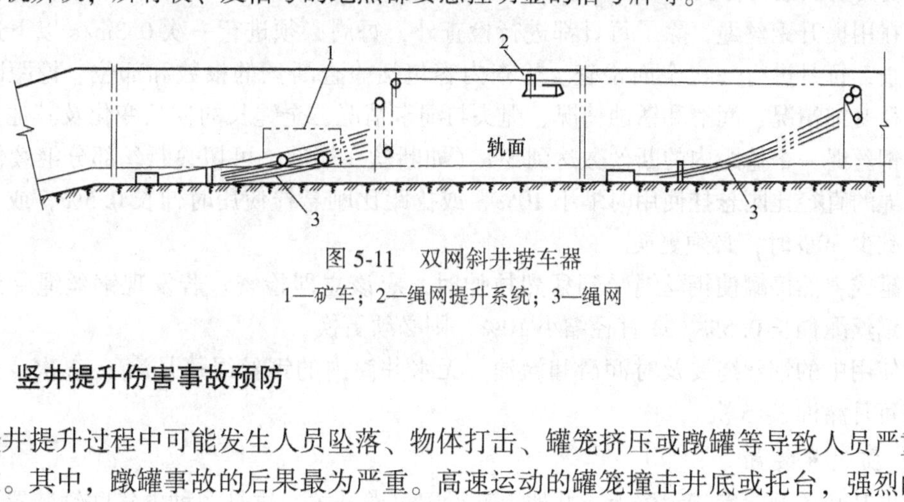

图 5-11 双网斜井捞车器

1—矿车；2—绳网提升系统；3—绳网

5.4.3 竖井提升伤害事故预防

竖井提升过程中可能发生人员坠落、物体打击、罐笼挤压或蹾罐等导致人员严重伤害的事故。其中，蹾罐事故的后果最为严重。高速运动的罐笼撞击井底或托台，强烈的冲击往往造成罐内人员全部遇难的严重后果，并且毁坏罐笼和井筒装备，带来巨大的经济损失。

引起蹾罐的原因包括卷扬机司机操作失误、提升设备故障造成的"过放"，以及提升钢绳、罐笼主吊杆等连接装置断裂造成的"坠罐"两方面的问题。根据事故经验，在提升钢丝绳断裂坠罐的情况下，罐笼呈自由落体状态直冲井底，导致蹾罐的危险性最高。

防止坠罐引起的蹾罐事故，可以从防止提升钢丝绳断裂和一旦罐笼失控后阻止其坠落两方面来努力。

5.4.3.1 防止提升钢丝绳断裂的措施

提升钢丝绳断裂是由于钢丝绳强度降低，或过负荷引起的。造成提升过负荷的负荷有如下两种情况：其一，冲击负荷。由于操作错误使钢丝绳产生松绳搭叠情况后罐笼突然下落，或者钢丝绳从天轮上脱槽、天轮损坏而产生冲击负荷。其二，静负荷。罐笼被卡在井筒内，或过卷时罐笼不能移动的情况下继续提升，将钢丝绳拉断。于是，防止钢丝绳断裂应该从保证钢丝绳有足够强度和避免过负荷两个方面采取措施。

A　提升钢丝绳

《金属非金属矿山安全规程》对提升钢丝绳做了明确的规定，概括起来包括钢丝绳的安全系数、试验和检查以及维修保养等问题。

提升钢丝绳必须有足够的安全系数。单绳缠绕式钢丝绳悬挂时的安全系数，专用于升降人员的不得小于9；升降人员和物料的，升降人员时不得小于9，升降物料时不得低于7.5；专作升降物料用的，不小于6.5。使用一段时间后钢丝绳的安全系数会降低，在专为升降人员用的小于7，升降人员和物料的，升降人员时小于7，升降物料时小于6，专作升降物料的小于5的场合，必须更换钢丝绳。

新钢丝绳使用前必须经过试验，合格后才可投入使用。在试验中，若升降人员或升降人员和物料用的钢丝绳的拉断和弯曲的不合格钢丝数达到6%（升降物料用的达到10%），安全系数达不到要求，则禁止使用。

升降人员或升降人员和物料用钢丝绳，自悬挂使用时起每隔6个月试验一次；在有腐蚀性气体的矿井，每隔3个月试验一次。当不合格钢丝的断面积与钢丝总断面积之比达到25%，或安全系数不合要求时，必须立即更换。

对在用提升钢丝绳，除了每日都进行检查外，每周必须进行一次0.3m/s以下速度的详细检查，每月进行一次全面检查。检查内容包括检查断丝的根数和部位、捻距断丝情况、直径变细情况、润滑和锈蚀情况、绳头与绳卡情况、全绳长的伸长变化及其他异常情况。当钢丝绳一个捻距内的断丝数达到5%（如断丝在端部，可切去断丝部分继续使用），或钢丝绳的直径比刚悬挂使用时缩小10%，或捻距比刚悬挂使用时伸长0.5%，或外层钢丝直径减少30%时，必须更换。

卡罐或突然停罐使钢丝绳受到猛烈拉伸时，应该立即检查。若发现钢丝绳受到了损伤，或钢丝绳伸长0.5%，或直径缩小10%，则必须更换。

对使用中的钢丝绳要及时润滑和涂油。无水井筒内的钢丝绳每月涂1~2次；有淋水的井筒每月涂油3~5次。

B　防过卷装置

在提升装置的深度指示器上，井架上部设置过卷开关。这是一种电气联锁装置，当罐笼超过正常提升高度0.5m时立即切断电源，防止过卷。井架上过卷段内的罐道采用1%斜度的楔形罐道，或以1%的斜度自下而上向罐笼靠拢，在过卷时可以把罐笼挤住。在井筒下端可以设过卷托台和过卷挡梁。在有井底水窝的情况下，可以在井底设弹性过卷托梁或钢丝绳网等防护措施。

C　提升装置

《金属非金属矿山安全规程》对竖井提升装置做了明确规定。例如，天轮、滚筒的最小直径与钢丝绳直径之比不得小于80，以减少钢丝绳的弯曲应力，改善疲劳状况；天轮到滚筒上钢丝绳的最大内、外偏角不得超过1°30′，以防止发生"咬绳"；升降人员或升降人员和物料用的提升机滚筒上只准缠绕一层钢丝绳，防止钢丝绳叠压等。此外，提升机还应该配备限速保护装置、过速保护装置、过负荷保护和无电压保护装置等安全装置。

5.4.3.2 防坠器

防坠器是用于一旦罐笼失控后阻止其坠落的装置。防坠器安装在罐笼上,当提升钢丝绳或主吊杆断裂、罐笼降落速度过快时,它的驱动机构动作,抓捕器抓住罐道,阻止罐笼继续下落。用于木罐道的防坠器由传动机构和执行机构两大部分组成。当提升钢丝绳断绳时,传动机构通过驱动弹簧和传动件传递给执行机构。执行机构的安全齿作用在木罐道上,通过安全齿切割罐道木来实现防坠作用,如图5-12所示。

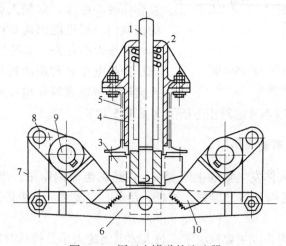

图 5-12　用于木罐道的防坠器

1—主吊杆;2—弹簧;3—支承翼板;4—弹簧套筒;5—罐笼主梁;6—横杆;
7—连杆;8—杠杆;9—轴;10—齿爪

用于钢丝绳罐道的防坠器由缓冲器、连接器、抓捕器、传动部件、拉紧装置等组成。缓冲器安装在井架缓冲平台上,利用缓冲钢丝绳弯曲和摩擦阻力做功,吸收下坠容器的能量。连接器用于连接缓冲钢丝绳和制动绳,把制动绳所承受的外力传递给缓冲器。制动绳从抓捕器中穿过,抓捕器及传动部件安装在提升容器上,当提升钢丝绳断绳时,抓捕器中的楔子在驱动弹簧和拨块的作用下抓捕住制动绳,使断绳后的容器悬挂在制动钢丝绳上。拉紧装置安装在井底制动绳固定梁上,并设有可断螺丝来防止产生二次抓捕。

《金属非金属矿山安全规程》规定,提升人员或物料的罐笼必须装设安全可靠的防坠器,并应该经常检查。新安装或大修后的防坠器,必须进行脱钩试验。使用中的防坠器,每半年进行一次清洗和不脱钩试验,每年进行一次脱钩试验。

5.5　矿山电气伤害事故预防

电气伤害是电能作用于人体造成的伤害,有触电伤害、电磁场伤害及间接伤害三种类型。矿山电气伤害事故以触电伤害最为常见;间接伤害不是电能作用的直接结果,而是由于触电导致人员跌倒或坠落等二次事故所造成的伤害。触电伤害有电击和电伤两种形式。前者是指电流通过人体内部组织器官,破坏人体功能及引起组织损害;后者是电流的热效应等对人体外部造成的伤害。矿山事故经验表明,绝大部分触电伤害都属于电击伤害。

根据人员接触带电体的情况,触电分为单相触电、两相触电及跨步电压触电三种形

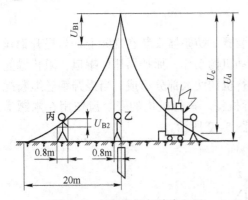

图 5-13　接触电压与跨步电压

U_d—对地电压；　U_c—接触电压；　U_B—跨步电压

式。站在大地上的人员接触到三相交流电中的一相时，称为单相触电；人体触及两相带电体时，称为两相触电。人体同时接触具有不同电压的两点时人体承受的电压称作接触电压。与接触电压不同，在高压故障接地处或有大电流流过的接地装置附近，人员两脚间承受的电位差称作跨步电压。如果人员处在跨步电压较高的区域内，则可能因跨步电压而触电。跨步电压与跨步大小有关，工程上按跨步距离 0.8m 考虑。跨步电压还与距离接地体的远近有关。距离接地体越近则跨步电压越高，当人员站在距接地体 20m 以外就可以不考虑跨步电压了（见图 5-13）。

5.5.1　电流对人体的有害作用

电流的作用会使人体发生某些生理变化，由感到电流的作用，出现轻微刺痛、痉挛、疼痛、血压升高，到心律不齐、麻痹、窒息，乃至心室颤动、心脏停跳、神经或血管破坏及严重烧伤。

电流对人体的伤害程度主要取决于通过人体电流的大小及持续时间、电流通过人体的途径、电流种类及人体状况等因素。

5.5.1.1　电流大小对伤害程度的影响

通过人体的电流越大，致伤、致死的危险性也越大。对于工频电流，按其对人体的作用把电流划分为以下三级：

（1）感知电流。这是引起人的感觉的最小电流。根据实测资料，成年男子的平均感知电流为 1.1mA，女性约为 0.7mA。一般来说，感知电流不会对人体造成直接伤害，但是，人员可能由于惊慌、恐惧跌倒或坠落而发生间接伤害。

（2）摆脱电流。人员触电后能从带电体上自行摆脱的电流极限值称作摆脱电流。成年男子的平均摆脱电流为 16mA，女性为 10.5mA。按 0.5% 的概率考虑，成年男子的最小摆脱电流为 9mA，女性的最小摆脱电流为 6mA。

摆脱电流是人体可以忍受而不致产生伤害后果的电流。当通过人体的电流大于摆脱电流时，由于呼吸中枢抑制或麻痹等原因，人员往往短时陷入昏迷状态。因此，不应该让人员长时间受最小摆脱电流以上电流的作用。

（3）致命电流。致命电流是在极短时间内就会危及人员生命的最小电流，是使人员发生心室颤动而濒于死亡的电流值。

5.5.1.2　电流作用时间对伤害程度的影响

电流通过人体时间越长，越容易引起心室颤动，危险性也越大。通电持续时间与电流大小对人体的影响呈现复杂的关系。表 5-2 列出了工频电流的大小、通电时间对人的生理反应的影响。我国规定，在电流短暂作用下的触电电流与通电时间的乘积不得超过 30mA·s。

表 5-2 电流对人体的作用

电流/mA	通电时间	人的生理反应
0~0.5	连续通电	没有感觉
0.5~5	连续通电	开始有感觉，手指、手腕处有痛感，没有痉挛，可以摆脱带电体
5~30	数分钟以内	痉挛，不能摆脱带电体，呼吸困难，血压升高，是可以忍受的极限
30~50	数秒到数分	心脏跳动不规则，昏迷，血压升高，强烈痉挛，时间过长引起心室颤动
50 至数百	低于心脏搏动周期	受强烈冲击，但未发生心室颤动
	超过心脏搏动周期	昏迷，心室颤动，接触部分留有电流通过的痕迹
超过数百	低于心脏搏动周期	在心脏搏动特定的相位触电时，发生心室颤动，昏迷，接触部分留有电流通过的痕迹
	超过心脏搏动周期	心脏停止跳动，昏迷，可能致命的电灼伤

5.5.1.3 电流种类对伤害程度的影响

人体对交流电的最小感知电流和平均摆脱电流均为对直流电的 5 倍左右，表明交流电更危险。实验结果表明，频率为 25~300Hz 的交流电对人体伤害最严重。当电流频率在 1000Hz 以上时，人体遭受伤害的程度明显减轻，但是高压高频电流仍有致命危险。

5.5.1.4 电流途径对伤害程度的影响

人体的不同部位对电流的耐受能力不同，因而电流通过人体的途径不同时，其后果也不相同。电流通过心脏会引起心室颤动，停止血液循环而导致死亡；电流通过中枢神经会使中枢神经系统失调而导致死亡；电流通过头部会使人昏迷，造成脑部严重损伤而致死；电流流经脊髓能使人肢体瘫痪。

电流由一只手流入，从另一只手流出，或者自手流入而从脚流出，都途经心脏，是最危险的途径。

5.5.1.5 人体状况对伤害程度的影响

流过人体电流的大小取决于施加于人体的电压和人体电阻。一般情况下，人体电阻约为 $1000~2000\Omega$；在皮肤潮湿的情况下，降至 $100~500\Omega$。此外，女性和儿童对电流的作用敏感；身体健壮的人摆脱电流较大。

5.5.2 预防触电的安全技术

触电事故的发生可能是因为人体意外地触及了带电体，也可能是由于正常情况下不带电的设备外壳意外地变成了带电体。所以，应该从防止人员触及带电体和防止设备外壳带电两个方面采取安全措施。

防止人员触及带电体造成伤害的安全技术包括采用安全电压、绝缘、安全屏护、安全间距及漏电保护装置等。

5.5.2.1 安全电压

安全电压是在一般情况下不会伤害人体的电压。我国规定工频有效值 42V、36V、24V、12V 和 6V 为安全电压的额定值。《金属非金属矿山安全规程》规定，地下矿采掘工作面、出矿巷道、天井和天井至回采工作面之间应该不超过 36V，行灯电压也应该不超过

36V；露天矿行灯或移动式电灯的电压应该不高于36V，在金属容器和潮湿地点作业，安全电压应该不超过12V。

5.5.2.2 绝缘

绝缘是用由电阻率极大的绝缘材料制成的绝缘物把带电体封闭起来，它既是防止人员触电的重要技术措施，也是保证电气系统的电气设备正常运行的必要条件。

绝缘物在强电场的作用下可能被击穿，潮湿、腐蚀、机械性损伤或绝缘物老化等都可能使绝缘性能降低或丧失，增加向设备外壳漏电及人员触电的机会。因此，必须经常保持电气系统及电气设备的绝缘电阻在规定的范围内。通常，应用兆欧表定期测量电气系统和电气设备的绝缘电阻，可以判断其绝缘性能。

5.5.2.3 安全屏护

为了防止触电、弧光短路及电弧伤人，用遮栏、护罩、箱柜等把带电体同外界隔离起来，防止被人员触及，这样的屏蔽措施在电气安全中称作安全屏护。安全屏护装置不能与带电体直接接触，而且与带电体之间要留有安全间距。金属材料制成的屏护装置要有可靠的接地或接零保护。

5.5.2.4 安全间距

人体、物体等接近带电体而不发生危险的安全距离称作电气安全间距。安全间距的大小取决于带电体电压的高低、设备种类、安装方式及操作方式等因素。我国对不同的电气安全间距，如线路间距、设备间距及检修间距等，在相应的电气规程中都做了明确规定。

5.5.2.5 漏电保护

漏电保护装置可以防止人员单相触电，故又称触电保安器。此外，它还被用于防止因漏电引起的触电事故、火灾事故，以及监测接地状况等。

电气设备或线路漏电时会出现两种现象：三相电流的平衡被破坏，出现"零序电流"，以及正常情况下不带电的外壳会出现对地电压。当发生漏电时，出现的零序电流或对地电压达到一定值的场合，漏电保护装置的执行机构动作，使接触器跳闸而切断电源。漏电保护装置的种类很多，按输入信号的种类可以分为电流型漏电保护装置和电压型漏电保护装置两类：

（1）电流型漏电保护装置。这类漏电保护装置以电流信号为输入信号而动作，包括无互感器零序电流型、有互感器零序电流型及泄漏电流型漏电保护装置。电流型漏电保护装置主要用于中性点不接地系统，尤其适用于小容量配电系统和单相触电保护。图5-14为有互感器零序电流型漏电保护装置原理图。设备漏电时出现的零序电流使互感器H中产生感应电动势，使极化电磁铁线圈T中有电流流过，电磁铁去磁，衔铁带动脱扣机构TK动作，开关装置断开电源。

（2）电压型漏电保护装置。电压型漏电保护装置是以设备外壳对地电压为输入信号的漏电保

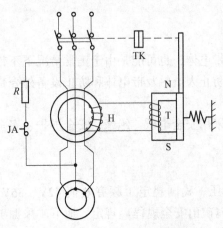

图5-14　电流型漏电保护装置原理图

护装置。它适用于电气设备的漏电保护,既可用于中性点接地系统,也可用于中性点不接地系统;可以单独使用,也可以与保护接地或保护接零同时使用(但必须将各自的接地体分开)。由于电压型漏电保护装置有接地不好解决等问题,在实际使用中受到一定限制。

5.5.3 保护接地与保护接零

当绝缘破坏时,电气设备的金属外壳(或其他正常情况下不带电的金属部分)可能带电而危及人员安全。防止电气设备外壳意外带电的技术措施有保护接地和保护接零两种。

5.5.3.1 保护接地

保护接地是把故障情况下可能带电的设备外壳与大地连接起来,把泄漏的电流导入大地,防止人员触电的安全措施。矿井供电系统是中性点不接地系统,在这种系统中保护接地是最常采用的安全措施。《金属非金属矿山安全规程》规定,矿井内所有电气设备的金属外壳及电缆的配件、金属外皮等都要接地,巷道中接近电缆线路的金属构筑物等也要接地。

在图 5-15 所示的中性点不接地电网中,当某一电气设备的某一相绝缘破坏,并与金属外壳相碰的情况下,如果人员触及金属外壳,则电流将通过人体及电网对地绝缘阻抗构成回路。假设各相对地绝缘阻抗相等,则外壳对地电压 U_d 为

$$U_d = \frac{3UR_r}{|3R_r + R_d|}$$

式中 U——电网电压;

  R_r——人体电阻;

  R_d——电网每相对地绝缘阻抗。

当电网对地绝缘良好时,绝缘阻抗 R_d 很大,U_d 很低。当电网对地绝缘阻抗 R_d 明显降低时,外壳上的电压 U_d 可能升高到危险程度。

采取保护接地措施后(见图 5-16),保护接地电阻 R_b 与人体电阻并联,且 $R_b \ll R_r$。这时漏电设备外壳的对地电压主要取决于保护接地电阻 R_b 的大小:

$$U_d = \frac{3UR_b}{|3R_b + R_d|}$$

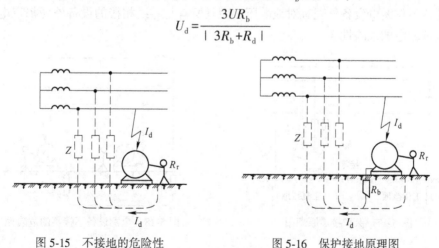

图 5-15 不接地的危险性   图 5-16 保护接地原理图

由于 $R_b \ll |R_d|$,所以外壳的对地电压较无保护接地时大大降低。

显然，为安全起见，保护接地电阻 R_b 越小越好。在 1000V 以下的低压电气系统中，一般地要求接地电阻 $R_b \leqslant 4\Omega$。工程上可以通过增大接地面积、采用自然接地体、多处接地或利用网状接地体等方法来降低接地电阻。

矿山井下所有需要接地的设备和局部接地极通过接地干线与主接地极连接，形成接地网。主接地极可设在矿井水仓或积水坑中，并且至少应有两组主接地极。局部接地极可设于积水坑、排水沟或其他适当地点。《金属非金属矿山安全规程》规定，每个主接地极的接地电阻，由主接地极起至最远的就地接地装置止，不得超过 2Ω；每台移动电气设备或手持式电气设备与接地网之间的保护接地线，其电阻值应不大于 1Ω。

5.5.3.2 保护接零

保护接零是把电气设备在正常状态下不带电的导电部分与低压配电网的零线连接起来，与熔断器、自动开关等配合使用，防止低压中性点接地和 380V/220V 三相四线制电力系统中触电事故的安全技术措施。图 5-17 为保护接零原理图。当带电设备的一相与金属外壳相碰时，通过外壳形成该相对零线的单相短路，强大的短路电流使熔断器熔断，或自动开关迅速地切断电源，从而避免发生触电事故。

保护接零只能用在中性点直接接地系统中。如果在中性点不接地系统中利用保护接零，则绝缘破坏时电流会经过外壳和人体回到零线。由于此时电流较小，线路保护装置不能动作，不能消除危险状态。

当采用保护接零时，禁止同一电气系统中一些设备接零而另一些设备接地。因为当一台接地而没接零的设备漏电时，电流经过设备接地和零线接地构成回路（见图 5-18），设备对地电压 U_d 和零线对地电压 U_0 升高：

$$U_d = \frac{U R_d}{R_d + R_0}; \quad U_0 = \frac{U R_0}{R_d + R_0}$$

式中　R_d ——设备接地阻抗；

　　　R_0 ——零线接地阻抗；

　　　U ——相电压。

于是，不仅漏电设备外壳有对地电压，而且所有与零线相接的设备外壳都带电，这就增加了人员触电的危险性。

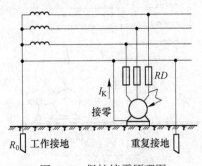

图 5-17　保护接零原理图

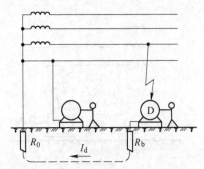

图 5-18　个别设备不接零的危险性

《金属非金属矿山安全规程》规定，井下电气设备不应该接零。

一般地，不允许在零线上装设开关或熔断器。对于单相线路，可以在零线和相线上同时装设开关和熔断器，但是要使用双刀开关同时切断或接通相线和零线。

5.5.4 静电危害及其防止

矿山生产过程中可能产生静电，静电可能引起火灾、爆炸、电击等事故。例如，在有爆炸和火灾危险的场所，静电放电产生的火花可能引燃可燃物，造成火灾或爆炸；爆破作业装药过程中产生的静电可能引起炸药早爆。此外，静电放电时产生的瞬间冲击电流通过人体时，会使人遭受电击而受伤；人员受到电击可能遭受间接伤害，或造成人员心理紧张而发生失误。

为了防止静电危害，首先应该考虑避免或减少静电的产生；在静电不可避免会产生的情况下，采取泄放措施防止静电蓄积；在静电难以被泄放的情况下，利用静电消除器消除静电，利用屏蔽消除静电对周围的影响。

(1) 避免或减少静电的产生。矿山生产中物料的摩擦、粉体的输送或物料的粉碎等是产生静电的主要原因。针对静电产生的具体原因，我们可以寻求合理的工艺过程、设备或原材料，减少物体间的摩擦、降低气流输送粉体物料的速度等，防止产生静电。

(2) 泄放静电。常用的泄放静电的方法有接地、湿度调节及添加抗静电剂等。

接地是消除静电措施中最基本的措施。它使物体与大地之间构成回路，把静电泄放到大地。即使在已经采取了其他的防静电措施的情况下，接地也往往是不可缺少的。凡是有可能产生和带有静电的金属导体，如加工、储存和输送各种液体、气体和粉体的设备、管道及附属设备等，都应该接地以泄放静电。由于需要泄放的静电电量较小，接地阻抗只要小于 1000Ω 即可。实际上，静电接地往往与设备的保护接地共用接地装置。接地不能消除高电阻率物质携带的静电。

湿度调节法是增加产生静电场所的环境湿度，使物体表面形成水膜而使表面电阻降低，加速静电沿其表面的泄放。

抗静电剂是使树脂、可燃性液体、纸和纤维等绝缘物的电导率增大的化合物，往往添加少量抗静电剂就会取得显著效果。

为了消除人体静电，应该穿导电性工作服和工作靴，避免穿丝绸或合成纤维衣料的服装。

(3) 静电消除器。静电消除器是根据静电中和的原理，将气体电离产生离子，用与带电物体上静电荷极性相反的离子中和带电物体上的电荷，从而达到消除静电的目的。静电消除器种类很多，按其工作原理及结构分为感应式、放射式、外接电源防爆型及外接电源送风型等，分别适用于不同对象及场所。

(4) 静电屏蔽。用接地的金属网、金属板包围带电体，形成静电屏蔽，可以限制带电体对周围的电气作用及防止静电放电。

复习思考题

5-1 试举出实例说明如何采取安全技术措施防止矿山坠落伤害事故。

5-2 画出人员坠入溜井伤亡的事故原因分析故障树，并根据故障树分析说明如何防止此类事故的发生。

5-3 机械伤害有哪些类型，如何采取机械安全技术措施？

5-4 如何防止平巷运输的车辆伤害事故？

5-5 画出斜井提升断绳跑车导致伤亡事故的事件树和故障树。

5-6 根据防止事故发生的安全技术原则，为了防止蹾罐事故应该采取哪些技术措施？

5-7 分别说明保护接地和保护接零的原理和适用范围。

5-8 为什么井下电气设备不能采用保护接零措施？

5-9 采矿工程技术人员在实现矿山安全生产方面如何发挥作用？

6 矿山防火与防爆

6.1 矿山火灾与爆炸事故

6.1.1 矿山火灾及其危害

火灾是一种失去控制并造成财物损失或人员伤害的燃烧现象。

发生在矿山企业内的火灾统称矿山火灾。发生在厂房、仓库、办公室或其他地面建筑物设施里的火灾称作地面火灾；发生在矿井的各种巷道、硐室、采矿场或采空区中的火灾称作矿内火灾；在矿井井口附近发生的地面火灾，如果所产生的高温和烟气随风流进入矿井，威胁井下人员安全时，也被称作矿内火灾。

矿山火灾按其发生的原因，有内因火灾与外因火灾之分。前者是由于矿岩氧化自燃而引起的；后者是由于矿岩自燃以外的原因，如吸烟、明火或电气设备故障等引起的火灾。据统计，我国冶金、有色金属、黄金等金属非金属矿山中，外因火灾占矿山火灾事故的80%~90%，是矿山火灾的主要形式。非煤矿山的内因火灾，主要发生在开采有自燃倾向的硫化矿物的矿山。

矿山火灾一旦发生，可能烧毁大量器材、设备、建筑物和矿产资源，甚至烧毁整个矿井，造成巨大的财产损失和生产停顿。矿山火灾产生的高温和有毒有害气体会造成人员的严重伤亡。

矿山外因火灾往往突然发生，迅速发展，来势凶猛。如果不能及时发现、及时扑灭，则可能造成恶性伤亡事故和财产损失事故。国内外矿山外因火灾造成人员重大伤亡的事故屡见不鲜。表6-1列举了国内外一些矿山外因火灾事故的情况。

表 6-1 国内外一些矿山的外因火灾

年份	国别	矿别	火灾原因	死亡人数
1922	美国	金属矿	短路电弧引燃矿井支架	47
1927	美国	金属矿	电石灯火焰引燃电缆绝缘	163
1950	英国	煤矿	皮带运输机安装不良	80
1952	比利时	煤矿	提升油压系统故障，电火花引火	261
1956	日本	煤矿	炸药引燃	10
1957	中国	金属矿	电炉引燃木支架	38
1982	中国	金属矿	焊接作业引燃木支架	16
1984	日本	煤矿	皮带运输机引起	83
2000	中国	金属矿	运矿卡车油管接口漏油被点燃	17

矿山内因火灾是由于矿岩缓慢氧化而自燃引起的。尽管内因火灾的发生有个相对漫长的发展过程，并会出现一些可能被人们早期发现的预兆，但是，由于引起燃烧的火源往往存在于人员难以接近或根本无法接近的采空区、矿柱里，很难被扑灭，使得燃烧可能持续数月、数年或数十年。矿山内因火灾产生的大量热和有毒有害气体恶化矿内作业环境，威胁人员健康和安全，甚至造成大量矿产资源损失。

因此，预防矿山火灾的发生具有十分重要的意义。

6.1.2　矿山爆炸事故及其危害

矿山爆炸按其发生机理，可分为化学爆炸和物理爆炸两大类。前者是由于物质的迅猛化学反应引起的爆炸；后者是由于物质的物理变化引起的爆炸。炸药爆炸、气体爆炸、粉尘爆炸属于化学爆炸；压力容器爆炸属于物理爆炸。

炸药爆炸是矿山最常见的化学爆炸。炸药是一种不稳定的化学物质，在受到冲击后便迅速分解，产生高温高压并释放出巨大的能量。受到控制的炸药爆炸可以造福于人类，在矿山生产过程中人们就是利用炸药爆炸释放出的能量采掘矿岩的。失去控制的炸药爆炸，即炸药意外爆炸称为爆破事故。一旦发生爆破事故，炸药爆炸释放的能量可能摧毁矿山设施、建筑物，伤害人员。因此，在加工制造、运输保管及使用炸药过程中，必须采取恰当的安全措施，避免发生炸药意外爆炸。

在矿山生产过程中有时要利用或产生可燃性气体，可燃性气体与适量的空气混合后，形成可燃性混合气体，遇到火源则可能发生猛烈的氧化反应，发生气体爆炸。例如，使用乙炔气体切割、焊接金属作业不慎，或电石受潮放出乙炔气体与空气混合后，通到明火火源则会发生乙炔气体爆炸。又如，空气压缩机中的润滑油雾化形成可燃性混合物，在高温高压下可能发生爆炸，毁坏空气压缩机及附属设施，伤害人员。此外，生产过程中某些可燃性粉尘弥散在空气中，遇到火源会发生粉尘爆炸。

压力容器爆炸是典型的物理爆炸。矿山生产中使用的各种高压气体贮罐、气瓶，空气压缩机的储气罐等压力容器，在其内部介质压力作用下发生破裂而爆炸。

6.2　燃烧与爆炸机理

6.2.1　燃烧

燃烧是一种放热、发光的化学反应。燃烧反应速度快、放热多，在短时间里放出大量的热，提高了燃烧产物的温度，并引起燃烧产物分子内电子的跃迁，放出各种波长的光来。

在燃烧过程中，参加燃烧的物质改变原有的性质而变成新物质。例如，在碳、硫和甲烷的燃烧反应中，它们都被氧化而生成了新物质：

$$C+O_2 = CO_2 \qquad \Delta_r H_m^\ominus = +393.77kJ$$
$$S+O_2 = SO_2 \qquad \Delta_r H_m^\ominus = +297.10kJ$$
$$CH_4+2O_2 = CO_2+2H_2O \qquad \Delta_r H_m^\ominus = +890.91kJ$$

放热、发光和生成新物质是燃烧反应具有的三个特征，它们是区分燃烧与非燃烧现象的依据。

燃烧反应在本质上属于氧化还原反应。因此，参与反应的反应物必须包含有氧化剂（助燃物）和还原剂（可燃物）。此外，为了使燃烧反应能够进行，还必须有引起并维持燃烧的热能。通常，把能够引起可燃物质燃烧的热能源称作引火源，而维持燃烧的热能往往来自燃烧本身。

燃烧作为一种化学反应，在反应物的组成、反应温度、压力和能量方面都存在着极限值。例如，气体可燃物没有达到一定的浓度，或助燃物不足，或引火源没有足够的热量或者温度，即使具备了上述的燃烧三要素也不能发生燃烧。又如，当氢气浓度低于4%时，便不能在空气中被点燃；当空气中的氧含量低于14%时，一般的可燃物质不会在其中燃烧；一根火柴的热量不足以点燃一根圆木等。因此，确切地说，具备一定数量或浓度的可燃物、助燃物，以及一定强度的热能源，是引起燃烧的必要条件。

人们进一步用连锁反应理论来解释燃烧发生机理，认为燃烧的本质是游离基的连锁反应。游离基是一些瞬变的、不稳定的化学物质，它们可能是原子、分子碎片或其他中间物。游离基的反应活性非常强，是化学反应的活性中心。在一定条件下，只要使反应物产生少量的游离基，就可以使连锁反应发生；连锁反应一旦发生，就可以自动地经历许多连锁步骤发展下去，直到反应物全部消耗完为止。当由于某种原因游离基全部消失时，连锁反应就会中断，燃烧也就停止了。

根据连锁反应理论，可燃物质的燃烧是经历一系列中间阶段的复杂过程。在此过程中，反应的中间产物——游离基和原子被氧化。因此，游离基的连锁反应是燃烧的第四个必要条件。

综上所述，燃烧是一种复杂的物理化学过程：游离基的连锁反应是其化学本质，发光、发热是燃烧过程中发生的物理现象。

6.2.2 发火

发火又称为着火，是从未燃烧状态向稳定的燃烧状态转移的过渡现象。

发火是一种不稳定的状态。为了实现向稳定的燃烧状态的转移，必须满足一定的物质条件和能量条件。这些必要条件称为发火的临界条件。对于可燃性气体来说，其物质条件是指浓度条件，称为燃烧界限；能量条件是指点火温度，即燃点或点火能。

发火分为自然发火与引燃发火两类。

6.2.2.1 自然发火

可燃性物质在没有外界引火源的情况下自行发火燃烧的现象被称作自然发火。自然发火又称自燃，按其热量的来源，有自热自燃和受热自燃之分。

由于可燃性物质的生物或物理化学作用发热而导致的自燃发火称作自热自燃。例如，硫化矿物或煤的自燃、某些金属遇水的自燃等。有时把自热自燃称作狭义自然发火。由于可燃性物质受到外界加热而引起的自然发火称为受热自燃。

能使可燃性物质自然发火的最低温度称为自燃点。物质的自燃点越低，自然发火引起火灾的危险性越大。

6.2.2.2 引燃发火

可燃性物质与引火源接触而发生持续燃烧的现象称作引燃。可燃性物质遇到引火源开始持续燃烧所必需的最低温度称为燃点。物质的燃点越低，则越容易被引燃，火灾危险性也越大。

可燃性液体表面都有一定量的蒸气，蒸气与空气混合形成可燃性混合气体。当引火源接近液体表面时，会发生一闪即灭的燃烧。这种现象称作闪燃，可燃性液体能够发生闪燃的最低温度称作闪点。液体的闪点越低，其火灾危险性越大。按闪点的高低，把可燃性液体分为二类四级。一类为易燃液体，其中闪点低于28℃的为一级，闪点为28～45℃的为二级；另一类为可燃液体，其中闪点在45～120℃的为三级，闪点在120℃以上的为四级。

根据引火源种类的不同，引燃分为电火花引燃、热表面引燃、高温气体引燃及热辐射引燃。

（1）电火花引燃。电火花是一种高能量密度的引火源，能在极短的时间内集中地放出能量。电火花很难引燃固体可燃物，却很容易引燃可燃性混合气体。对于一定种类的可燃性混合气体，存在着一定的引燃的临界放电能——最小点火能。最小点火能随可燃性混合气体的组成、压力和温度等条件变化。当可燃性混合气体的温度、压力升高时，最小点火能降低。

最小点火能还与放电电极间的距离有关。在其他条件相同的情况下，随着放电电极之间距离的减少，最小点火能逐渐减少，然后趋于稳定。当放电电极之间的距离小到某一定值时，最小点火能突然变为无穷大。这时的放电电极间的距离称为熄火距离。可燃性混合气体的熄火距离的变化规律与最小点火能的变化规律类似。表6-2列出了一些常见可燃性气体的最小点火能及熄火距离。

表6-2　可燃性气体的最小点火能及熄火距离

可燃性气体	最小点火能/J	熄火距离/cm
氢　气	2.0×10^{-5}	0.0098
甲　烷	33	0.039
乙　烷	42	0.035
丙　烷	30	0.031
乙　烯	9.6	0.019
苯	76	0.043
乙　炔	3.0	0.011

（2）热表面引燃。热表面指高温固体表面。当可燃性物质与热表面接触时，热表面向可燃性物质传热，使其温度上升而在热表面附近发火。当可燃性物质被热表面引燃时，热表面有一临界温度，在低于此临界温度的场合可燃性物质不能被引燃。此临界温度称作点火温度。

固体可燃性物质被引燃之前，首先受热分解，析出可燃性气体并与空气混合，其过程类似于热辐射和高温气体引燃。

（3）高温气体引燃。作为引火源的高温气体是指火焰。当用火焰引燃可燃性混合气体时，与火焰接触的混合气体受对流传热的加热而发火。发火所必需的火焰温度与火焰的大小有关。普通碳水化合物的火焰温度都在1100～1200℃左右。

可燃性混合气体可以被很小的火焰引燃。当用火焰引燃可燃性固体时，固体的一个侧面受热，内部温度上升而分解，析出可燃性气体与空气混合而发火。

（4）热辐射引燃。热辐射引燃固体可燃物时，热源的热量经过辐射到达可燃性固体表面，并使其温度上升；同时热量向固体内部传递，温度逐渐升高并分解出可燃性气体；析出的可燃性气体与空气混合并发火。

6.2.3 燃烧过程及燃烧热

燃烧是一种复杂的物理化学过程。一般来说，不是可燃性物质本身在燃烧，而是物质受热分解析出的气体或蒸气在空气中燃烧。可燃性物质的聚集状态不同，其受热发火燃烧的过程也不同，见图6-1。

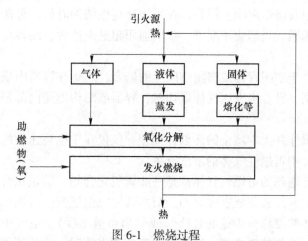

图 6-1 燃烧过程

可燃性物质燃烧时释放出大量的热。单位质量的可燃性物质完全燃烧后所生成的气体冷却到18℃时，所放出的热量称为燃烧热或热值。各种可燃性物质的燃烧热可以通过实验测得，也可以由理论计算算出。表6-3为各种材料的单位发热量。

表6-3 各种材料的单位发热量

材 料	单位发热量/MJ·kg⁻¹	材 料	单位发热量/MJ·kg⁻¹
木 材	18.84	石 油	43.96
纸	16.75	煤	31.40
酒 精	29.31	煤焦煤气	32.66
羊毛、织物	20.93	聚乙烯	43.54
油毡、漆布	16.75~20.93	橡 胶	37.68
柏 油	39.77	汽 油	41.87

物质燃烧时所放出的热量以热传导、热辐射和热对流的方式向外传播。为了防止一旦发生火灾时火势蔓延，针对各种热传播方式可以采取相应的技术措施。例如，砌筑防火墙、留防火间距、隔离或清除可燃物，以及堵塞可能造成空气对流的孔洞等。

6.2.4 气体的燃烧与爆炸

气体的燃烧有扩散燃烧和混合燃烧两种形态。当可燃性气体从管口、容器的裂隙等开口流出时，可燃性气体与空气分子互相扩散、混合，其混合气体浓度达到燃烧范围的部分遇到引火源发火燃烧，称作扩散燃烧。当可燃性气体和助燃气体在容器内或空间中充分扩散、混合后，遇到引火源而发火燃烧称作混合燃烧。混合燃烧进行得很快，短时间内放出大量的能量。意外发生的混合燃烧往往造成巨大的财产损失和人员伤亡。

在混合燃烧的场合，在混合气体中出现火焰自发火源向前传播的"火焰传播"现象。火焰在混合气体中行进的速度称为燃烧速度。在一定条件下，某种可燃性气体的燃烧速度是一定的。在常温常压下，一般的可燃性气体的燃烧速度为 40~50cm/s 左右，而氢、乙炔等气体的燃烧速度则大得多。

在混合燃烧发生于大气中的场合，由于燃烧气体能够自由膨胀，所以在燃烧速度慢的时候几乎不产生压力及爆炸声响。但是，在燃烧速度很快的时候，可能产生压力波及爆炸声，这种情况称为爆燃。当燃烧速度进一步增加而超过声速时，则转变为产生强大冲击波的爆轰。

在混合燃烧发生于密闭容器或密闭空间里的场合，火焰在容器内或密闭空间内迅速传播，使内部压力急剧上升。当发生气体爆炸时，容器或结构物受内部强大压力的作用可能破坏。

气体的燃烧与爆炸并无本质上的区别，其差异仅仅在于燃烧速度的不同。混合燃烧的燃烧速度与混合气体中可燃性气体的浓度有关。

矿山生产中经常遇到的可燃性气体都是一些碳氢化合物。碳氢化合物燃烧时，如果分子中的碳全部生成 CO_2，氢完全生成 H_2O，则称其为完全燃烧。可燃性气体在空气中完全燃烧时的可燃物气体浓度称作理论混合比（或化学当量浓度）。空气中的可燃性气体浓度低于理论混合比时，燃烧速度变慢；当浓度低于某浓度值时，火焰不能传播。空气中的可燃性气体浓度高于理论混合比时，由于氧含量不足，其中的碳只能被氧化为 CO，发生不完全燃烧而燃烧速度减慢；当浓度高于某浓度值时，火焰不能传播。使火焰不能传播的可燃性气体浓度界限称作爆炸界限或燃烧界限。通常，把可燃性气体在空气中能发生爆炸的最低浓度称作爆炸下限，把能发生爆炸的最高浓度称作爆炸上限。表 6-4 为常见的可燃性气体在常温常压下的爆炸界限。

表 6-4　气体的爆炸界限

可燃性气体	爆炸下限（体积分数）/%	爆炸上限（体积分数）/%
氢	4.0	75.6
一氧化碳	12.5	74.0
甲　烷	5.0	15.0
乙　烷	3.0	12.5
丙　烷	2.1	9.5
乙　炔	1.5	82.0

可燃性气体的爆炸界限与初始温度、初始压力、混合气体中的氧含量、惰性气体含量及容器尺寸有关。

（1）初始温度。混合气体初始温度升高时参加反应的物质的活性增加，使反应速度加快、放热增加，使爆炸下限降低、上限增高，爆炸范围扩大。

（2）初始压力。混合气体初始压力升高时气体分子密集，传热及化学反应容易，爆炸范围扩大。反之，随着初始压力的降低，爆炸范围缩小。当初始压力降低到某压力值时气体爆炸上、下限重合，此压力值为临界压力。混合气体初始压力低于临界压力时不能发生爆炸。

（3）氧及惰性气体含量。混合气体中氧含量增加，爆炸范围扩大；惰性气体含量增加，爆炸范围缩小。

（4）容器尺寸。容器小时散热快，爆炸范围缩小。

有时，人们遇到的可燃性气体是由多种可燃性气体混合而成的混合物。如果知道了混合物各种组分的含量，则可以根据各种组分的爆炸界限计算出该种可燃性气体的爆炸界限：

$$L=\frac{100}{\frac{V_1}{L_1}+\frac{V_2}{L_2}+\frac{V_3}{L_3}+\cdots+\frac{V_n}{L_n}} \tag{6-1}$$

式中 n——可燃性气体的组分数；

      V_i——第 i 种组分的体积分数（$i=1$，…，n），%；

      L_i——第 i 种组分的爆炸界限（$i=1$，…，n），%。

按式（6-1）算得的可燃性气体混合物的爆炸下限值比较接近实际，而求得的爆炸上限值有时与实际情况偏差较大。

例 6-1 试计算由 80% 的甲烷、15% 的乙烷和 5% 的丙烷所组成的可燃性气体在空气中的爆炸下限。

解：查表 6-4 可知，甲烷、乙烷和丙烷的爆炸下限分别为 5.0%，3.0% 和 2.1%。把它们代入式（6-1）中有：

$$L=\frac{100}{\frac{80}{5.0}+\frac{15}{3.0}+\frac{5}{2.1}}=4.3（\%）$$

6.2.5 粉尘爆炸

粉尘爆炸是浮游在空气中的可燃性粉尘从引火源得到能量后发生的爆炸。煤尘爆炸是典型的粉尘爆炸。

6.2.5.1 粉尘爆炸机理

粉尘爆炸是由粉尘粒子表面与氧发生化学反应引起的。粉尘爆炸过程可以用图 6-2 来表示。

（1）悬浮在空气中的可燃性粉尘粒子表面接受热能，温度上升。

（2）由于热分解或干馏作用，粉尘粒子析出可燃性气体并分布在粒子周围。

（3）可燃性气体与空气混合并发火燃烧。

（4）火焰放出的热量使粉尘粒子加速析出可燃性气体，使燃烧继续下去并向外传播。

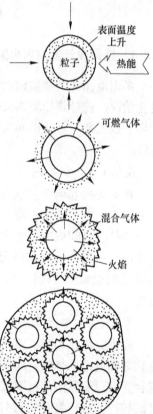

图 6-2 粉尘爆炸过程

可以说，粉尘爆炸的实质是气体爆炸。但是，由于可燃性粉尘的单位体积发热量很大，所以，一旦发生粉尘爆炸，其破坏性远远超过气体爆炸的破坏性。并且，由于粉尘爆炸往往是不完全燃烧，所以产生较多的一氧化碳等有毒气体。

6.2.5.2 影响粉尘爆炸的因素

影响可燃性粉尘爆炸的主要因素有粉尘粒度、挥发分、灰分、水分及粒子形状等。

（1）粒度。粉尘粒子容易悬浮在空气中，是发生粉尘爆炸的必要条件之一。粉尘粒度越小，越能够长时间地在空气中悬浮。并且，粉尘颗粒越小，则比表面积越大，燃烧进行得越迅速、完全，爆炸危险性越高。一般地，粒度大于10^{-3}cm的可燃性粉尘没有爆炸危险。

（2）挥发分和灰分。粉尘中含有的挥发性物质越多，越容易发生爆炸。例如，挥发分含量小于10%的煤尘基本上没有爆炸危险性，随着挥发分的增加，爆炸危险性增大。另一方面，粉尘中包含的灰分即不燃性物质越多，则爆炸危险性越低。

（3）水分。粉尘中的水分可以降低粉尘的悬浮性，水分蒸发能带走热量，并且水蒸气具有惰性气体的阻燃功能，结果使粉尘的爆炸危险性降低。

（4）粒子形状。球形粒子的比表面积最小，扁平形粒子的比表面积最大。比表面积大的粉尘粒子，其爆炸危险性大。

6.3 矿山地面建筑物火灾

6.3.1 地面建筑物室内火灾

矿山地面建筑物室内火灾是常见的矿山地面火灾。根据火灾发生后建筑物室内温度的变化情况，把建筑物室内火灾发展过程划分为初起期、成长期、最盛期和衰退期4个阶段（见图6-3）。

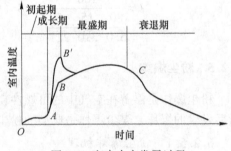

图 6-3 室内火灾发展过程

6.3.1.1 初起期

在火灾初起期中，室内可燃物发火燃烧，燃烧面积小，室内温度不高，烟少且流动缓慢。初起期的持续时间取决于引火源类型、可燃物的燃烧特征、可燃物的分布情况及室内通风等情况。该阶段的燃烧以阴燃（没有明显火焰的燃烧）为主。

6.3.1.2 成长期

在火灾成长期里，室内的可燃物迅速燃烧，燃烧面积扩大，室内温度急剧上升。热对流和热辐射把燃烧热量向外传播，使未燃的可燃物热分解，析出可燃性气体并与室内空气混合。在门窗紧闭的情况下，室内氧气供应不足，可燃性气体不能燃烧。如果门窗玻璃受高温破碎，或门窗突然被打开，则空气进入着火的房间使得可燃性气体突然发火，发生爆燃。

爆燃发生时，大量烟火冲出室外，新鲜空气随热对流进入室内加速燃烧过程，形成炽烈的大火。爆燃一旦发生，室内人员就无法生存，会被熊熊的烈火烧死。因此，延迟爆燃发生时间对人员疏散、消防工作极为重要。爆燃发生与否和激烈程度主要取决于室内可燃物的数量和燃烧特征、房间的开口情况等因素。

6.3.1.3 最盛期

火灾进入最盛期以后，室内的可燃物全面而猛烈地燃烧，火焰呈旋涡状，室内温度缓慢地上升到最高点。这时，整个室内接近于等温状态，室温可达1000℃左右，建筑物结构强度受到破坏，可能产生变形或塌落。该阶段的持续时间主要取决于可燃物的数量及房间开口大小等因素。在室内约80%的可燃物被烧掉后，火势进入衰退期。

6.3.1.4 衰退期

室内火灾进入衰退期以后，火势逐渐减弱，室温以约每分钟下降7~10℃的速度逐渐降低。但是，仍然有较长的时间保持在200~300℃左右。当室内可燃物被基本烧光后，火势趋于熄灭。

6.3.2 室内火灾的烟气危害

6.3.2.1 烟气的发生

可燃性物质燃烧所生成的气体、水蒸气及固体微粒等统称为燃烧产物，又称为烟气。

在火灾初起期，可燃物开始受热时析出水蒸气，烟气多呈灰白色。随着可燃物内部水分减少及炭粒析出增多，烟气逐渐变为灰黑色。由于该阶段燃烧规模小，空气供给充分，相对的烟气也较少。

在火灾成长期，燃烧逐渐扩大，室温不断上升。该阶段中烟气的生成情况与房间空气流通状况有关。如果空气不流通，氧气的供应受到限制，则不完全燃烧的可见产物和一氧化碳增加，产生较多的浓黑毒烟。反之，室内空气流通则产生的烟气较少。在发生爆燃的场合，室内空气含氧量急剧下降到5%以下，一氧化碳含量高达3%以上，大量不完全燃烧产物形成浓黑的烟气，浓烟伴着烈火冲破门窗向外蔓延。此时的烟气危害最大。

在火灾的最盛期，烟气的发生情况主要取决于空气供给状况。到了火灾衰退期，可燃物燃烧殆尽，烟气也随之减少。

6.3.2.2 烟气的危害

室内火灾的烟气成分取决于可燃物的化学成分和燃烧条件。建筑物室内的大多数可燃物是有机化合物，它们在完全燃烧时生成 CO_2、CO、水蒸气、SO_2 和 P_2O_5 等；在不完全燃烧时往往还生成较多的 CO、醇类及酮类等。火灾烟气中的有毒有害气体严重威胁人员生命安全。表6-5列出了一些可燃物燃烧时产生有毒气体的情况。

表6-5 可燃物燃烧时产生的有毒气体

可燃物名称	产生的主要有毒气体
木　材	二氧化碳、一氧化碳
羊　毛	二氧化碳、一氧化碳、硫化氢、氨、氰化氢
棉花、人造纤维	二氧化碳、一氧化碳
特氟隆（聚四氟乙烯）	二氧化碳、一氧化碳

可燃物名称	产生的主要有毒气体
聚苯乙烯	苯、甲苯
聚氯乙烯	氯化氢、二氧化碳、一氧化碳
耐纶（尼龙）	乙醛、氨、二氧化碳、一氧化碳
酚树脂	氨、氰化物、一氧化碳
三聚氰胺脲醛树脂	氨、氰化物、一氧化碳
环氧树脂	丙酮、二氧化碳、一氧化碳

火灾烟气的危害包括对人身的伤害、遮挡视线及造成恐怖心理等。其中，烟气对人身的危害包括如下几个方面：

（1）一氧化碳中毒。一氧化碳是烟气中对人员威胁最大的有毒成分。一氧化碳进入人体后与血液中的血红蛋白结合，从而阻碍血液把氧输送到人体的各部分去。

火灾时室内的一氧化碳浓度（体积分数）可达 4%～5%，而人员接触 1h 的安全浓度为 0.05%。为了使烟气中的一氧化碳含量降低到安全浓度，需要用约 100 倍的新鲜空气来稀释。在发生爆燃前，室内几乎没有因不完全燃烧产生的一氧化碳，人员没有中毒危险。爆燃发生后，室内一氧化碳含量急剧增加。因此，应该在爆燃发生前完成人员疏散。一般地，爆燃发生在发火后的 3～8min。

（2）其他有毒气体中毒。可燃物燃烧时除了产生大量一氧化碳外，还可能产生醛类、氢氰化物及氢氯化物等有毒气体。例如，木材燃烧产生的烟气中，丙烯醛的含量（体积分数）可达 $5.0×10^{-6}$ 左右。丙烯醛是一种毒性很大的物质，当烟气中含有 $5.5×10^{-6}$ 的丙烯醛时，就会刺激人的呼吸道，当含量在 $10×10^{-6}$ 以上时，可以令人员中毒死亡。丙烯醛的允许浓度为 $0.1×10^{-6}$。近年来，新型建筑装饰材料及塑料制品的大量使用，使得火灾烟气的毒性越来越大了。

（3）缺氧。火灾时室内充满一氧化碳、二氧化碳等有毒有害气体，加上大量的氧被燃烧消耗掉，造成室内空气中的含氧量降低。在发生爆燃时，空气中的氧含量（体积分数）会降低到 5% 以下，使人员缺氧死亡，其危害不低于一氧化碳。

此外，火灾产生的高温烟气及刺激性气体会导致人员呼吸道阻塞而窒息；大量高温烟气进入人员肺部会破坏血液循环，造成人员伤亡。

6.3.3　地面建筑物防火

建筑物防火包括防止建筑物发生火灾，一旦发生火灾时的检知、扑灭、防止火灾波及其他建筑物，人员的疏散和营救，以及消防等许多内容。这里仅讨论在地面建筑物设计时需要考虑的建筑物的耐火性能、建筑物的防火间距，以及人员疏散问题。

6.3.3.1　建筑物的火灾危险性

矿山地面建筑物的用途不同，特别是生产厂房内生产过程的火灾危险性不同，采取的防火措施也不同。《建筑设计防火规范》（GB 50016—2014）根据生产中使用或产生的物质性质及其数量等因素，将生产的火灾危险性分为甲、乙、丙、丁、戊 5 类（见表 6-6）。

表 6-6 生产的火灾危险性分类

生产类别	火灾危险性特征	
	项别	使用或产生下列物质的生产
甲	1	闪点小于 28℃ 的液体
	2	爆炸下限小于 10% 的气体
	3	常温下能自行分解或在空气中氧化能导致迅速自燃或爆炸的物质
	4	常温下受到水或空气中水蒸汽的作用，能产生可燃气体并引起燃烧或爆炸的物质
	5	遇酸、受热、撞击、摩擦、催化以及遇有机物或硫磺等易燃的无机物
	6	极易引起燃烧或爆炸的强氧化剂
	7	受撞击、摩擦或与氧化剂、有机物接触时能引起燃烧或爆炸的物质
	8	在密闭设备内操作温度大于等于物质本身自燃点的生产
乙	1	闪点大于等于 28℃，但小于 60℃ 的液体
	2	爆炸下限大于等于 10% 的气体
	3	不属于甲类的氧化剂
	4	不属于甲类的化学易燃危险固体
	5	助燃气体
	6	能与空气形成爆炸性混合物的浮游状态的粉尘、纤维、闪点大于等于 60℃ 的液体雾滴
丙	1	闪点大于等于 60℃ 的液体
	2	可燃固体
丁	1	对不燃烧物质进行加工，并在高温或熔化状态下经常产生强辐射热、火花或火焰的生产
	2	利用气体、液体、固体作为燃料或将气体、液体进行燃烧作其他用途的各种生产
	3	常温下使用或加工难燃烧物质的生产
戊		常温下使用或加工不燃烧物质的生产

6.3.3.2 建筑物的耐火性能

在进行建筑物的防火设计时，要使建筑物结构有足够的耐火能力，以减少火灾的发生，控制或延缓火势的蔓延，为人员疏散及扑灭火灾提供时间和通路，并使建筑物在火灾后经过维修、加固能重新使用。

建筑物的耐火能力取决于建筑构件的耐火性能；而建筑构件的耐火性能包括构件材料的燃烧性和构件的耐火极限。

在我国，按照构件材料的燃烧性，把建筑构件划分为非燃烧体、难燃烧体及燃烧体三种。

（1）非燃烧体。非燃烧体是由非燃烧材料做成的构件。所谓非燃烧材料，是指在空气中受到火烧或高温作用时不发火、不微燃、不炭化的材料。

（2）难燃烧体。难燃烧体是由难燃烧材料做成的，或者虽然由燃烧材料做成，但是有非燃烧材料作保护层的构件。所谓难燃烧材料，是指在空气中受到火烧或高温作用时难发火、难微燃、难炭化，移开火源后燃烧或微燃立即停止的材料。例如沥青混凝土、经过防火处理的木板及刨花板等。

（3）燃烧体。燃烧体是由木材等燃烧材料做成的构件，其特点是在空气中受到火烧或高温作用时立即发火燃烧或微燃，移走火源后仍能继续燃烧或微燃。

建筑构件的耐火极限是表征构件阻火性能的指标。当按规定火灾升温曲线进行耐火实验时，建筑构件从经受火的作用起，到失去支持能力或发生穿透裂缝，或背火测温度上升到220℃时为止的时间称作耐火极限，其单位是h。若构件失去支持力，则建筑物会垮塌破坏，且不能阻止火势蔓延；当构件出现穿透裂缝时，火焰可能穿过构件引燃其背后的可燃性物质；若背火一面温度上升到220℃，则贴近构件的可燃物可能被烤焦、引燃。因此，上述三种情况中的任何一种情况出现，都说明构件已经丧失了阻火性能。

钢筋混凝土或钢构件在火灾的高温作用下，其力学性能会劣化。例如，钢筋混凝土构件受热300~400℃以上时，钢筋受外载荷产生的蠕变增加，断面变小，混凝土强度下降，从而导致构件承载能力下降。特别是，预应力钢筋混凝土构件在火灾时破坏得更快。又如，钢构件在300~400℃时就出现塑性变形，至600℃时则失去承重能力，其耐火极限只有15min左右。

我国把建筑物的耐火等级分为4级：一级耐火等级建筑的构件全部是非燃烧体；二级耐火等级建筑的构件除吊顶为难燃烧体外，其余的都是非燃烧体；三级耐火等级建筑的构件除屋顶和隔墙为难燃烧体外，也都采用非燃烧体；四级耐火等级建筑的构件除防火墙为非燃烧体外，其余的构件为难燃烧体和燃烧体。

选择建筑物耐火等级的主要依据是建筑物的用途和规模。火灾危险性较大，或一旦发生火灾可能造成重大财产损失、人员伤亡的建筑物，应该采用较高的耐火等级。一般地，甲、乙类生产厂房的耐火等级为一、二级，丙类为一、二、三级，丁、戊类为一、二、三、四级。

6.3.3.3　建筑物的防火间距

建筑物之间留有一定的防火间距，主要用以防止发生火灾时火焰蔓延到其他建筑物，以及为人员疏散和消防设备、消防人员顺利到达火灾现场提供通路。

建筑设计防火规范中，对生产厂房等各类建筑物的防火间距做了明确的规定。表6-7列出了厂房之间的防火间距。

表6-7　厂房的防火间距　　　　　　　　　　　　　（m）

名称			甲类厂房	乙类厂房			丙、丁、戊类厂房			
			单、多层	单、多层		高层	单、多层			高层
			一、二级	一、二级	三级	一、二级	一、二级	三级	四级	一、二级
甲类厂房	单、多层	一、二级	12	12	14	13	12	14	16	13
乙类厂房	单、多层	一、二级	12	10	12	13	10	12	14	13
		三级	14	12	14	15	12	14	16	15
	高层	一、二级	13	13	15	13	13	15	17	13
丙类厂房	单、多层	一、二级	12	10	12	13	10	12	14	13
		三级	14	12	14	15	12	14	16	15
		四级	16	14	16	17	14	16	18	17
	高层	一、二级	13	13	15	13	13	15	17	13

6.3.4 建筑物火灾时的人员疏散

为了保证建筑物火灾发生时人员能安全地撤离火灾现场，必须合理地布置疏散路线，设置足够的安全疏散设施。

6.3.4.1 疏散时间

根据地面建筑物火灾事故经验，大量有毒有害气体、高温和缺氧等情况往往出现在爆燃发生之后。因此，应该使人员能够在爆燃发生之前撤离火灾现场。把疏散时间控制在 5~8min 之内。影响人员疏散时间的主要因素有如下几个方面：

（1）人员密集程度。建筑物内人员密度越大，所需要的疏散时间越长。

（2）疏散路线是否合理。疏散路线简捷，并有明显的指示标志的场合，疏散速度快。

（3）疏散通路条件。阶梯、门槛或其他障碍物影响疏散速度，地面过于光滑容易使人滑倒。

（4）烟气浓度和毒性。烟气浓度大影响人员视线；烟气毒性大会使人员很快中毒，不能行动。

（5）疏散距离及安全出口数量。

6.3.4.2 安全疏散距离

对于生产厂房，安全疏散距离是指厂房内最远的工作地点到安全出口的距离，对于民用建筑，是指房间内最远点到房门的距离，以及房门到建筑物出口的距离。显然，安全疏散距离越短，越有利于人员疏散。

厂房的安全疏散距离按生产工艺的火灾危险性、厂房的耐火等级和建筑物的层数来确定。《建筑防火设计规范》规定，厂房内任一点到最近安全出口的距离不应大于表 6-8 的数值。

表 6-8 厂房内任一点到最近安全出口的距离 （m）

生产类别	耐火等级	单层厂房	多层厂房	高层厂房	地下、半地下厂房或厂房的地下室、半地下室
甲	一、二级	30.0	25.0		
乙	一、二级	75.0	50.0	30.0	
丙	一、二级 三级	80.0 60.0	60.0 40.0	40.0	30.0
丁	一、二级 三级 四级	不限 60.0 50.0	不限 50.0	50.0	45.0
戊	一、二级 三级 四级	不限 100.0 60.0	不限 75.0	75.0	60.0

为了保证人员的安全疏散，厂房的安全出口应分散布置，安全出口数目经过计算确定。一般地，每个防火分区、一个防火分区内的每个楼层，其安全出口的数量应经计算确定，且不得少于两个。

6.4 矿内外因火灾及其预防

6.4.1 矿内火灾特点

与地面设施相比较，矿井内部只有少数出口与外界相通，近似于一种封闭空间。因此，矿内火灾有许多不同于地面火灾的特点。

6.4.1.1 矿内火灾时的燃烧特征

矿山火灾发展过程与地面建筑物室内火灾发展过程类似。在火灾初起期里，由于燃烧规模较小，与室内火灾的情况没有什么区别。在火灾成长期里，火势迅速发展，但是，当火势发展到一定程度时，由于矿内供给燃烧的空气量不足，不完全燃烧现象十分明显，产生大量含有有毒有害气体的黑烟。一般来说，发生在矿内井巷中的火灾很少出现爆燃现象。

矿内一旦发生火灾，火灾产生的高温和烟气随风流迅速在井下传播，对矿内人员生命安全构成严重威胁。根据理论计算，巷道里的一架木支架燃烧所产生的有毒有害气体足以使 2km 以上巷道里的人员全部中毒死亡。

矿内火灾时高温空气的热对流产生类似矿井自然风压的火风压，破坏原有的矿井通风制度，引起矿内风流紊乱，增加控制烟气传播的困难性。

6.4.1.2 矿内火灾时消防与疏散的困难性

金属非金属矿山井下作业面多且分散，使得早期发现矿内火灾比较困难，往往在火势已经发展到了成长期以后才被发现，错过了初期灭火的时机。矿内火灾形成以后，受矿井条件限制，矿内火灾的消防工作比较困难。

（1）地面人员很难获得矿内火灾的详细信息，很难掌握火灾动态，因而消防指挥者很难对火灾状况做出正确的判断和采取恰当的消防措施。

（2）火灾时矿内巷道充满浓烟和热气，增加消防活动的困难性。有的时候，火灾产生的浓烟和热气从矿井主要出入口涌出，阻碍消防人员进入矿井。

（3）受井巷尺寸、提升设备和运输设备以及矿内供水系统等方面的限制，有时无法把消防设备、器材运到火灾现场，或消防能力不足，不能迅速扑灭火灾或控制火势。

另一方面，矿内火灾时烟气迅速随风流蔓延，对人员的安全疏散极为不利。一般来说，从工作面到矿井安全出口的距离都比较远，往往要经过一些竖直或倾斜井巷才能抵达地表，并且，远离火灾现场的人员缺乏对火灾情况的确切了解，成功地撤离到地面是相当不容易的。因此，在人员疏散方面必须采取一些专门措施。

6.4.2 矿内外因火灾原因及预防

6.4.2.1 矿内外因火灾原因分析

图 6-4 为金属非金属矿山外因火灾原因分析的故障树。

金属非金属矿山井下存在的可燃物种类较少，主要是木材、油类、橡胶或塑料、炸药及可燃性气体等。其中，木材主要用于各种巷道、硐室的支架；油类包括各种采掘设备和辅助设备的润滑油、液压设备用油及变压器油等，橡胶、塑料主要用于电线、电缆包皮及

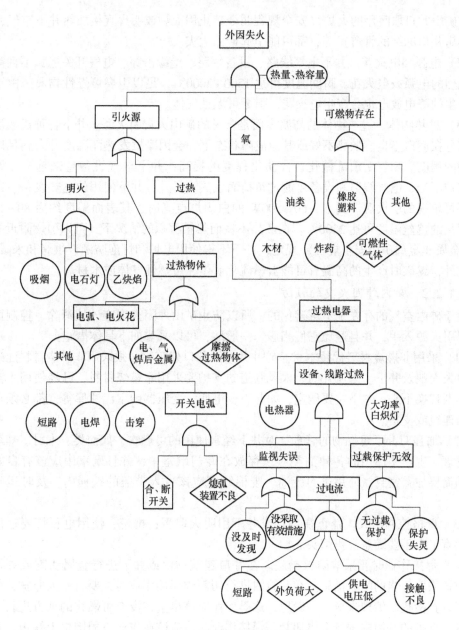

图 6-4 矿内外因火灾故障树

电气设备绝缘等。矿山生产中广泛使用的硝铵类炸药，除了可以被引爆之外，受到明火引燃还能够发火燃烧。

引起矿内外因火灾的引火源主要有明火、电弧和电火花、过热物体三类。

（1）明火。金属非金属矿山井下常见的明火有电石灯火焰、点燃的香烟、乙炔焰等。矿工照明用的电石灯，其火焰温度很高，很容易引燃碎木头、油棉纱等可燃物。香烟头的热量看起来微不足道，实际上因乱扔烟头引起火灾的例子却屡见不鲜。据实验测定，香烟燃烧时其中心温度约为 650~750℃，表面温度也有 350~450℃，在干燥、通风良好的情况下，随意扔在可燃物上的烟头可能引起火灾。矿山井下用于切割、焊接金属的乙炔焰，以及北方矿山井口取暖用的火炉（安全规程明令禁止用火炉或明火直接加热井下空气，或用明火烘烤井口冻结的管道）等，都可能引起矿山火灾。

（2）电弧和电火花。井下电气线路、设备短路、绝缘击穿、电气开关熄弧不良等，会产生强烈的电弧或电火花，瞬间温度可达 1500~2000℃，足以引燃可燃性物质。由于各种原因产生的静电放电也会产生电火花，引燃可燃性气体。

（3）过热物体。过热物体的高温表面是常见的矿山火灾引火源。井下各种机械设备的转动部分在润滑不良、散热不好或其他故障状态下，会因摩擦发热而温度升高到足以引燃可燃物的程度。随着矿山机械化、自动化程度的提高，井下电气设备越来越多。如果使用、维护不当，电气线路和设备可能过负荷而发热。另外，井下使用的电热设备、白炽灯也是不可忽视的引火源。例如，60~500W 的白炽灯点亮时，其表面温度约为 80~110℃，内部炽热的钨丝温度可达 2500℃。在散热不良而热量蓄积的情况下，可以引燃附近的可燃物。《金属非金属矿山安全规程》规定，井下不得使用电炉和灯泡防潮、烘烤和采暖。

此外，爆破时产生的高温有可能引燃硫化矿尘、可燃性气体或木材。

6.4.2.2　矿内外因火灾的预防

由于矿内空气的存在是不可避免的，所以防止矿山外因火灾应该从消除、控制可燃物和外界引火源入手，并且避免它们相遇。一般地，可以采取如下具体措施：

（1）采用非燃烧材料代替木材。矿井井架及井口建筑物必须采用非燃烧材料建造，以免一旦失火殃及井下。入风井筒、入风巷道的支护要采用非燃烧材料，已经使用木支护的应该逐渐替换下来。井下主要硐室，如井下变电所、变压器硐室、油库等，都必须用非燃烧材料建筑或支护。

（2）加强对井下可燃物的管理。对井下经常使用的可燃物，如油类、木材、炸药等要严格管理。生产中使用的各种油类应该存放在专门硐室中，并且硐室中应该有良好的通风。油筒要加盖密封。使用过的废油、废棉纱等应该放入带盖的铁桶内，及时运到地面处理。

（3）严格控制明火。禁止在井口或井下用明火取暖；携带、使用电石灯要远离可燃物；教育工人不要随意乱扔烟头。

（4）焊接作业时要采取防火措施。在井口建筑物内或井下进行金属切割或焊接作业时，应该采取适当的防火措施。在井筒内进行切割或焊接作业时，要有专人监护，作业结束后要认真检查、清理现场。一般地，这类作业应该尽量在没有可燃物的地方进行。如果必须在木支护的井筒内进行金属切割、焊接作业时，应该在作业点周围挡上铁板，在下部设置接收火星、熔渣的设施，并指定专人喷水淋湿及扑灭火星。

（5）防止电线及电气设备过热。应该正确选择、安装和使用电线、电缆及电气设备，正确选用熔断器或过电流保护装置，电缆或设备电源线接头要牢固可靠。挂牢电线、电缆，防止受到意外的机械性损伤而发生短路、漏电。

6.5　矿山内因火灾及其预防

矿山内因火灾是由于矿物氧化自燃引起的，金属非金属矿山的内因火灾主要发生在开采有自燃倾向硫化矿床的矿山。据粗略统计，我国已开采的硫化铁矿山的 20%~30%，有色金属或多金属硫化矿的 5%~10% 具有发生内因火灾的危险性。矿山内因火灾是在空气供给不足的情况下缓慢发生的，通常无显著的火焰，却产生大量有毒有害气体，并且发火地点多在采空区或矿柱里，给早期发现和扑灭带来许多困难。

6.5.1 硫化矿石自燃

硫化矿石在空气中氧化发热，是硫化矿石自燃的主要原因。硫化矿石的氧化发热过程可以划分为两个阶段。首先，硫化矿石以物理作用吸附空气中的氧分子，释放出少量的热，然后，转入化学吸收氧阶段，氧原子侵入硫化物的晶格，形成氧化过程的最初产物硫酸盐矿物，同时释放出大量的热，在通风不良的情况下，热量聚积而温度升高，加速矿石氧化过程。当温度超过 200℃ 时，硫化矿石氧化生成大量二氧化碳气体，放出更多的热量，逐渐由自热发展为自燃。

根据实验研究和矿内观察，导致自燃发生的基本要素包括矿石的氧化性或自燃倾向，空气供给条件，以及矿岩与周围环境间的散热条件。在实际矿山条件下，影响硫化矿石自然发火的因素可归结为如下三个方面：

（1）硫化矿石的物理化学性质。硫化矿石中硫的含量是决定其自燃倾向的主要因素。当矿石的含硫量达到 12% 以上时，则有可能发生自燃；当含硫量增加到 40%~50% 以上时，其火灾危险性大大增加。当硫化矿石中含有石英等造岩矿物时，或含有其他惰性杂质时，其自燃性减弱。

松脆和破碎的矿石因其表面积大，自然发火的可能性大；潮湿的矿石较干燥的矿石容易自燃。

（2）矿床地质条件。矿体厚度、倾角及围岩的物理力学性质等影响硫化矿石的自燃。例如，矿体厚度越大，倾角越陡，自然发火的危险性越高。根据实际资料，厚度小于 8m 的硫化矿床很少发生自燃。

（3）采矿技术条件。影响硫化矿石自燃的采矿技术条件包括开采方式、采矿方法以及通风制度等。它们决定残留在采空区里的矿石、木材的数量和分布，以及向采空区漏风的情况。

6.5.2 矿山内因火灾的早期识别

早期识别内因火灾，对防止火灾发生及迅速扑灭火灾具有重要意义。可以通过观测内因火灾的外部预兆、化学分析和物理测定等方法识别内因火灾。

6.5.2.1 矿山内因火灾的外部预兆

硫化矿石的自热与自燃过程中，往往在井巷内出现一些外部预兆。根据这些预兆，人们可以判断内因火灾已经发生，或判断自热自燃已经发展到什么程度。

（1）硫化矿石自热阶段温度上升，同时产生大量水分，使附近的空气呈过饱和状态，在巷道壁和支架上凝结成水珠，俗称"巷道出汗"。在冬季，可以看到从地表的裂缝、钻孔口冒出蒸汽，或者出现局部地段冰雪融化的现象。

（2）在硫化矿石的自燃阶段产生 SO_2，人们会嗅到它的刺激性臭味。

（3）火区附近的大气条件使人感觉不适。例如，头疼、闷热，裸露的皮肤有微痛，精神过于兴奋或疲劳等。

这些预兆出现在矿石氧化自热已经发展到相当程度以后，甚至已经开始发火燃烧。况且，有时仅凭人的感觉和经验也不太可靠。所以，为了更早地、准确地识别矿山内因火灾，还要依赖于更科学的方法。

6.5.2.2 化学分析法

分析可疑地区的空气成分和地下水成分，可以早期发现硫化矿石自燃。

（1）分析可疑地区的空气成分。在有自然发火危险的地区定期地采集空气试样进行分析，观测矿井空气成分的变化，可以确定矿石自热的有无及发展情况。当有木材参与自热过程时，基本上可以利用空气中的 CO_2、CO 和 O_2 含量的变化来判断。由于 SO_2 能溶解于水，所以在火灾初期的气体分析中很难测出。当空气中的 CO 和 SO_2 含量稳定或者逐渐增加时，可以认为自热过程已经开始了。

（2）分析可疑地区的地下水。硫化矿石氧化时产生硫酸盐及硫酸，并且析出的 SO_2 也容易溶解于水，使得矿井水的酸性增加，矿物质含量增加，甚至木材水解产物也增加。为了便于分析比较，必须预先查明正常条件下该地区地下水的成分，然后系统地观测地下水成分的变化，判断内因火灾的危险程度。

6.5.2.3 物理测定法

通过测定可疑地区的空气温度、湿度和岩石温度，可以最直接、最准确地鉴别内因火灾的发生、发展情况。

系统地测定和记录可疑地区的空气温度和湿度，综合各种测定方法获得的资料，就可以做出正确的判断。当被观测地区的气温和水温稳定地上升，超过25℃以上时，可以认为是内因火灾的初期预兆。

为测定岩石温度，可以在预先钻好的4~5m深的钻孔底部放入温度计（水银留点温度计、热电偶或温度传感器），孔内灌满水，孔口封闭。当岩石温度稳定地上升30℃以上时，认为自热过程已经开始了。

我国一些煤矿已经利用束管法连续监测井下自然发火。束管由许多塑料细管外裹套管组成，其状如同芯电缆。束管把井下各取样点处的空气送到地表的气体分析仪，经计算机处理后做出火灾预报。图 6-5 为束管监测系统的示意图。

6.5.3 预防矿山内因火灾的专门措施

防止硫化矿石自热自燃的基本原则是：减少、限制矿石与空气的接触以限制氧化过程，以及防止自热过程中产生的热量蓄积。

6.5.3.1 合理选择开拓方式和采矿方法

合理地选择开拓方式和采矿方法，可以干净、快速地回采矿石，在时间上和空间上减少矿石与空气的接触。主要技术措施如下：

（1）在围岩中布置开拓和采准巷道，减少矿体暴露，减少矿柱，并易于隔离采空区。

（2）合理设计采区参数，加速回采，使开采时间少于矿石的自然发火期，并在采完后立即封闭。

（3）遵循自上而下、自远而近的开采顺序安排生产。

（4）选择合理的采矿方法，降低开采损失，减少采空区中残留的矿石和木材量，并避

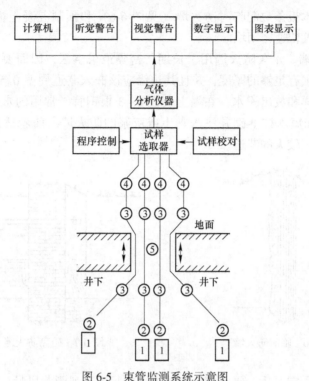

图 6-5 束管监测系统示意图

1—取样点；2—粉尘过滤器；3—水分捕集器；4—抽气泵；5—束管

免它们过于集中。选用的采矿方法应该有较高的回采强度和便于严密封闭采空区。

6.5.3.2 建立合理的通风制度

建立合理的通风制度可以有效地减少向采空区的漏风。

（1）采用机械通风，保证矿井风流稳定，风压适中。主扇应该有反风装置并定期检查，保证能够在 10min 内使矿井风流反向。

（2）选择合理的通风系统，降低总风压，减少漏风量。混合式通风方式最适合于有自然发火危险的矿井。采用并联方式向各作业区独立供风，既可以降低总风压，又便于调节和控制风流。

（3）加强对通风构筑物和通风状况的检查和管理，降低有漏风处的巷道风阻，提高密闭、风门的质量，防止向采空区漏风。

（4）正确选择通风构筑物的位置。在通风构筑物，如风门、风窗或辅扇处会产生很大的风压差。应该把它们布置在岩石巷道中或地压较小的地方，防止出现裂隙向采空区漏风。另外，还要注意这些设施能否使通风状况变得对防火不利。

6.5.3.3 封闭采空区或局部充填隔离

利用封闭或局部充填措施把可能发生自燃的地段与外界空气隔绝，可以防止硫化矿石氧化。用泥浆堵塞矿柱裂隙可以将其封闭。为了封闭采空区，除了堵塞裂隙外，还要在通往采空区的巷道口上建立防火墙。防火墙有临时防火墙和永久防火墙两类。

（1）临时防火墙。临时防火墙用于暂时遮断风流，阻止自燃以便准备灭火工作，或者用以保护工人在安全的条件下建造永久防火墙。临时防火墙应该结构简单、建造迅速。金属非金属矿山常用木板条敷泥临时防火墙（见图6-6）和预制混凝土板防火墙。近年来，出现了各种塑料充气快速密闭墙。

（2）永久防火墙。永久防火墙用于长期严密隔绝采空区，因而要求坚固和密实。为此，永久防火墙必须有足够的厚度，并且其边缘应该嵌入巷道周壁0.5m以上的深度。为了测温、采集空气样和放出积水，在墙上安设2~3根钢管。常用的永久防火墙有砖砌防火墙（见图6-7）和短木柱堆砌并注入黏土或灰浆的防火墙。前者适用于地压不大的巷道；后者适用于地压较大的巷道。

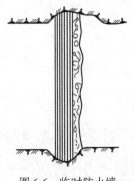

图6-6　临时防火墙

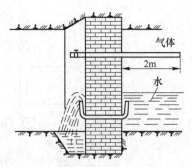

图6-7　砖砌防火墙

用防火墙封闭采空区后，要经常检查防火墙的状况，观测漏风量、封闭区内的气温和空气成分。由于任何防火墙都不能绝对严密，所以必须设法降低封闭区进、回风侧之间的风压差。当发现封闭区内有自热预兆时，应该采取灌浆等措施。

6.5.3.4　预防性灌浆

预防性灌浆是把泥浆灌入采空区来防止硫化矿石自燃的方法。由黄土、砂子和水按一定比例混合制成的泥浆被灌入采空区后，覆盖在矿石上，渗入到裂隙中，把矿石与空气隔开，阻止氧化；另一方面，泥浆也增加了采空区封闭的严密性，减少漏风。泥浆脱水过程中的冷却作用可以降低封闭区内的温度，泥浆中的水分蒸发可以增加封闭区内的湿度。这样，灌浆不仅可以预防火灾发生，而且可以阻止已经发生的自燃过程，起到灭火作用。

灌浆之前，先在巷道里建造防火墙封闭采空区。必要时，预先在防火墙内侧5~10m的位置上建造过滤墙，以便滤水和阻挡泥砂。灌注泥浆之后，要堵塞沟通地表的裂缝。

对灌浆材料的要求是：容易脱水，泥浆水排出流畅，渗透性强，能充填微小裂隙，收缩率小，不含可燃物，材料来源广泛和成本低等。一般采用地表沉积的天然黏土和粒度不超过2mm的砂子的混合物。为了增加泥浆的凝结性，防止迅速稀化，可以在泥浆中加入一定量的石灰乳液。

泥浆制备工艺分为水力制浆和机械制浆两种。前者直接用水枪冲采地表土制成泥浆；后者采用搅拌设备制浆。制备的泥浆通过管道或沟槽输送到需要灌浆的地方。

进行灌浆作业时，必须保证及时滤出泥浆中的水，防止泥浆溃决及泥浆向工作面漫溢。为了及时掌握水情，必须详细观测、记录和统计灌入和排出的水量。当发现采空区中积水过多时，应该立即停止灌浆，疏通滤水水道或打钻孔放水。

根据矿山的具体地质、采矿技术条件，可以采用不同的灌浆方式，参见表6-9。

表 6-9 金属非金属矿山常用灌浆方法

灌浆方式		适 用 条 件					
		矿体倾角 /(°)	矿体厚度 /m	采矿方法	灌浆区所处 深度/m	采准方法	备 注
通过崩落区的坑陷和 裂缝灌浆		>45	>10~12	崩落法	<30~40	脉外或脉内	
通过钻孔灌浆	地面钻孔	不限	>5~8	不限	<100~120	脉外或脉内	钻孔间距为6~15m或稍大
	井下钻孔	>45	<75~80	不限	不限	脉外	当矿体厚度不大于 35~40m 时，可从上盘或下盘注浆
通过巷道中的管道灌浆	管道位于脉外巷道的密闭墙中	不限	<50~60	分层或分段崩落法	不限	脉外	当矿体厚度不大于 25~30m 时，可从上盘或下盘单侧注浆，土水比 1:1
	管道位于脉内巷道的密闭墙中	不限	5~8	分层崩落法	不限	脉外或脉内	每层注入泥层高约为 0.8~1m，土水比 1:1
掘进专用消火巷道通 达火区进行灌浆		不限	<12~15	充填法	不限	脉外	从消火道打钻或利用它揭露的缝隙等
混合方式灌浆		根据混合方式中所包含的方式而定					

6.5.3.5 均压通风防火

均压通风防火是利用矿井通风中的风压调节技术，使采空区的进出风侧的风压差尽量小，从而减少或消除漏风，防止硫化矿石自燃的方法。在已经发生火灾的情况下，利用均压通风，可以减少或控制对火区的供氧而达到灭火的目的。实现均压通风的方法很多，如风窗调节法、风机调节法、风机与风窗调节法、风机与风筒调节法，以及气室调节法等。图 6-8 所示为利用风机调压的气室调节法。

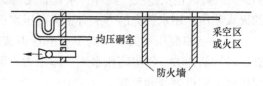

图 6-8 气室调节法

6.5.3.6 阻化剂防火

由一定的钙盐、镁盐类或其化合物的水溶液制成的阻化剂可以抑制、延缓硫化矿石的氧化反应。目前，这项新防火技术主要用于灌浆防火受到限制的地方。

6.6 矿山灭火

6.6.1 灭火方法概述

根据燃烧机理，消除燃烧的四个必要条件中的任何一个，燃烧就会停止。相应地，灭火方法有四类：

(1) 冷却法。降低燃烧物质的温度，消除火源，停止能量供给，使燃烧中止。

(2) 隔离法。移去可燃物，把未燃烧的物质隔离开，中断可燃物供给。

（3）窒息法。隔绝空气，停止供氧。

（4）抑制法。喷洒灭火剂，中断连锁反应而使火熄灭。

在这些灭火方法中，冷却法和隔离法是最基本的灭火方法。单纯的窒息法或抑制法对扑灭初起的小火有效，但是在火势较大的场合，受自然条件、灭火剂和灭火机具性能等因素限制，用窒息法、抑制法暂时扑灭了火焰之后，过一段时间窒息、抑制作用消失，可能"死灰复燃"而发生二次着火。所以，在采用窒息法或抑制法的场合，也要采取冷却和隔离措施。

按照物质及其燃烧特性，将火灾分为六类：

（1）A类火灾。固体物质火灾，如木材、棉、毛、麻、纸张、塑料制品、化学纤维等火灾。

（2）B类火灾。液体和可熔化固体物质火灾，如汽油、柴油、酒精、植物油、变压器油、各种溶剂、沥青、石蜡等火灾。

（3）C类火灾。气体火灾，如煤气、天然气、氢气等火灾。

（4）D类火灾。金属火灾，如钾、钠、铝、镁、铝合金等火灾。

（5）E类火灾。指电器、计算机、发电机、变压器、配电盘等电气设备或仪表及其电线电缆在燃烧时仍带电的火灾。

（6）F类火灾：烹饪器具内的烹饪物（如动植物油脂）火灾。

火灾种类不同，采用的灭火方法和灭火剂也不相同，在选择灭火方法和灭火剂时要充分注意。

6.6.1.1　用水灭火

水的质量热容数值大（4.1868kJ/（kg·℃）），受热蒸发时吸收大量的热（2.26MJ/kg），是良好的冷却剂。1kg的水全部蒸发后能够生成1700L的水蒸气。水蒸气可以稀释燃烧区内的可燃性气体，并阻止空气进入燃烧区。当空气中的水蒸气超过30%~35%，就可以使火熄灭。此外，水具有无毒无害、来源丰富、成本低廉等优点，是最方便的灭火物质。用水灭火的方法有密集高压水灭火、水雾灭火及水蒸气灭火等。

（1）密集高压水灭火。高压水由管道或喷嘴以高速射流的形式流出，可以喷射到较高、较远的地方。密集高压水灭火作用大，可以用于多种可燃物的灭火，或者用于冷却和保护邻近的可燃物和设施。

（2）水雾灭火。水雾能吸收大量的热，降低燃烧区的温度。可以用水雾把未燃物质与火焰隔开，也可以用于扑灭油类等液体火灾。

（3）水蒸气灭火。水蒸气适用于扑灭密闭的房间、容器等空气不流通的地方和燃烧面积不大的火灾。

《金属非金属矿山安全规程》规定，矿山地面必须结合生活供水设计地面消防水管系统；水池容积和管道规格应该兼顾两方面的需要。应该结合湿式作业供水管道，设计井下消防水管系统。井下消防供水水池容积应该不小于200m³。用木材支护的竖井、斜井、井架、井口房、主要运输巷道、井底车场和硐室应该设置防火水管。生产供水管兼做消防水管的场合，应该每隔50~100m安设支管和供水接头。

用水灭火也有一定的局限性。例如，不能用于扑灭电气火灾、忌水性物质等火灾，也不能直接用于扑灭油类火灾。

6.6.1.2 泡沫灭火

泡沫灭火是用由液体膜包裹气体构成的气液两相气泡来灭火的。泡沫中的水分有冷却作用；密度小的泡沫在液体或固体表面形成气密层，阻止可燃性气体进入燃烧区，阻止空气与着火的表面接触，一定厚度的泡沫能吸收辐射热，阻止热传导和热对流。灭火用的泡沫分为化学泡沫和空气机械泡沫。

化学泡沫是酸性物质（硫酸铝）和碱性物质（碳酸氢钠）的水溶液发生化学反应生成的。化学泡沫相对密度为 0.15~0.25，抗烧且持久，具有很好的覆盖作用和冷却作用。它对扑灭汽油、煤油等易燃液体火灾最有效；对扑灭木材等堆积物火灾效果差；不宜用于扑灭醇类等水溶性液体火灾。

空气机械泡沫分为低倍数泡沫、中倍数泡沫和高倍数泡沫。低倍数泡沫是由一定比例的水解蛋白、稳泡剂组成的泡沫和水，经发泡机械使其体积膨胀 20 倍制成的。它是空气泡沫中应用最早、最普遍的灭火泡沫，可以有效地扑灭汽油等易燃液体和木材火灾，不宜用于扑灭水溶性液体火灾。高倍数泡沫是以界面活性剂为主，添加少量水解蛋白液配制的水溶液，经发泡机械使其体积膨胀 200~1000 倍而成的。它主要依靠隔氧窒息作用灭火。由于高倍数泡沫气泡发生量大，最适合于快速切断矿山井下的火灾。

矿用的高倍数泡沫药剂有 YEGZ3%、YEGZ6% 等。矿用高倍数泡沫灭火装置主要有以电力为动力的 BEP400、BEP200 型和以压力水为动力的 SGP180、SGP100、SGP50 型等。图 6-9 为高倍数泡沫灭火装置的示意图。

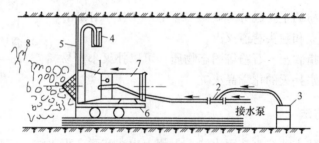

图 6-9　高倍数泡沫灭火装置

1—泡沫发射器；2—喷射泵；3—泡沫剂；4—水柱计；5—密闭墙；6—平板车；7—风机；8—泡沫

6.6.1.3 惰性气体灭火

惰性气体可以稀释燃烧区域空气中的氧，使氧含量降低而熄火。常用的灭火用惰性气体为二氧化碳和氮气等。通常把液态二氧化碳装在钢瓶内储存。灭火时液态二氧化碳从钢瓶中喷出时，瞬时温度下降到-78.5℃，凝结成雪花状干冰。干冰吸收燃烧热量变为气态二氧化碳，体积扩大 450 倍。当空气中二氧化碳含量达到 30%~35% 时，燃烧就停止了，二氧化碳用于扑灭 600V 以下电气火灾、燃烧范围不大的油类火灾及电石等某些忌水物质火灾。使用时，人员要站在上风侧以免窒息。

矿山井下灭火用的惰性气体是用燃油燃烧除去空气中的氧制成的，其主要成分为氮气、二氧化碳、少量残余氧气和喷水冷却时产生的大量水蒸气。矿用制取惰性气体装置有矿用燃油惰气发生装置 DQ500、DQ150 型和矿用燃油惰气泡沫发生装置 DQP100、DQP200 型等。

液氮也是目前矿井灭火中常用的惰性气体。

6.6.1.4　卤族灭火剂灭火

卤族灭火剂是通过中断燃烧的连锁反应和稀释燃烧区的氧来灭火的。此外，灭火剂被喷入燃烧区后吸收热量而气化，在物体表面上形成覆盖层，阻止可燃性气体和氧气通过。它灭火效果好，毒性低，腐蚀性小及过后不留痕迹，可以用于扑灭油类和忌水性物质火灾、电气火灾。常用的卤族灭火剂有 1211 灭火剂（$CBrClF_2$）和 1301 灭火剂（$CBrF_3$）。其中，前者应用最广泛。

6.6.1.5　化学干粉和固态灭火剂灭火

化学干粉是由碳酸氢钠、磷酸铵盐等灭火剂和少量添加剂经过研磨制成的化学灭火剂。化学干粉覆盖在燃烧物表面，中断连锁反应，隔绝热辐射及析出二氧化碳，使火迅速熄灭。化学干粉适用于扑灭木材、煤炭火灾，也可用于扑灭石油产品火灾和电气火灾。

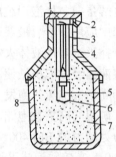

图 6-10　灭火手雷
1—护盖；2—拉火环；
3—雷管固定管；4—外壳盖；
5—雷管；6—炸药；
7—药粉；8—胶木外壳

矿山井下使用的化学干粉主要是磷酸铵盐类干粉，装在灭火手雷或灭火炮弹中。

灭火手雷（见图 6-10）装药粉 1kg，药品的主要成分是磷酸氢二铵 $[(NH_4)_2HPO_4]$。灭火有效范围约 2.5m，普通体力人员可以把它抛出 10m 远，适用于熄灭近距离初起火灾。使用时打开护盖，拉出火线，立即投入火区，同时注意隐蔽防止弹片伤人。

灭火炮弹中干粉的主要成分是磷酸二氢铵 $[(NH_4)_2H_2PO_4]$，用于中距离初始灭火和独头巷道灭火。

固态灭火剂是指砂土、石粉等固态物质，可以扑灭小量易燃液体和某些不宜用水扑灭的化学品火灾。

6.6.2　矿内灭火方法

扑灭矿内火灾的方法有直接灭火法、封闭灭火法和联合灭火法。应该根据矿内火灾性质发生地点、发展阶段、波及范围和现有灭火手段等选择适当的灭火方法。

6.6.2.1　直接灭火法

一旦发生矿内火灾时，应该优先考虑采用直接灭火法。用水、灭火剂、空气泡沫流或砂土等在火源地直接将火扑灭或将火源挖出运走。

6.6.2.2　封闭灭火法

当用直接灭火法不能把火扑灭时，应该考虑封闭灭火法。

采用封闭灭火法时，要根据迅速而严密地控制和封闭火区的迫切性，以及封闭作业过程中引起可燃性气体爆炸的可能性，慎重地决定防火墙的类型、强度、建造地点和施工速度，施工过程中的通风，以及最后封闭的程序等。一般地，先在进风侧建造临时防火墙，待火势减弱后再从回风侧封闭。回风侧有毒有害气体浓度较高，应该由救护队砌筑。在临时防火墙的保护下，再砌筑永久性防火墙。

火区封闭后应该设法加速火的熄灭，其主要措施是减少向火区的漏风。为此，可利用均压通风技术来减少火区进、出风侧的风压差。

6.6.2.3 联合灭火法

在采用封闭灭火法不能消灭矿内火灾的场合，应该立即采用联合灭火法，向封闭的火区灌浆或惰性气体。

灭火灌浆与预防性灌浆在技术上大体相同，只是灌浆方式和灌浆参数应该根据灭火需要来确定。灌浆灭火的一般原则是，弄清了火源中心及其发展动向之后，用泥浆包围火源附近的燃烧蔓延区，在该区域内先外围后中心地全面灌浆；或者在火势蔓延的前方灌注一带泥浆"篱笆"阻止火灾发展。应该注意，利用钻孔灌浆时，不要把钻孔布置在地表塌陷区，也不要把钻孔打入采空区的矿柱中；利用消火巷道注浆时，要考虑在火区附近掘进消火巷道的安全性。

向封闭火区里灌注惰性气体灭火效果好，但是成本高，且要求封闭非常严密。

6.6.3 火区管理与启封

火区封闭之后，要建立火区管理档案，经常观测和检查火区情况，以便判断火是否已经熄灭了。

要定期地检查火区防火墙，发现漏风的裂隙及时堵塞。要定期采集火区内的空气试样进行气体成分分析，测定火区内的温度和流出水的温度，并做好记录。如果观测结果出现下列情况时，则可以认为火已经熄灭：

（1）火区内的空气温度和矿岩温度已经稳定地降低到30℃以下；

（2）火区内没有 CO 和 SO_2，或者它们的含量始终保持在"痕迹"水平；

（3）火区流出水的温度降至25℃以下，其酸性逐渐减弱。

启封火区是一件危险的工作，一定要谨慎从事。只有在确认火灾已经熄灭之后，才能考虑重开火区，恢复生产。启封前要编制安全措施计划和工程计划，报请主管部门审批，并做好万一启封失败，死灰复燃而必须重新封闭火区的思想准备和物质准备。

6.7 火灾时期矿内风流控制

矿内火灾时期产生的烟气随着井下风流迅速传播，特别是发生火灾时可能引起风流逆转等风流紊乱现象，加剧了烟气的传播，对井下人员生命安全构成严重威胁。所以，火灾时期矿内风流控制具有十分重要的意义。

6.7.1 火风压

矿内火灾发生后，火灾所波及的巷道里的空气成分将发生变化，并且空气被加热而容重减少，形成与自然热风压类似的热风压。这种热风压称作火风压。

火风压是发生矿内火灾时所引起的热风压的增量。在忽略火灾发生前后空气压力变化的情况下，由气体方程式：

$$\frac{\gamma_0}{\gamma} = \frac{T}{T_0} \tag{6-2}$$

得到

$$\gamma = \gamma_0 \frac{T_0}{T} \qquad\qquad (6\text{-}3)$$

式中 γ_0——火灾前巷道里空气平均重率，kg/m^3；

       γ——火灾后巷道里空气平均重率，kg/m^3；

       T_0——火灾前巷道里空气平均绝对温度，K；

       T——火灾后巷道里空气平均绝对温度，K。

于是，可以得到火风压的计算公式为

$$\Delta H = z\gamma_0 \left(\frac{T-T_0}{T}\right) \qquad\qquad (6\text{-}4)$$

式中 ΔH——火风压值，Pa；

       z——高温烟气流经的巷道的始末端高差，m。

由式（6-4）可以看出：

（1）高温烟气所流经的巷道的始末端高差越大，则产生的火风压越大。显然，在水平巷道里不会产生火风压，只有在竖直或倾斜巷道里才会出现明显的火风压。

（2）火势越旺，火焰把空气加热的温度越高，则火风压值越大。

例 6-2 某巷道两端高差 100m，火灾前该巷道内空气平均温度 13℃，火灾发生时巷道内空气温度增加了 200℃，求火风压值。

解：根据式（6-4），代入已知条件

$$\Delta H = 100 \times 1.2 \times \frac{200}{273+13} = 84 \ (\text{Pa})$$

所以，火风压值为 84Pa。

矿内发生火灾时，最大火风压不一定出现在火源地所在的巷道里，却可能出现在高温烟气经过的巷道中。并且，随着烟气在矿内的传播，在高温烟气流经的非水平巷道中可能相继出现火风压。此时，全矿火风压等于各巷道里产生的局部火风压的代数和。

6.7.2 火风压对矿内通风的影响

火风压的出现，好像在巷道里安装了一台辅助扇风机，使矿内局部的或全矿的风流状况发生变化，扰乱原有的通风制度，加剧火烟的扩大传播。

6.7.2.1 火风压对主扇工况的影响

火灾时期全矿火风压与主扇风机的风压共同起作用，好像两台扇风机串联工作。当火风压与矿井总风压作用方向一致时，火风压特性曲线与主扇风机特性曲线相叠加，构成新的联合特性曲线，见图 6-11。在矿井通风阻力一定的场合，正常通风时的主扇工况点在 C 点。火灾发生后，火风压与主扇的联合工况点为 D 点，与此相对应的主扇工况点为 E 点，即主扇的风压由原来的 $h_扇$ 减到 $h'_扇$，风

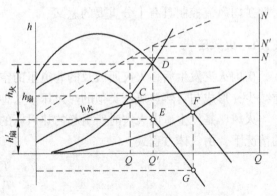

图 6-11 火风压对扇风机的影响

量由原来的 Q 增加到 Q'，功率由原来的 N 增加到 N'。如果火风压值相当大，矿井通风阻力相对小，则主扇风机的风压可能降为零，甚至为负值。主扇风机功率消耗增加可能使离心式扇风机的电机烧毁。

6.7.2.2　火风压对通风网路的影响

局部火风压的出现，如同在矿井通风网路中增加了一台或几台辅扇，导致一些巷道风量增加或降低，甚至出现风流逆转等紊乱现象。

在火风压出现在上行风流的情况下，火风压作用方向与原风流方向一致，结果使出现火风压的巷道里风量增加，而旁侧风流可能发生逆转（见图6-12）。

在火风压出现在下行风流中的情况下，火风压的作用方向与原风流方向相反，可能使该巷道中风流逆转，而旁侧风流不会发生逆转（见图6-13）。

无论风流逆转现象发生在哪些巷道里，都会破坏原有的矿内通风制度而使烟气迅速地扩散到井下各处。因此，必须努力防止发生风流逆转现象。

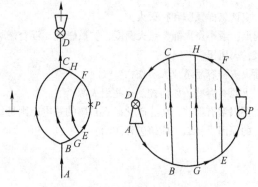

图 6-12　火源地在上行风流中

P—火源地

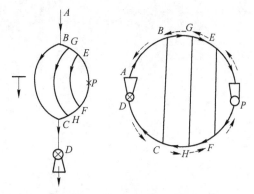

图 6-13　火源地在下行风流中

P—火源地

6.7.3　火灾时期风流紊乱的防治

由于矿内火灾性质、地点、规模不同，矿井通风系统非常复杂等原因，矿内风流逆转情况非常复杂，必须具体情况具体分析，采取恰当的防治措施。一般地，可以从以下几个方面来采取措施：

（1）降低火风压。采取直接灭火措施控制火势的发展；在火源上风侧关闭原有的防火门或构筑临时防火墙，减少向火源供风；在火源的下风侧用水幕降低烟气温度等。

（2）在矿井通风的分支风流中发生火灾的场合，应该维持主扇风机的运转。特别是在灭火、救人阶段，不允许随意停止主扇风机运转或降压运转。必要时（例如在下行风流中发生火灾时），还可以暂时加大火区供风量以稳定风流，便于抢救人员。

（3）尽可能利用火源附近的巷道，将烟气直接导入总回风道，排到矿外。

（4）如果火灾发生在总入风流中（入风井口、入风井筒内、总进风道或井底车场等），一般应该进行全矿性反风，阻止烟气随风流进入井下生产作业区域。

（5）火灾发生在总回风流中时，只有维持原来风流方向才能够把烟气迅速排出。

复习思考题

6-1　根据燃烧的必要条件，应该怎样预防和扑灭火灾？

6-2　解释名词：自燃点，闪点，最小点火能，点火温度，扩散燃烧，混合燃烧，爆炸界限，构件的耐火极限，建筑物耐火等级，火风压。

6-3　为什么矿内火灾较地面火灾更容易造成人员伤亡？

6-4　矿山外因火灾的主要引火源有哪些，如何控制这些引火源？

6-5　影响硫化矿石自燃的主要因素有哪些，防止硫化矿石自燃的基本原则是什么？

6-6　火灾时期矿内风流紊乱的原因是什么，应该怎样防治？

7 矿山爆破安全

7.1 矿用炸药

7.1.1 矿用炸药的种类

矿山采掘生产过程中广泛利用炸药爆破矿岩。一般地，按照炸药的用途分类，可以将炸药分为起爆药、猛炸药和发射药三大类；按照炸药组成的化学成分分类，可以将炸药分为单一化学成分的单质炸药和多种化学成分组成的混合炸药两大类。矿山爆破工程中大量使用的是猛炸药，主要是混合猛炸药，起爆器材中使用的是起爆药和高威力的单质猛炸药。

7.1.1.1 起爆药

起爆药的敏感度一般都很高，在很小的外界能量（如火焰、摩擦、撞击等）激发下就发生爆炸。用作雷管的起爆药用量很少。工业雷管中的起爆药有雷汞、氮化铅和二硝基重氮酚（DDNP）等，都是单质炸药。由于起爆药的感度极高，除了用于雷管的起爆药外，在爆破工程中没有其他用途，对起爆药施加机械、热和爆炸作用都是极其危险的。

7.1.1.2 单质猛炸药

单质猛炸药是单一化学成分的高威力炸药。这类炸药对外界能量的敏感度比起爆药低，需用起爆药的爆炸能来起爆。主要用于雷管的加强药、导爆索的药芯、起爆弹等起爆器材，还大量用作混合炸药的敏化剂。工业常用单质猛炸药有梯恩梯、黑索金、泰安、硝化甘油和特屈儿。

7.1.1.3 混合猛炸药

单质猛炸药不是感度太高，就是感度太低。感度高的炸药安全性差，感度太低起爆困难。一般地，单质炸药爆炸后生成的有毒气体较多，并且成本也比较高。所以，工业炸药都采用由爆炸成分和其他辅助成分（如防水剂、敏化剂、燃料等）进行合理配比制成的混合炸药。

硝酸铵（氧化剂）原料丰富、成本低廉，是混合炸药的主要原料。根据不同的要求混合炸药可以含有氧化剂，为爆炸提供足够的氧；含有敏化剂，提高炸药的感度和威力；含有可燃剂，提高炸药的爆热，进而增加炸药的威力；含有防潮剂，增强混合炸药的防水能力，以便用于潮湿有水的爆破环境；含有疏松剂，可以防止炸药结块等。

目前，国内矿山使用的炸药主要有铵梯炸药、铵油炸药、乳化炸药、水胶炸药和煤矿许用炸药等。其中乳化炸药和水胶炸药可用于有水的环境中；煤矿许用炸药是在炸药中配有一定比例的消焰剂（氯化钠），可以在有瓦斯的地下煤矿中使用。

7.1.2　炸药的爆炸性能

衡量炸药爆炸性能的指标主要有爆速、敏感度、殉爆距离、猛度及爆力等。

爆速是爆轰传播的速度，爆速越大，爆轰波的压力越高，爆炸的威力也越大。爆速的大小除了取决于炸药本身的性能外，还与密度、约束条件、药卷的直径等密切相关。

7.1.2.1　炸药的起爆能和敏感度

爆炸是炸药在特定条件下的化学反应过程，促使炸药进行爆炸反应的条件称为起爆条件。一般情况下炸药内部处于稳定状态，只有外界能量破坏稳定状态使炸药的各组分发生爆炸反应时爆炸才发生。引起炸药爆炸的外界能量称为起爆能，起爆能可以归纳为热能、机械能和爆炸能三类：

（1）热能。加热升温可以使炸药分子运动速度加快，加速炸药的化学分解和化合，达到一定的温度后，便可以由爆燃转化为爆炸。例如，点燃的导火索喷出火花引爆雷管中的起爆药，用火花起爆黑火药等。

（2）机械能。撞击、摩擦等机械能作用在炸药的局部，使炸药局部分子获得动能而运动加速，局部温度升高，形成"灼热核"。它的直径为 $10^{-3} \sim 10^{-5}$ cm，比炸药分子的直径 10^{-8} cm 大得多，并且能存在 $10^{-3} \sim 10^{-5}$ s 的时间。由于灼热核的形成，首先局部发生爆炸，然后发展为炸药的全部爆炸。

（3）爆炸能。炸药爆炸时形成的高温高压状态携带的巨大能量能够引发附近炸药爆炸，例如炸药内部局部爆炸转变为全部爆炸，起爆药引爆主炸药，雷管引爆炸药等都属于爆炸能起爆。

炸药在外界能量的作用下，发生爆炸反应的难易程度称作炸药的敏感度，简称感度。炸药感度的高低以激起炸药爆炸反应所需的起爆能大小来衡量。起爆所需的起爆能越大，炸药的感度越低。炸药的感度是衡量炸药安全性的最重要指标，感度越高的炸药，使用起来越不安全。了解炸药的感度的目的在于掌握炸药在特定条件下爆炸的可能性，根据影响感度的诸因素采用相应的措施。

炸药的感度是影响炸药的加工制造、贮存运输及使用安全的十分重要的性能指标。炸药的感度太高时不能直接用于工程爆破，只能少量地用于特定的爆破器材（如雷管）中。例如，纯硝化甘油的感度太高，以致被宣布为不能使用的危险品，只有被钝化处理以后才可以用于工程爆破。感度太低的炸药需要很大的起爆能，增加了起爆的难度也不适合于工程爆破。

（1）炸药的热感度。炸药在热能的作用下发生爆炸的难易程度称为炸药的热感度。炸药的热感度目前还不能用理论或经验公式进行计算，可以通过实验测定炸药的爆发点、火焰感度和电火花感度来确定：

1）爆发点。爆发点是指炸药在规定的时间（5min）内起爆所需加热的最低温度。爆发点越低的炸药，热感度越高。爆发点测定原理很简单，将一定量的炸药（0.05g）放在恒温的环境中一定时间（5min），如果炸药没有爆炸，说明此环境温度太低，升高环境温度后再试，如果不到规定时间就爆炸，说明环境温度太高，降低环境温度再试，直到调整到某一环境温度时，炸药正好在规定时间爆炸，此时的环境温度就是炸药的爆发点。

2）火焰感度。火焰感度是指炸药在明火（火花、火焰）的作用下发生爆炸的难易程度。测定炸药的火焰感度时，在试管内装入一定量（起爆药0.05g，猛炸药1g）的炸药，测定连续6次都能引爆炸药时导火索端头距炸药的最大距离X_{max}，再测定连续6次都不能引爆炸药时导火索端头距炸药的最小距离X_{min}。距离X_{max}越大则炸药的火焰感度越高，距离X_{min}越小则炸药的火焰感度越低。从保证炸药能被起爆的角度来看，距离X_{max}越大越好；从防止炸药被意外引爆的角度来看，距离X_{min}越小越好。

3）电火花感度。电火花感度是指炸药在静电放电的电火花作用下发生爆炸的可能性。在炸药和起爆器材加工制造过程中以及机械化装药时，产生的静电可能引起意外爆炸，所以必须测定炸药的电火花感度。可以通过电容器放电的方法测定炸药的电火花感度。

（2）炸药的机械能感度。在爆破工程中，雷管利用起爆药的热感度起爆，炸药间利用起爆药的爆炸能起爆，一般不用机械能起爆。只有在军火方面，弹药的引信用机械能起爆，机械感度对弹药的起爆有重要影响。

炸药的机械能感度主要影响炸药的贮存、运输和使用过程中的安全。机械能感度高的炸药会在外界机械能的作用下意外爆炸，给爆破工程带来许多不安全因素，所以爆破工程中不希望炸药的机械能感度高。

炸药的机械能感度主要有撞击感度和摩擦感度。撞击感度表示炸药在撞击作用下发生爆炸的难易程度；摩擦感度衡量炸药在摩擦作用下发生爆炸的难易程度。撞击感度用自由落体原理的落锤实验测定；摩擦感度用摆式摩擦感度测量仪测定。

（3）炸药的爆炸冲能感度。爆炸冲能感度是指炸药在爆炸冲击波的作用下发生爆炸的难易程度。利用爆炸冲能起爆炸药是爆破工程起爆的主要方法，所以炸药的爆炸冲能感度是炸药性能的重要指标。炸药的爆炸冲能感度常用殉爆距离、极限起爆药量来衡量。

殉爆是一个炸药包爆炸后引起与其相隔一定距离的另一个炸药包发生爆炸的现象。殉爆距离是能够引起殉爆的最大距离。殉爆距离对确定炸药库房之间、炸药堆之间的安全距离，以及分段装药爆破和处理拒爆事故都有重要意义。极限起爆药量是保证炸药起爆所需的最小起爆药量。

7.1.2.2　炸药的威力

炸药的威力泛指炸药爆炸做功的综合能力。猛度和爆力是用得最广的衡量炸药威力的实验指标。

猛度是炸药在物体表面爆炸时产生粉碎作用的能力。它是由高压爆轰产物对邻近介质直接强烈冲击压缩所产生的，其强烈程度取决于装药密度和爆速。装药密度和爆速愈高，猛度愈大。测定猛度的方法有压缩铅柱法和弹道摆法。

爆力是估量炸药在介质内部爆炸时总的做功能力的指标。爆力反映爆炸应力波在介质中的传播和爆炸气体膨胀综合产生的压缩和破坏的结果，其大小与爆炸能量成比例，也与爆炸气体体积有关。测定炸药爆力大小的方法有铅柱法、爆破漏斗法、弹道摆法和弹道臼炮法等。

7.1.2.3　炸药的氧平衡

氧平衡是衡量炸药中所含的氧与将可燃元素完全氧化所需要的氧两者是否平衡的指标。炸药通常是由碳（C）、氢（H）、氧（O）、氮（N）四种元素组成的，其中碳、氢是可燃元素，氧是助燃元素。炸药的爆炸过程实质上是可燃元素与助燃元素发生极其迅速和猛烈的氧化还原反应的过程。反应结果是碳和氧化合生成二氧化碳（CO_2）或一氧化碳（CO），氢和氧化合生成水（H_2O），这两种反应都放出大量的热。每种炸药里都含有一定数量的碳、氢原子，也含有一定数量的氧原子，发生反应时可能出现碳、氢、氧原子的数量不完全匹配的情况。

根据所含氧的多少，可以将炸药的氧平衡分为零氧平衡、正氧平衡和负氧平衡三种情况：

（1）零氧平衡。炸药中所含的氧恰好将可燃元素完全氧化；

（2）正氧平衡。炸药中所含的氧把可燃元素完全氧化后尚有剩余；

（3）负氧平衡。炸药中所含的氧不足以把可燃元素完全氧化。

实践表明，只有当零氧平衡时，即炸药中的碳和氢都被氧化成 CO_2 和 H_2O 时，其放热量才最大。负氧平衡的炸药，爆炸产物中会有 CO、H_2，甚至会出现固体炭；正氧平衡炸药的爆炸产物中会出现 NO、NO_2 等气体。负氧平衡和正氧平衡都不利于发挥炸药的最大威力，同时会生成 CO、NO、N_xO_y 等有毒气体，这样的炸药不适于地下矿山的爆破作业。因此，氧平衡是设计混合炸药配方、确定炸药使用范围和条件的重要依据。

7.2 起爆器材与起爆方法

7.2.1 起爆器材

雷管、起爆能源和相应的连接器材统称为起爆器材，由起爆器材进行不同形式的连接构成起爆系统。

出于安全的考虑，工程上大量使用的炸药其敏感度都比较低，正常使用时必须用爆炸能来引爆。感度稍高的工业炸药可以用雷管的爆炸能来引爆，雷管是人为地将热能转变为爆炸的器件；感度低的工业炸药需要用起爆药包引爆，起爆药包用雷管引爆。用雷管引爆炸药是目前引爆炸药的主要手段。按照使用的雷管不同，将常用的工程爆破起爆方法分为火雷管起爆、电雷管起爆、导爆管—雷管起爆、导爆索起爆和混合起爆。

火雷管是最早使用的雷管，它必须和导火索配合使用。正常使用时，火雷管用导火索喷出的火焰引爆；在机械能和其他形式的热能的作用下也可以被引爆而发生意外爆炸事故。火雷管的结构如图 7-1 所示。

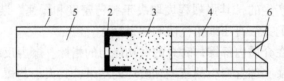

图 7-1 火雷管的结构

1—管壳；2—加强帽；3—主起爆药；4—副起爆药；5—导火索插口；6—聚能穴

火雷管起爆的优点是操作技术简单、成本低，除非被雷电直接击中一般不受外来电的影响；其缺点是必须人工在爆破点逐个点火而安全性差，不能精确控制爆破顺序等，一般只用于小规模爆破作业。目前，在工程爆破中，火雷管起爆方法用得越来越少，有逐渐被淘汰的趋势。

7.2.2 电雷管起爆

电雷管起爆与火雷管起爆相比，可以实现远距离操作，大大提高了起爆的安全性；可以同时起爆大量药包，有利于增大爆破量；可以准确控制起爆时间和延期时间，有利于改善爆破效果；起爆前可以用仪表检查电雷管的质量和起爆网路的施工质量，从而保证了起爆网路正确和起爆的可靠性。因此，电雷管起爆曾经是一种应用最广的起爆方法。

7.2.2.1 电雷管

电雷管用电能转化的热能使雷管中的炸药起爆。电雷管分为瞬发电雷管、秒延期电雷管和毫秒延期电雷管。图 7-2 为瞬发电雷管的结构示意图。

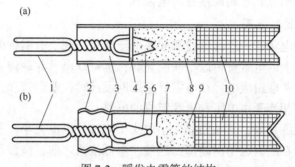

图 7-2 瞬发电雷管的结构
（a）直插式；（b）引火头式
1—脚线；2—管壳；3—密封；4—纸垫；5—桥丝；6—引火头；
7—加强帽；8，9—主起爆药；10—副起爆药

在选用电雷管和设计电爆网路时，必须掌握所使用的电雷管的基本特性参数。电雷管的基本特性参数包括电雷管的全电阻、最大安全电流、最小准爆电流、点燃时间和传导时间以及点燃起始能。

（1）电雷管的全电阻。电雷管的全电阻包括电雷管脚线和桥丝串联的总电阻，也就是用欧姆表在电雷管两根脚线的端部所测定的电阻。电雷管的全电阻决定了电雷管在起爆电网上获得能量的大小。同组串联起爆网路中，全电阻大的电雷管获得较多的电能；并联起爆网路中，全电阻大的电雷管获得较少的电能。如果在同一起爆网路上电雷管的全电阻相差太大，使得各电雷管所获得的点燃能相差也大，很难保证起爆的安全可靠。

（2）最大安全电流。电雷管通以恒定直流电流持续 5min，不致引燃电雷管引火头的最大电流，称为电雷管的最大安全电流。规定最大安全电流是为了保证爆破作业的安全，并作为设计爆破专用仪表输出电流的依据。检测电雷管用的电参数仪表的输出电流不得超过 30mA。国产电雷管的最大安全电流，康铜桥丝电雷管为 0.3~0.55A，镍铬桥丝电雷管为 0.125~0.175A。

（3）最小准爆电流。一定能引爆电雷管的最小直流电流称为电雷管的最小准爆电流。国产电雷管的最小准爆电流不大于 0.7A。在爆破网路设计中，必须使每个电雷管上流过的直流电流大于最小准爆电流，才能保证每个电雷管都能可靠起爆。在实际设计中，设计流过每个电雷管的电流一般比最小准爆电流大得多，直流取 2.0~2.5A，交流取 2.5~4.0A。

（4）点燃时间和传导时间。点燃时间指从通电到引火头点燃的时间，记为 t_B；传导时间指从引火头点燃到雷管爆炸的时间，记为 θ。点燃时间和传导时间之和称为电雷管的反应时间，即电雷管从通电到爆炸所经历的时间。电雷管通电时间只要超过点燃时间后，即使切断电源也能爆炸，所以在设计起爆网路时必须保证每个电雷管通电时间超过点燃时间。

（5）点燃起始能。电雷管的点燃起始能 $I^2 t_B$，或称最小发火冲能，是使电雷管引火头发火的最小电流起始能，它反映电雷管对电流的敏感程度。点燃时间相同时，电雷管点燃所需的电流越小，表明电雷管越敏感；若通以同样大小的电流，电雷管被点燃的时间越短则电雷管越敏感。一般用点燃起始能的倒数表示电雷管的敏感度，即 $S_m = 1/I^2 t_B$。在起爆设计中，应尽可能使用点燃起始能接近的电雷管。

7.2.2.2 电雷管起爆网

电雷管起爆网由电雷管、连接导线和起爆电源组成。两个电雷管的连接方法只有串联和并联两种。两个以上的电雷管可以串联或并联，也可以串、并联混合连接，较大的起爆网都是由复杂的串、并联组成的。在电雷管起爆网设计时，电雷管和连接导线都当作电阻处理，整个起爆网路相当于由电阻和电源组成的电路。

起爆电缆应该绝缘良好，其截面积大小取决于流过的电流大小。所有的接头部位都要用绝缘胶布包扎好。在所有起爆网路都已连接、电源接通之前，应该用专用仪表测量起爆网路上每个串、并联组，保证导通且电阻值与设计值相符。

矿山爆破可以用起爆器、照明电源和动力电源作为起爆电源。一般来说，任何电源只要能够提供足够的起爆电流，都可以用作起爆电源。照明和动力交流电具有容量大、供电可靠等优点，是最常用的起爆电源。如果不经变压，照明或动力电的电压是固定的，电流可以很大，所以照明和动力电源更适合于并联起爆网。

电雷管只要有足够的电流流过就可以爆炸。当爆破现场有静电或杂散电流时，有可能引起电雷管意外爆炸，所以必须先对现场的静电、杂散电流进行检测，确认没有危险后才可以用电雷管起爆，或者在杂散电流较小时装药起爆。

7.2.3 导爆管-雷管起爆

导爆管-雷管起爆方法属于非电起爆，其优点是不受静电、杂散电流影响，在有雷电、工业电网区、机电设备较多的环境使用安全，并且操作简单、使用方便，一次同时引爆的雷管数不受限制，可以满足各类工程爆破的要求。与电雷管起爆相比，导爆管-雷管起爆的缺点是不能用仪表检查网路的连接质量。

导爆管是一种在管内壁上涂有薄层猛炸药的管状起爆器材。当导爆管的一端受外界冲击能作用起爆后，导爆管内壁上的猛炸药发生爆炸反应，这种反应以冲击波的形式沿着管子向前传播，当冲击波传到导爆管另一端时，便引起雷管爆炸。导爆管在导爆管—雷管起爆系统中所起的作用相当于火雷管起爆中的导火索或电雷管起爆中的电线，但是导爆管传递的是爆炸冲能。

导爆管雷管的结构和电雷管相似，只不过引火部分是导爆管，而不是引火头和脚线。导爆管雷管分为瞬发和延期雷管两类，延期雷管又分毫秒、半秒和秒延期几个系列。延期导爆管雷管的结构如图7-3所示。此外，还有无起爆药的导爆管雷管，导爆管直接起爆加

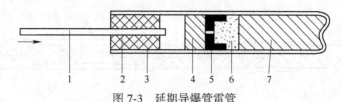

图 7-3 延期导爆管雷管

1—导爆管；2—塑料塞；3—管壳；4—延期药；5—加强帽；6—主起爆药；7—副起爆药

强药。

导爆管可以用激发枪、激发笔、雷管、导爆索或炸药来激发。导爆管雷管在出厂时已经带有预定长度的导爆管。如果只用一发雷管起爆，而且雷管所带导爆管长度满足安全要求，那么只要将雷管插入药包就已经构成了最简单的起爆系统，用激发枪激发导爆管就可以起爆。

导爆管-雷管起爆适用于各种规模的起爆网路中，特别是用于大型起爆网路时更能突出其优点。目前在露天矿山的深孔爆破、井下矿山的巷道掘进中都得到了广泛的应用。

7.2.4 导爆索起爆

导爆索是一种药芯能够传递爆轰反应、可以直接起爆矿用炸药的索状起爆器材，其外形和结构与导火索类似，由药芯和包裹物组成。药芯为黑索金、泰安等单质猛炸药，普通导爆索外皮为红色（导火索为白色）。

导爆索起爆的优点是可以实现各种控制爆破，而且比导爆管、电雷管起爆简单，可靠性高，起爆能力大，不受静电、杂散电流的影响和有一定的耐水能力等，适用于深孔爆破、硐室爆破和各种光面、预裂爆破，在大爆破中多用作辅助起爆系统。

导爆索分为普通、安全、高抗水、高能和低能导爆索等多种。国产普通导爆索药芯为黑索金，可以直接起爆炸药、雷管和导爆管，具有一定的抗水性能；安全导爆索内加有消焰剂食盐；高抗水导爆索外包裹层内有一层塑料防水层，以便在深水中使用；高能导爆索的药量比普通导爆索大，低能导爆索的药量比普通导爆索少，分别用在特殊的爆破作业中。

单纯的导爆索起爆网中各药包几乎是齐发起爆，将导爆索与继爆管配合使用可达到毫秒延期的效果。继爆管的结构如图 7-4 所示。单向继爆管相当于毫秒电雷管去掉引火头部分，用消爆管取而代之。消爆管的作用是将导爆索传来的爆轰波减弱，正常地引燃延期药后经过预定延期时间后再引爆起爆药，使继爆管起到延时作用。单向继爆管如果方向接反，则不能传爆。双向继爆管在两个方向都是对称的，没有方向问题，两个方向都可延时传爆。

7.2.5 混合起爆

上述几种起爆方法各有优缺点，工程实际中往往根据具体情况采用几种起爆方法的混合起爆系统。在起爆网的设计中，应该充分考虑各种起爆器材的优缺点，扬长避短，安全而经济合理地布设起爆网。电雷管容易控制，最适合于用作主起爆雷管；导爆管雷管不受静电、杂散电流影响且成本较低，适合于大量起爆网路上的各起爆点；导爆索的传爆和起

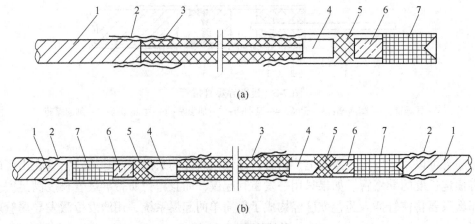

图 7-4　继爆管结构
（a）单向继爆管；（b）双向继爆管
1—导爆索；2—连接套；3—消爆管；4—减压室；5—延期药；6—起爆药；7—猛炸药

爆能力强，可以用在重要的起爆点和重要的连接部位。

　　井下巷道掘进时，常用火雷管作为主起爆雷管，导爆管雷管作为各个炮孔的起爆雷管。

7.3　矿山爆破事故

　　矿山爆破工程中的意外事故主要有炸药的早爆、自爆、迟爆、拒爆、燃烧和炮烟中毒等。

7.3.1　早爆

　　早爆是实施爆破前发生的意外爆炸，是爆破工程中发生频率最高、危害最大的爆破事故。早爆一般是由自然因素或人为因素引起炸药或起爆器材的意外爆炸。例如，外来电流引起电雷管的早爆，热源引起炸药的早爆等。

7.3.1.1　外来电流引起的早爆

　　凡一切与专用的起爆电流无关而流入电雷管或电爆网路中的电流都叫外来电流。外来电流的强度达到某一值时就可能引起电雷管的早爆。因此，为了保证爆破作业的安全，在进行电爆破作业时必须把外来电流的强度控制在允许的安全界限以内（即低于爆破安全规程中所规定的安全电流）。这样，在进行电爆破作业的准备工作时，应该对流入爆破区的外来电流的强度进行检测，以决定应该采取什么样的安全措施。

　　外来电流来自外来电，引起炸药早爆的外来电有雷电和机电设备产生的杂散电、静电、射频电和感应电。

A　雷电

　　雷电能够引起任何电雷管、非电雷管甚至炸药早爆，雷电场还能引起雷击点周围的导体回路产生很强的感应电流，使电雷管早爆。

　　雷电的特点是放电时间非常短促，能量集中，放电时的电流可高达 $10^4 \sim 10^5 \text{A}$，温度

高达 $2×10^4℃$，能将空气烧得白炽。如果爆破区被雷直接击中，那么网路中的全部炮孔或部分炮孔就可能发生早爆。由于雷电能产生强大的电流，即使远离雷击点的地下或露天爆破区的起爆系统也有被引爆的危险。

例如，1980 年 8 月的一天，辽宁本溪南芬露天铁矿正在进行深孔装药，炮孔数达 300 多个，总装药量为 80t。在连线过程中发生雷击，将全部深孔引爆。幸好雷击前工人已经全部撤离爆破区，没有酿成伤亡事故。

通过对多次雷击引起早爆事故的分析表明，雷电引爆往往是发生在整个爆破区，而不是发生在个别炮孔；雷电往往不是直接击中电爆网路，而多数是间接引爆。此外，电爆网路母线端头短接与否，以及是否用绝缘胶布包裹对防止雷电引起早爆都不起作用。

显然，雷电引起早爆事故要有雷击出现。在雷击之前，都会有雷雨将要来临的征兆，这种征兆可以用雷电报警器来进行预报。当爆破区内的报警器发出预报和警报后，爆破区内的一切人员都要立即撤离危险区。撤离前要将电爆网路的导线与地绝缘，但不要将电爆网路连接成闭合回路。除了采用雷电报警器以外，还可以采取以下一些措施来预防雷电所引起的早爆：

（1）及时收听当地的天气预报，在雷雨季节进行露天爆破时宜采用非电起爆系统，不要采用电力起爆系统。

（2）在露天爆破区必须采用电力起爆系统时，应该在区内设立避雷系统。

（3）如果正在装药联线时出现了雷电，应该立即停止作业，将全体人员撤离到安全地点。

（4）在雷电来临之前，将一切通往爆破区的导体（如电线和金属管道）暂时切断，以防止电流流入爆破区。

（5）缩短爆破作业时间，争取在雷电来临之前起爆。

B 杂散电流

存在于电气设施以外的电流称为杂散电流。杂散电流可能来自大地自然电流、电化学电流、电气设备和电机车牵引电网漏电电流。

一般来说，在均质同类岩层中，无论是交流电还是直流电产生的杂散电流都很少能引爆电雷管。但是，当电雷管的脚线或电爆网路的导线与个别导电的地层、铁轨、金属管道或其他导体接触时，就可能出现危险性较大的杂散电流。流入电雷管或电爆网路的杂散电流超过电雷管的引爆电流则可能发生早爆事故。

电气设备绝缘破损或接地不当会产生杂散电流。金属物体与盐溶液接触会产生电化学杂散电流，例如铁轨接触溶有硝铵炸药的矿井水可以产生 $20\sim80mA$ 的电流；使用铝炮棍装填硝铵炸药时，铝与硝酸铵作用会产生电化学电流，可能造成早爆。在磁力异常区域应该注意大地自然电流问题。

电机车牵引电网漏电曾多次引起早爆事故。电机车牵引电网漏电产生的直流杂散电流的强度随距牵引变电站距离的增加而减弱，变电站附近可达到几安培，而采掘工作面处一般为几十毫安，但是杂散电流会趋向导体，且当电机车启动时增强。采掘工作面的风水管、轨道有时也输出能够点燃雷管的电流。改进电机车牵引电网连接，特别是作为回馈线的铁轨的连接，可以减少杂散电流的产生。

杂散电流的大小与物体的电导率有关，电导率越高则杂散电流越大。例如，金属管道与铁轨之间杂散电流最大，岩石与岩石之间、岩石与矿石之间杂散电流最小，金属管道、铁轨与岩石、矿石之间杂散电流大小居中。杂散电流大小还与作业面潮湿程度有关，作业面越潮湿则杂散电流越大。

为了防止杂散电流引起早爆事故，爆破前应该监测杂散电流，当杂散电流超过 30mA 时不得使用电爆破；消除爆破点附近的游离导体；检查并确保主线、支线、开关、插座的绝缘；爆破网路远离金属管网、铁轨；电雷管进入爆破区之前应该停电等。

C   静电

用压缩空气向炮孔装填粉状炸药过程中，压气装药产生的静电可以累积在装药器、操作者手上、炮孔内和雷管脚线上，电压可达 30~60V。静电放电点燃雷管的方式有两种：放电电流经过脚线加热雷管的电桥丝或脚线头与雷管壳之间击穿而点燃引火头。在恶劣条件下压气装药产生的静电放电能量甚至可以点燃非电雷管。

人员穿着的不同质料的衣服、各层衣服之间的相互摩擦可以产生静电。根据国外的研究，穿着塑料雨衣的矿工在井下行走时产生的静电电压足以引爆普通电雷管。

D   射频电

从雷管引出的两条电线同时伸展形成偶极天线，容易接收调频的电视射频能，电线总长度为 $L=n\dfrac{\lambda}{2}$ 时接收到的能量最大（式中，λ 为波长，n 为正整数，$n=1，2，3，…$）。雷管的一条电线接地、一条电线伸展所形成的天线，容易接收中短波调幅射频能，伸展电线长度为 $L=n\dfrac{\lambda}{4}$ 时接收到的能量最大。

E   感应电

高压输电线在电爆网路中会产生感应电能。电爆网路与输电线平行且形成的环状面积越大，则感生电势越强。因此，在高压线附近进行电爆时，电爆网路电线应该尽量靠拢，其方向应该尽量垂直于输电线，以减少早爆危险。

7.3.1.2   其他原因引起的早爆

除了电的原因引起早爆外，其他原因也可能引起早爆：

（1）爆破器材质量不好。由于导火索质量差、芯药密度不匀、导火索被脚踩、被压和污染浸油等原因，造成导火索速燃，发生早爆事故。为了避免导火索速燃发生早爆事故，首先是生产厂家要保证产品质量，其次是使用单位要精心保管，防止被踩、被压和污染浸油。使用前也要按比例抽样进行燃速检查，坚决不使用不合格的产品，并且将其立即送入废品库准备销毁，以免忙乱中发错，造成导火索速燃早爆事故。

（2）爆破器材受到机械能、热能的作用。爆破器材在运输、储存、加工、检测和装填过程中受到猛烈冲击、摩擦或受热发生爆炸或由燃烧转为爆炸。

7.3.2   自爆与迟爆

7.3.2.1   自爆

自爆是由于爆破器材所含成分不相容或爆破器材与环境不相容而发生的意外爆炸。例如，含有氯酸盐的硝铵炸药中的氯酸盐与硝酸铵发生化学反应引起的自爆，属于爆破器材所含成分不相容造成的。我国已经明令禁止生产含有氯酸盐的硝铵炸药，并且规定任何爆破器材新品种定型时，必须提供其所含成分具有相容性的科学证据。

爆破器材与环境不相容分为化学不相容和物理不相容两种情况。

例如，高硫矿物爆破时使用硝铵炸药发生的自爆属于化学性不相容造成的。当矿物含硫超过30%、矿粉中含硫酸铁和硫酸亚铁的铁离子之和超过0.3%，并且作业面有水时，硝铵炸药接触矿粉将加速反应而自爆。防止此类自爆应该清除炮孔内矿粉，保持炸药包装完好，严禁炸药直接接触孔壁，不许用矿渣堵塞炮孔，并且应严格控制装药时间。

在高温矿区爆破时可能发生物理不相容造成的自爆。为了防止高温造成自爆，装药前必须测定孔底温度。当孔底温度达到60~80°C时，应该用沥青牛皮纸包装炸药，炸药不得直接接触孔壁，并且装药至起爆的持续时间不得超过1h；当孔底温度达到80~140°C时，应该用石棉织物或其他绝缘材料严密包装炸药，孔内禁止用雷管而应该用经过防热处理的黑索金导爆索引爆炸药，装药至起爆的允许持续时间应该经过模拟实验确定；当孔底温度超过140°C时，应该用耐高温爆破器材。

7.3.2.2 迟爆

迟爆是实施爆破后延迟发生的意外爆炸。迟爆初看起来很像拒爆，但是经过几十分钟，甚至几十小时后突然爆炸。由于人们起初误以为是拒爆，当回到爆破区检查或按拒爆处理时又突然爆炸，所以有时会造成严重的人员伤亡。

发生迟爆的主要原因是爆破器材方面的原因。在使用导火索和雷管起爆的装药中，导火索药芯局部过细或不连续，存在断药、细药缺陷的导火索受潮后，药芯成分中的硝酸钾或硝酸钠潮解液浸入断药、细药处的棉纱中，形成燃速每小时数毫米或数厘米的缓燃线，延迟了起爆时间。雷管起爆威力不够，只引燃了炸药过后才转为爆炸，或者炸药起爆感度低，雷管爆炸时仅引燃了炸药而后转为爆炸，都会造成迟爆。

例如，1975年1月，广东某矿在进行总炸药量为5t的露天硐室大爆破中，起爆后过期的电雷管起爆能力不足，不能起爆铵油炸药只能使其爆燃，装有1.8t炸药的药室未爆。炮响20min后有关人员到现场检查时，该药室突然爆炸，造成重大伤亡事故。

选用合格的爆破器材是防止迟爆的基本途径。

7.3.3 拒爆

拒爆是指爆破装药的一部分或全部在起爆后没有爆炸的现象，通常被称作盲炮。拒爆可以是单个药包拒爆，也可以是部分或全部药包拒爆。发生拒爆不仅影响爆破效果，而且处理拒爆的危险性很大。例如，1978年3月18日，内蒙古昭盟某铅锌矿在竖井掘进爆破时，产生了大量盲炮未做检查处理人员就下井作业，结果联络吊罐上下用的24V电铃导线漏电，导致盲炮爆炸。造成5人死亡，2人受伤的恶性事故。

7.3.3.1 拒爆产生的原因

产生拒爆的原因很多，可以从人的因素和物的因素两方面来考虑。人的因素引起拒爆的主要原因有：

（1）装药、堵塞不慎引起的爆破网路断路、短路或炸药与雷管分离。

（2）爆破网路连接错误或节点不牢、电阻误差太大。

（3）爆破设计不当，造成带炮、"压死"或爆破冲坏网路。

（4）防潮抗水措施不当或起爆能不足。

（5）掩护或其他原因碰坏、拉断爆破网路。

（6）漏接、漏点炮或违章作业产生拒爆。

物的因素引起拒爆的主要原因有：

（1）爆破器材质量不合格，如导火索断火、透火或喷火强度不够，电雷管短路、断路、电阻差太大等。

（2）爆破器材变质或过期。

（3）爆破工作面有水、油污染浸渍爆破器材，使其变质瞎火。

7.3.3.2　拒爆的预防及处理

应该首先考虑避免发生拒爆，然后再考虑一旦发生拒爆后的安全处理方法。防止发生拒爆的措施有：

（1）精心设计、精心施工，严防带炮和冲击爆破网路。

（2）改善操作技术，注意装药、连线和掩护时不要损坏爆破网路，避免漏接，保证爆破网路质量。

（3）加强爆破器材质量检测，改善爆破器材保管条件，防止爆破器材变质。

发现拒爆或怀疑有拒爆的场合，应该立即报告并及时处理；若不能及时处理时，应该在附近设置明显标志并采取相应的安全措施。电力起爆发生拒爆时必须立即切断电源，及时将爆破网路短路。遇到难处理的拒爆，应请示领导派有经验的爆破人员处理；大爆破的拒爆处理方法和工作组织，应由总工程师批准。每次处理拒爆时必须由处理者填写登记卡片。处理拒爆时无关人员不准在现场，并应该在危险区边界设警戒，危险区内禁止进行其他作业，处理时禁止拉出或掏出起爆药包。

不同爆破作业发生拒爆时其处理方法不尽相同。

A　裸露爆破拒爆的处理

处理裸露爆破的拒爆时，允许用手小心地去掉部分封泥，在原有的起爆药包上重新安置新的起爆药包，加上封泥起爆。

B　浅孔爆破拒爆的处理

处理浅孔爆破的拒爆时，可以采用下述方法：

（1）经检查确认炮孔的起爆线路完好时，可重新起爆。

（2）打平行孔装药爆破。平行孔距拒爆孔口不得小于 0.3m，对于浅眼药壶法，平行孔距拒爆药壶边缘不得小于 0.5m。为确定平行炮孔的方向，允许取出从拒爆孔口起长度不超过 20cm 的填塞物。

（3）用木制、竹制或其他不发生火星的材料制成的工具，轻轻地将炮眼内大部分填塞物掏出，用聚能药包诱爆。

（4）在安全距离外用远距离操纵的风水喷管吹出填塞物及拒爆炸药，但是必须采取措施回收雷管。

（5）发生拒爆应该在当班处理，当班不能处理或未处理完毕时，应将拒爆情况（拒爆数目、炮孔方向、装药数量和起爆药包位置、处理方法和处理意见）在现场交接清楚，由下一班继续处理。

C 深孔爆破拒爆的处理

处理深孔爆破的拒爆时,可以采用下述方法:

(1) 爆破网路未受破坏,且最小抵抗线无变化者,可重新连线起爆;最小抵抗线有变化者,应验算安全距离,并加大警戒范围后,再连线起爆。

(2) 在距盲炮孔口不小于 10 倍炮孔直径处另打平行孔装药起爆。爆破参数由爆破工作领导人确定。

(3) 所用炸药为非抗水硝铵类炸药,且孔壁完好者,可取出部分填塞物,向孔内灌水,使之失效,然后作进一步处理。

D 硐室爆破盲炮的处理

处理硐室爆破的盲炮可采用下列方法:

(1) 如能找出起爆网路的电线、导爆索或导爆管,经检查正常,仍能起爆者,可重新测量最小抵抗线,重划警戒范围,连线起爆。

(2) 沿竖井或平硐清除填塞物,重新敷设网路,连线起爆或取出炸药和起爆体。

7.3.4 炸药燃烧和炮烟中毒

7.3.4.1 炸药燃烧

矿用炸药中往往混有木粉、石蜡、松香或柴油等成分,遇到引火源会起火燃烧,特别是沾蜡的包装纸更易燃烧。有人试验,用电石灯的火焰点 3~5min 即可点燃药卷,火焰中心为白色、外层为棕色;25 卷 75kg 炸药约 13min 左右就全部烧完。炸药燃烧除了放出大量的热之外,产生大量的有毒气体令人员中毒,特别是在矿山井下炸药燃烧产生的大量有毒气体随风流蔓延,往往造成重大伤亡事故。例如,1976 年 11 月,辽宁某矿在井下大爆破装药过程中,发生一起炸药燃烧的伤亡事故。该矿采用阶段强制崩落法开采,井下大爆破装药时,人们按五五成行将铵油炸药卷排列摆在硐室内。当摆放至约 1.5m 高时,挂在岩壁上的电石灯突然掉落,将底层炸药卷燃着起火。在场的人们虽然采取了紧急灭火措施但是均无效,经约 5~7min 硐室内 3.5t 铵油炸药全部烧光。大量高浓度的有毒气体沿主风流串入上中段装药硐室,因组织撤退不力又缺乏通讯联系,结果造成 44 人死亡。

炸药本身含有大量的氧,燃烧时不需要外界供氧,因此用砂子压盖和泡沫灭火器都无用。对于初起的炸药着火,最好用水扑灭,水能降低燃烧表面的温度,也可以使硝酸铵溶解。但火势扩大时,也不宜用水扑救,以防由燃烧转化为爆炸。此时,唯一的办法是组织人员迅速撤离事故现场。

7.3.4.2 炮烟中毒

炮烟中毒是金属非金属矿山井下最主要的伤亡事故之一,根据 1973~1981 年 100 例矿山事故资料分析,炮烟中毒占整个爆破事故的 26%。

所谓炮烟是指炸药燃烧或爆炸后产生有毒有害气体的总称。在金属非金属矿山,炮烟中主要有毒有害成分是一氧化碳(CO)、氮的氧化物(NO、NO_2、N_2O_5)、二氧化碳(CO_2)等。在硫化物矿中,还产生硫化氢(H_2S)和二氧化硫(SO_2)。

炮烟对人体危害很大,其中一氧化碳与血色素的亲和力比氧与血色素的亲和力大

250~300 倍，致使血液中毒，造成严重缺氧窒息而死。氮的氧化物比一氧化碳的毒性大6.5 倍以上，有强烈的刺激性，能和水结合成硝酸，对人体的肺部组织起破坏作用，造成肺水肿死亡，对眼膜、鼻腔、呼吸道等也具有强烈刺激作用。表 7-1 为几种常用炸药的有毒气体含量测定值。

表 7-1　几种矿用炸药的有毒气体测定值

炸 药 名 称	有毒气体含量/L·kg^{-1}		
	CO	NO$_2$	总量 $V_{CO}+6.5V_{NO_2}$
1 号岩石炸药	42.7	8.27	96.50
	45.1	5.46	80.45
2 号岩石炸药	38.6	7.88	89.90
	47.4	5.08	80.71
3 号岩石炸药	35.7	11.4	109.80

炸药燃烧与炸药在炮孔中的爆炸反应有所不同，由于和空气充分接触，多为正氧平衡，产生大量氮的氧化物。爆破中产生的一氧化碳在通风不良的地区，可较长期地停滞在采掘空间的顶部。所以炮烟中毒要根据事故发生时间、地点和条件，确定是属于哪种有毒气体中毒，对不同有毒气体中毒应采取不同的抢救方法。

大多数炮烟中毒事故的发生往往是由通风条件差和违章行为造成的，特别是在天井和独头工作面掘进的爆破时，更容易发生炮烟中毒事故。例如，1975 年 11 月 30 日在江西某钨矿进行天井掘进的一次钻孔分段爆破试验研究时，最后一个分段高度为 10m 左右，装药300kg，炮响后急于观察爆破效果，不到 10min 有 3 人进入爆破现场，由于炮烟太浓什么也看不见只好退出，又等了一会之后第二次进入爆破现场，结果 3 个人相继因炮烟中毒而死亡。

为了杜绝炮烟中毒事故，必须严格遵守《爆破安全规程》（GB 6722—2014）的规定，井巷掘进爆破时，最后一炮响过之后至少要经过 15min 以后才能进入现场检查，检查人员认为合乎作业条件了，工人才能到现场作业。通风条件不好的天井（例如没有中心大孔的）和独头掘进工作面，等候排烟的时间还应该加长。许多有毒气体是无色、无味的，靠视觉、嗅觉很难判断，必要时应该用仪器测定 CO 和 NO 等有毒气体的含量。

7.3.5　其他爆破事故

除了上述的炸药早爆、自爆、迟爆、拒爆、燃烧和炮烟中毒等事故外，采掘过程中打残眼、避炮不当、看回头炮等不安全行为以及炸药加工、储存、运输和销毁过程中也可能引起爆破事故。

7.3.5.1　打残眼

在掘进爆破作业中有时会发生拒爆，在炮孔底部残留未爆炸的残药，往往不容易被发现。因此，在进行下一个循环的凿岩作业时，如果不注意钎头很容易滑入"残眼"中；也有个别凿岩工图省事，沿着"残眼"凿岩的情况。在凿岩机的猛烈冲击下孔内残药可能爆炸，造成人员伤亡。例如，1977 年 12 月辽宁某铅锌矿，在竖井掘进中，两名凿岩工打眼时，钎头滑入"残眼"内引起残药爆炸，两名凿岩工当即死亡。

打残眼、违章处理拒爆造成的伤亡事故在各类爆破事故中所占比例较大。《爆破安全规程》明文规定严禁打"残眼"。为了避免此类事故重复发生，一方面要严格检查和妥善处理拒爆，及时查出发生拒爆的原因立即采取有效措施；另一方面应该加强爆破安全规程的宣传教育和落实工作，在开始凿岩作业之前一定要指定专人进行全面细致的检查，按爆破时的装药孔数，查找是否有"残眼"，避免打"残眼"。

7.3.5.2 避炮不当

矿山爆破作业中曾发生由于避炮不当导致人员伤亡的事故。

无论是露天爆破或地下爆破，必须设置警戒，有明确的爆破信号，严防有人误入爆破危险区发生意外事故。人员避炮必须到安全距离以外。

平巷掘进爆破时，距爆破点 20m 的范围内不能作为避炮场所。在相距小于 20m 的两平行巷道中的一个巷道工作面需要爆破时，相邻工作面的人员必须撤至安全地点避炮。

天井掘进采用深孔分段装药爆破时，装药前必须在通往天井底部出入通道的安全地点派出警戒，以免有人误入爆破现场。放炮前应该认真检查，发出统一规定的放炮信号，确认底部无人时方准起爆。竖井、盲竖井、斜井、盲斜井的掘进爆破中，起爆时井筒内不得有人。

当两个相向掘进的巷道即将贯通时，如果一端爆破打穿岩石隔层则可能炸伤另一端作业的人员。《爆破安全规程》规定，当两个工作面相距 15m 时，地测人员应该事先下达通知，此后只准一个工作面向前推进，并在双方通向工作面的安全地点派出警戒，双方工作面的全体人员撤至安全地点后才准起爆。

7.3.5.3 看回头炮

看回头炮是放炮之后怀疑自己可能丢炮漏点，又回头去看，结果炸药爆炸造成了人身伤亡事故。例如，1984 年 6 月，某井下矿一位有近 20 年放炮经验的老爆破工，看回头炮当即被炸死亡。

7.3.5.4 炸药库爆炸

矿山炸药库是爆破器材比较集中的存储场所，并且一般都属于重大危险源，必须严格管理。

曾经发生的一些炸药库爆炸事故，几乎都与违章使用白炽灯有关。

例如，1970 年 6 月 3 日，辽宁某矿井+13m 中段临时炸药库曾发生一起恶性爆炸事故。库内存放 1700kg 二号岩石炸药、500 余发火雷管全部爆炸。爆炸后底板形成 0.6m 深的漏斗坑，顶板岩石局部冒落。由于空气冲击波的强烈作用，距离爆炸中心 15m 左右的风水管被炸成碎片，其余风水管、电缆全部落架，井口摇台、安全栏和信号装置全部被摧毁。变电硐室的工人和等候乘罐的人员，因受冲击波超压冲击全部死亡。下部中段作业人员因炮烟中毒造成伤亡。事故调查发现，炸药库内用 12 盏 1000W 灯泡防潮烘干和照明，有的灯泡直接与爆炸材料接触。更为严重的是在保管员坐的木箱内，放入大量加工好的雷管，上面也吊了一个大灯泡。

又如，1977 年 7 月，湖南某矿井下炸药库发生一起爆炸事故，库内存放 1500 发火雷管、3000m导火索和960kg二号岩石炸药，全部燃烧爆炸，造成人员严重伤亡。事故调查认为，炸药库内用三盏500W灯泡照明兼作防潮，因悬挂安装不牢灯泡摔破后落在散包的炸药上，炽热的钨丝直接加热、引燃炸药，燃烧的炸药又引爆火雷管，造成全部爆炸材料爆炸的严重事故。

《爆破安全规程》规定，爆破器材库内不应安装灯具，宜自然采光或在库外安设探照灯进行投射照明，灯具距库房的距离不应小于3m，以防止照明灯具引起爆炸器材意外爆炸。

7.3.5.5 违章销毁爆破器材

《爆破安全规程》对销毁爆破器材有明确规定，必须严格遵守，否则可能引起意外爆炸事故。

例如，1974年11月，江西某矿在尾矿坝销毁过期的火雷管时，没有按照《爆破安全规程》要求将待销毁的雷管包装埋入土中用电雷管起爆，而是把待销毁的雷管摆放在地上点燃导火索起爆。导火索弹回点燃了待销毁的雷管，发生意外爆炸事故，造成人员严重伤亡。1983年5月，辽宁某钢厂几名不懂炸药性能的干部带领工人销毁八桶黑火药时，用撬棍和铁锹等去开炸药桶，铁器撞击产生的火花引爆炸药桶，当场炸死多人、炸毁大卡车一辆。

7.4 爆破有害效应及其控制

在爆破工程中，炸药的能量除了一部分做有用功外，其余部分的能量所产生的效应是无用的，甚至是有害的。爆破的有害效应主要有爆破地震、空气冲击波、飞石、有毒气体、噪声等。爆破技术的关键是控制能量，将尽可能多的能量用于做有用功，减小爆破的有害效应。

7.4.1 爆破地震波

炸药在岩石中爆炸时所释放的能量中，有一小部分能量以弹性波的形式从爆源向周围介质传播形成爆破地震波。爆破地震波分为体积波和表面波两类。

体积波是在岩体内部传播的地震波，体积波包括纵波和横波两种。纵波质点振动方向与波的传播方向同向或反向，周期较短、波幅小，但是传播速度最快，在岩石中达3000～7000m/s；横波质点振动方向与波的传播方向垂直，周期较长、波幅较大，传播速度比纵波低，约为纵波的9/10。体积波中的纵波使岩石产生拉伸或压缩，横波在岩体中产生剪切作用，是爆破时造成岩石破裂的主要原因。

表面波只限于在地表传播，包括拉夫波和瑞利波。拉夫波的特点是质点仅在水平方向作剪切变形，这点与横波相似；瑞利波的特点是质点在垂直面上沿椭圆轨迹作后退式运动，周期较长、频率较低，传播速度比横波稍低，特别是衰减较慢，是造成地震破坏的主要原因。

爆破地震波常常会造成爆源附近的地面以及地面上的物体产生颠簸和摇晃；当爆破地震波达到一定强度时，可以造成爆破区周围建筑物破坏、露天矿边坡的滑坡以及地下巷道冒顶和片帮。减小爆破地震强度和确定爆破地震的安全距离是爆破安全的主要任务。

7.4.1.1 爆破地震波的特征参数

在研究爆破地震破坏效应时，一般考虑振动强度、频率和持续时间三个参数，其中振动强度和频率特性是决定破坏效应的主要因素。

振动强度常用质点振动加速度或质点振动速度来表示。振动强度与装药量、距爆源的距离等许多因素有关，往往用经验公式计算。目前应用较广的预测爆破振动速度 v 的公式为

$$v = K \left(\frac{\sqrt[3]{Q}}{R} \right)^{\alpha} \tag{7-1}$$

式中　R ——爆破源到测点的距离，m；

$\quad\quad Q$ ——同时爆破的炸药量，kg；

$\quad K, \alpha$ ——与岩石性质、爆破参数、起爆方法及装药结构有关的系数。

在同样强度的地震波作用下，天然地震可使结构物遭到严重破坏，而爆破地震波破坏性较小，这主要是由于爆破地震波频率低、持续时间短的缘故。爆破地震波持续时间一般随装药量的增大而增长，目前尚没有成熟的计算方法，可以通过实测积累数据，然后根据经验数据对比分析类似的爆破工程。

由于爆破地震产生的破坏作用非常复杂，影响因素很多，往往很难根据单一物理量来判断爆破地震的破坏作用。《爆破安全规程》将振动速度和振动频率定为判断爆破地震破坏的依据。

7.4.1.2 爆破地震安全距离

为了防止爆破地震造成破坏，爆破地点与被保护对象之间必须保持的最短距离称作爆破地震安全距离。它取决于被保护对象的安全振动速度和允许炸药量。安全振动速度是被保护对象受到 90% ~ 95% 该速度的爆破地震作用不产生任何破坏的振动速度峰值；允许炸药量是满足振动速度要求的炸药量。

爆破地震安全允许距离 R 可按式（7-2）计算：

$$R = \left(\frac{K_0 K}{v} \right)^{1/\alpha} Q^{1/3} \tag{7-2}$$

式中　R ——爆破地震安全距离，m；

$\quad\quad Q$ ——同时爆破的炸药量，kg；

$\quad\quad v$ ——建、构筑物的振动安全允许速度，cm/s，见表7-2；

$\quad K, \alpha$ ——与爆破点地形、地质等条件有关的系数和衰减速度系数，可按表7-3选取或由实验确定；

$\quad\quad K_0$——延时间隔影响系数，秒延时爆破时取 $K_0 = 1.0$，毫秒延时爆破时取 $K_0 = 1.4 ~ 1.6$。

表 7-2　爆破振动安全允许速度

序号	保护对象类别	安全允许质点振动速度/cm·s⁻¹		
		$f \leqslant 10\text{Hz}$	$10\text{Hz} < f \leqslant 50\text{Hz}$	$f \geqslant 50\text{Hz}$
1	土窑洞、土坯房、毛石房屋	0.15 ~ 0.45	0.45 ~ 0.9	0.9 ~ 1.5
2	一般民用建筑物	1.5 ~ 2.0	2.0 ~ 2.5	2.5 ~ 3.0

序号	保护对象类别		安全允许质点振动速度/cm·s⁻¹		
			$f \leqslant 10Hz$	$10Hz < f \leqslant 50Hz$	$f \geqslant 50Hz$
3	工业和商业建筑物		2.5~3.5	3.5~4.5	4.2~5.0
4	一般古建筑与古迹		0.1~0.2	0.2~0.3	0.3~0.5
5	运行中的水电站及发电厂中心控制室设备		0.5~0.6	0.6~0.7	0.7~0.9
6	水工隧洞		7~8	8~10	10~15
7	交通隧道		10~12	12~15	15~20
8	矿山巷道		15~18	18~25	20~30
9	永久性岩石高坡		5~9	8~12	10~15
10	新浇大体积混凝土（C20）	龄期　初凝~3 天	1.5~2.0	2.0~2.5	2.5~3.0
		龄期　3~7 天	3.0~4.0	4.0~5.0	5.0~7.0
		龄期　7~28 天	7.0~8.0	8.0~10.0	10.0~12.0

注：1. 表中质点振动速度为三个分量中的最大值，振动频率为主振频率；
　　2. 频率范围可现场实测或根据爆破作业选取：硐室爆破 $f < 20Hz$；露天深孔爆破 $f = 10 \sim 60Hz$；露天浅孔爆破 $f = 40 \sim 100Hz$；地下深孔爆破 $f = 30 \sim 100Hz$；地下浅孔爆破 $f = 60 \sim 300$ Hz。

表 7-3　爆破区不同岩性的 K、α 值

岩　性	K	α
坚硬岩石	50~150	1.3~1.5
中硬岩石	150~250	1.5~1.8
软岩石	250~350	1.8~2.0

7.4.1.3　减震措施

在爆破之前必须估计爆破地震效应，并采取有效措施来减小爆破地震危害。目前国内外应用较成熟的降低爆破震动方法主要有微差爆破、预裂爆破和掘防震沟、合理选取爆破参数和炸药单耗、间隔装药和选择爆破方式等。

（1）微差爆破。微差爆破是控制爆破地震危害的最有效手段。微差爆破时爆破地震频率高、衰减快，由于多段微差爆破减少了同时爆破的炸药量，可以大大降低地震效应。必要时还可采取逐孔起爆的方式。通过正确确定段数及最大一段的装药量，选用适宜的炸药及起爆顺序与延迟时间，可以把爆破地震效应控制在安全标准要求的水平以下，而又不影响总的爆破规模。

（2）预裂爆破和掘防震沟。爆破地震波由爆源向各个方向传播，为了减弱到达保护对象的地震波强度，可以人为地在爆源和保护对象之间创造阻波条件。

预裂爆破是在爆破区和保护对象之间钻一排或多排密集炮孔，装药量较小，只要爆破后能形成一条一定宽度的连续裂缝即可。在主爆破区爆破之前首先起爆预裂孔，形成预裂缝，然后起爆主爆破区。当主爆破区爆破时，主爆破区和保护对象之间已经存在裂缝，透射到保护对象一侧的地震波的强度大为减弱，从而使保护对象免受爆破地震破坏。

在被保护物朝向爆源的一方，运用地形地物采取掘沟方式隔断地震波，特别是表面波

的传播，是有效的防震保护措施。

（3）合理选取爆破参数和炸药单耗。减小炮孔超深，采用较小的抵抗线和排距，从而减小炮孔爆破的夹持作用，地震效应相应地会降低。炸药单耗——爆破 $1m^3$ 矿岩所消耗的炸药量，决定了爆破效应的强弱，炸药单耗越小爆破地震效应越弱，所以在满足爆破效果的前提下，应尽量减小炸药单耗。

（4）间隔装药。实践表明，采用间隔装药，不但可以改善爆破效果，降低大块率，同时可以减少单孔装药量，减弱地震效应。

（5）爆破方式。有研究表明，采用清碴爆破要比压碴爆破所产生的地震效应降低50%以上，因此，在必要时，可以采用清碴爆破的方式，达到减震的目的。

7.4.2 爆破冲击波

炸药在介质中爆炸，爆炸产物在瞬间高速膨胀急剧冲击和压缩周围的空气，在被压缩的空气中压力陡峻上升，形成以超声速传播的爆破冲击波。爆破冲击波具有比自由空气更高的压力——超压，常常会造成爆破区附近建筑物的破坏、人员器官的损伤和心理不良反应。

7.4.2.1 爆破冲击波超压

爆破冲击波由压缩相和稀疏相两部分组成，见图 7-5。在大多数情况下，冲击波的破坏作用是由压缩相引起的。当爆破冲击波在空气中传播时，随着距离的增加，高频成分的能量比低频成分的能量更快地衰减，爆破冲击波的波强逐渐降低变成噪声和亚声。这常常造成在远离爆炸中心的地方出现较多的低频能量，导致远离爆炸中心的建筑物发生破坏。

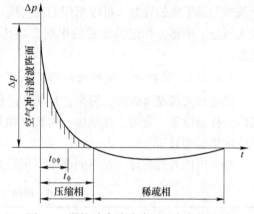

图 7-5　爆炸冲击波波阵面压力变化过程

爆破冲击波波阵面上的超压值 Δp 是决定压缩相破坏作用的特征参数：

$$\Delta p = p - p_0 \tag{7-3}$$

式中　p ——爆炸冲击波波阵面上的峰值压力，Pa；

　　　p_0 ——周围空气的初始压力，Pa。

炸药在岩石中爆炸时，爆破冲击波的强度取决于同时爆破的装药量、传播距离、起爆方法和填塞质量等因素。冲击波波峰压力的大小与装药量和传播距离间的关系可以用下式来表示：

$$p = H\left(\frac{Q^{1/3}}{R}\right)^{\beta} \tag{7-4}$$

式中　H ——与爆破现场条件有关的系数，主要取决于药包的填塞条件和起爆方法；

　　　β ——爆破冲击波的衰减指数，参考表 7-4 选取；

　　　Q ——装药量，齐发起爆时为总药量，延时起爆时为最大一段装药量，kg；

　　　R ——自爆破中心到测点的距离，m。

表 7-4   不同起爆方法的 H、β 值

爆破条件	H		β	
	毫秒起爆	即发起爆	毫秒起爆	即发起爆
炮孔爆破	1.43		1.55	
破碎大块时的炮眼装药		0.67		1.31
破碎大块时的裸露装药	10.7	1.35	1.81	1.18

7.4.2.2   爆破空气冲击波的测定

爆炸冲击波的测量仪器有电子测试仪和机械测试仪两大类。前者的测量精度较高、灵敏度较好；后者的结构简单、使用方便，但是测量精度较低。

一般地，电子测试仪由传感器、记录装置和信号放大器三部分组成。传感器是接收爆破冲击波信号的元件，它有压电式、电阻应变式和电容式三种。压电晶体式传感器是利用某些晶体（如石英钛酸钡、锆酸铅等）的压电效应，当某一面上受到爆破冲击波的压力作用时就会产生电荷，电荷量与压力成正比。这种效应是无惯性的过程，因此，能将冲击波的压力信号转换为电荷信号，并对外电路的电容充电，从而转换成电压信号。记录装置是把信号记录下来的装置，可以采用阴极射线示波器、记忆示波器或瞬态波形记录仪。信号放大器处于传感器和记录装置的中间，将传感器输出的信号放大，无遗漏地传输给记录装置。

7.4.2.3   爆破冲击波的破坏作用及其预防

当进行大规模爆破时，特别是在井下进行大规模爆破时，强烈的爆破冲击波在一定距离内会摧毁设备、管道、建筑物、构筑物和井巷中的支架等，有时还会造成人员的伤亡和采空区顶板的冒落。

根据国内外的统计，在不同超压下爆破冲击波造成不同建筑物破坏的情况列于表 7-5。

表 7-5   爆破冲击波的破坏等级

破坏等级		建筑物破坏程度	超压/MPa
7	完全破坏	砖木结构完全破坏，钢筋混凝土柱较大倾斜	>0.76
6	严重破坏	砖外墙、木屋盖部分倒塌，钢筋混凝土柱有倾斜	0.55~0.76
5	次严重破坏	木门、窗扇摧毁，砖外墙5cm以上裂缝、严重倾斜，顶棚塌落，砖内墙出现大裂缝	0.4~0.55
4	中等破坏	玻璃粉碎，木窗扇掉落、内倒，砖外墙5~50cm裂缝、明显倾斜，顶棚木龙骨部分破坏，砖内墙出现小裂缝	0.25~0.4
3	轻度破坏	玻璃大部分破碎，窗扇大量破坏，砖外墙5cm以下裂缝，瓦屋面大量移动，顶棚抹灰大量掉落	0.09~0.25
2	次轻度破坏	玻璃小部分破碎，窗扇少量破坏，瓦屋面少量移动，顶棚抹灰少量掉落	0.02~0.09
1	基本无破坏	玻璃偶然破坏	<0.02

人员承受爆破冲击波的允许超压为 0.02MPa，在不同超压下，人员遭受伤害的程度见表 7-6。

表 7-6　人员伤害等级

伤害等级	伤害程度	超压/MPa
轻　微	轻微的挫伤	0.02~0.03
中　等	听觉器官损伤，中等挫伤，骨折等	0.03~0.05
严　重	内脏严重挫伤，可引起死亡	0.05~0.10
极严重	可大部分死亡	>0.10

在露天矿的台阶爆破中，爆破冲击波容易衰减，波强较弱。它对人员的伤害主要表现在听觉损伤上。

在爆破设计和施工时，为了防止爆破冲击波对在掩体内避炮的作业人员的伤害，露天裸露爆破时其安全距离可按式（7-5）来确定：

$$R_k = 25\sqrt[3]{Q} \tag{7-5}$$

式中　R_k ——爆破冲击波最小安全距离，m；

　　　　Q ——一次爆破的炸药量（不得超过 20kg，秒延期起爆时按最大一段药量计算，齐发起爆时按总药量计），kg。

爆破冲击波的影响范围与地形因素有关，根据不同地形条件可适当增减爆破冲击波安全距离。例如，在狭谷地形爆破的场合，沿沟谷的纵深或沟谷的出口方向应增大 50%~100%；在山的一侧进行爆破时对山的另一侧影响较小，在有利的地形下可减少 30%~70%。

井下深孔爆破时，爆破冲击波危害范围的确定要比露天爆破复杂得多，不能采用上述公式计算安全距离。确定安全距离时应当考虑药包爆破时爆炸能量转化为爆破冲击波能量的百分比、爆破冲击波传播途中的条件（如巷道类型、巷道间连接的特征和巷道的阻力等）以及允许的超压峰值大小。在规模较大的爆破中必须通过现场的观测试验研究来确定。

在井下爆破时，除了爆破冲击波能伤害人员以外，随后的气流也会造成人员的伤亡。例如，当超压为 $(0.3~0.4) \times 10^5 Pa$、气流速度达 60~80m/s 时，人员将无法抵御。并且，气流中往往夹杂着碎石和木块等物体，更加重了对人体的伤害。

为了减少爆破冲击波的破坏作用，可以从两方面采取有效措施：一是防止产生强烈的爆破冲击波；二是利用各种条件来削弱已经产生了的爆破冲击波。

如果能尽量提高爆破时爆炸能量的利用率，减少形成爆破冲击波的能量，就能最大限度地降低爆破冲击波的强度。为此，应该合理确定爆破参数，避免采用过大的最小抵抗线，防止产生"冲天炮"；选择合理的微差起爆方案和微差间隔时间，保证岩石能充分松动，消除爆破夹制作用；保证炮孔填塞质量或采用反向起爆，防止高压气体从炮孔冲出等。

对露天矿爆破来说，除了采取上述措施之外还应该推广导爆管起爆或电雷管起爆，尽量不采用高能导爆索起爆。在破碎大块时尽量不要采用裸露药包爆破；合理规定放炮的时间，不要在早晨、傍晚或雾天放炮。

在井下爆破时为了削弱爆破冲击波的强度，在其传播的巷道中可以使用各种材料（如混凝土、木材、石块、金属、砂袋或充水的袋）砌筑成阻波墙或阻波排柱。图 7-6~图 7-8 分别为木阻波墙、混凝土阻波墙和木阻波排柱示意图。

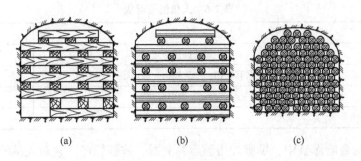

图 7-6　木阻波墙
（a）留有人行道的枕木缓冲型阻波墙；（b）圆木缓冲型阻波墙；（c）木垛阻波墙

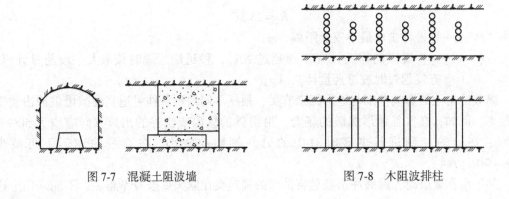

图 7-7　混凝土阻波墙　　　　　　图 7-8　木阻波排柱

7.4.3　飞石

7.4.3.1　飞石的危害及产生原因

飞石是指爆破时远离爆堆飞散很远的个别岩块。这些岩块散落范围广、落点具有随机性，可能威胁人员、设备、构筑物和建筑物安全。个别飞石的最大飞散距离主要取决于最小抵抗线、爆破作用指数，其他影响因素包括：

（1）岩石特性。由于岩体的不均质性，爆破时较弱岩石处的阻力小，易冲出形成飞石。

（2）地质因素及地形因素。例如，受断层、软弱夹层或溶洞等地质因素影响而造成爆破能分布不均；冲沟、凹面或多面临空地形会造成前排孔抵抗线变小而形成飞石。

（3）其他因素。例如，装药量过大、填塞长度不够或填塞质量不佳、多段微差爆破中起爆顺序不当或延迟时间太短等；二次爆破（指用爆破的方法破碎大块）易产生飞石。

飞石的飞散距离有一定的方向性，在岩石移动方向上飞石的飞散距离较大，侧面次之，背面则较小。

7.4.3.2　爆破飞石安全距离

为了防止爆破飞石造成人员伤害、设备、结构物和建筑物的损坏，《爆破安全规程》规定了在进行露天矿爆破时人员与爆破地点之间的最小安全距离，见表 7-7。

表 7-7 露天岩土爆破（抛掷爆破除外）时，个别飞石对人员的安全距离

爆破类型与方法	个别飞石最小安全距离/m
裸露药包爆破法破大块	400
浅孔爆破法破大块	300
浅孔台阶爆破	200（复杂地质条件下或未形成台阶工作面时不小于 300）
深孔台阶爆破	按设计，但不小于 200
硐室爆破	按设计，但不小于 300

设计中，个别飞石对人员的安全距离也可以参照式（7-6）估算：

$$R_F = 20Kn^2W \tag{7-6}$$

式中　R_F——安全距离，m；

　　　n——爆破作用指数；

　　　W——最小抵抗线，m；

　　　K——与地形、岩石移动方向、风向、岩石特性及地质条件有关的系数，沿抵抗线方向、顺风、下坡方向、硬脆岩石取较大值，反之取较小值，一般取 1~1.5。

针对设备或建筑物的爆破飞石安全距离，可按上式计算值减半考虑，但是应该采取有效的防护措施。

7.4.3.3 飞石防护措施

应该具体分析飞石与飞石事故发生的原因，根据实际情况采取各种防护措施。一般地，可以从以下几方面采取措施：

（1）严格执行爆破安全规程，爆破前将人员及可移动设备撤离到相应的飞石安全距离之外，对不可移动的建筑物及设施应该加保护措施。在安全距离以外设置封锁线及标志，防止人员及运输设备进入危险区。

（2）避免过量装药，如果炮孔穿过岩硐，应该采取回填措施并严格防止过量装药。

（3）选择合理的孔网参数，按设计要求保证穿孔质量。

（4）对于抵抗线不均匀、特别是具有凹面及软岩夹层的前排孔台阶面，要选择合适的装药量及装药结构。

（5）保证填塞长度及填塞质量。露天深孔爆破填塞长度应该大于最小抵抗线的 70%，同时要选用粗粒、有棱角、具有一定强度的岩石充填料。

（6）采用合理的起爆顺序和延迟时间。延迟时间的选择应该保证前段起爆后岩石已经开始移动，形成新的自由面后再起爆后段炮孔。延迟时间过短甚至跳段都会造成后段炮孔抵抗线过大，形成向上的爆破漏斗而产生飞石。

（7）二次爆破中尽量少用裸露爆破法。采用浅孔爆破法进行二次爆破时，应该保证孔深不能超过大块厚度的 2/3，以免装药过于接近大块表面而产生飞石。

（8）采用防护器材控制和减少飞石。防护器材可用钢丝绳、纤维带与废轮胎编结成网，再加尼龙、帆布垫构成，可以有效地控制飞石。

（9）设置避炮棚。

7.4.4　爆破噪声

爆破噪声是指炸药爆炸所产生的爆炸声。炸药爆炸时在爆源附近的空气中形成冲击波，随着传播距离的增加空气冲击波逐渐衰减为声波。此外，岩土中的应力波、地震波的高频部分通过地面传入空气中，其中 20 ~ 20000Hz 可闻部分也形成噪声；爆破时岩石破裂、运动、碰撞及撞击地面等均产生噪声。

爆破噪声主要是指爆破冲击波波谱中的可闻部分。爆炸噪声的一个显著特点是持续时间短，属于脉冲型的高噪声。可以采取下列措施降低爆破噪声：

（1）保证炮孔填塞长度及填塞质量，可以大大减小空气冲击波，进而降低爆破噪声；

（2）采用多排微差爆破，减少最大一段装药量，可以降低爆破噪声；

（3）采用导爆索起爆系统时，用细砂土覆盖地面导爆索网路可以减弱爆破噪声；

（4）在二次爆破中，用钻孔水封爆破代替裸露爆破可以降低爆破噪声；

（5）设置障碍及遮蔽物是降低爆破噪声的有效措施。

一般来说，爆破噪声为间歇性脉冲噪声，虽然声压级比较高但是作用时间很短，造成的危害不大。对于必须留在离爆破区较近的人员，可使用防声耳塞、耳罩及帽盔等听力保护器以减小爆破噪声对听力的影响。

7.5　爆破安全管理

7.5.1　爆破安全规程

矿山爆破作业必须严格遵守《爆破安全规程》（GB 6722—2014）中的有关规定。《爆破安全规程》详细地规定了进行各种爆破作业的各方面要求，其主要内容包括：

（1）爆破作业的基本规定。包括有关爆破工程分级管理、爆破企业与爆破作业人员、爆破设计、爆破安全评估、爆破工程安全监理、设计审批、爆破作业环境的规定、施工准备、爆破器材、起爆方法与起爆网路、装药、填塞、爆后检查、盲炮处理、爆破效应监测和爆破总结方面的规定。

（2）各类爆破作业的安全规定。包括有关露天爆破、硐室爆破、地下爆破、拆除爆破及城镇浅孔爆破、水下爆破、金属爆破与爆炸加工、地震勘探爆破、油气井爆破、钻孔雷爆和桩井爆破方面的规定。

（3）安全允许距离与环境影响评价。包括一般规定以及爆破振动安全允许距离、爆破冲击波安全允许距离、个别飞散物安全允许距离、爆破器材库的安全允许距离、爆破器材库的内部安全允许距离、外部电源与电爆网路的安全允许距离、爆破对环境有害影响的控制方面的规定。

（4）爆破器材的安全管理。包括一般规定以及有关爆破器材的购买、爆破器材的运输、爆破器材的贮存、爆破器材的检验和炸药的再加工方面的规定。

7.5.2　爆破作业的基本规定

7.5.2.1　重要爆破工程分级管理

《爆破安全规程》根据工程类别、一次爆破总药量、爆破环境复杂程度和爆破物特征，将爆破工程分为 A、B、C、D 四级（见表7-8），按各级别的相应规定进行设计、施工和审批。

表7-8　爆破工程分级

作业范围	分级计量标准	级　别			
		A	B	C	D
岩石爆破	一次爆破炸药量 Q/t	$100 \leqslant Q$	$10 \leqslant Q < 100$	$0.5 \leqslant Q < 10$	$Q < 0.5$
拆除爆破	高度 H/m	$50 \leqslant H$	$30 \leqslant H < 50$	$20 \leqslant H < 30$	$H < 20$
	一次爆破总药量 Q/t	$0.5 \leqslant Q$	$0.2 \leqslant Q < 0.5$	$0.05 \leqslant Q < 0.2$	$Q < 0.05$
特种爆破	单张复合板使用炸药量 Q/t	$0.4 \leqslant Q$	$0.2 \leqslant Q < 0.4$	$Q < 0.2$	

注：1. 表中岩石爆破炸药量 Q 对应露天爆破深孔爆破，其他岩土爆破要乘以药量系数：地下爆破0.5；复杂环境深孔爆破0.25；露天硐室爆破5.0；地下硐室爆破2.0；水下钻孔爆破0.1；水下炸礁及清淤、挤淤爆破0.2。

2. 表中高度 H 对应楼房、厂房及水塔的拆除爆破，烟囱和冷却塔拆除爆破要乘以高度系数2和1.5。

3. 拆除爆破按次爆破总药量进行分级的工程包括：桥梁、支撑、基础、地坪和单体等；城镇浅孔爆破也按此标准分级；围堰拆除爆破的药量系数为20。

7.5.2.2　爆破企业与爆破作业人员

承担爆破设计的单位应该持有有关部门核发的《爆破设计证书》，是经工商部门注册的企业（事业）法人单位，其经营范围包括爆破设计，有符合规定数目、级别、作业范围的持有《爆破工程技术人员安全作业证》的技术人员和有固定的设计场所。

表7-9列出了承担各级爆破设计的单位应该具备的条件。表7-10列出了承担各级爆破施工的单位应该具备的条件。

表7-9　承担各级爆破设计单位的条件

工程等级	设 计 单 位 条 件	
	人　员	业　绩
A	高级爆破技术人员不少于2人，其中1人持有同类 A 级证	同类一项 A 级或两项 B 级成功设计
B	高级爆破技术人员不少于1人，持同类 B 级证者不少于1人	同类一项 B 级或两项 C 级成功设计
C	中级爆破技术人员不少于2人，其中1人持有同类 C 级证	同类一项 C 级或两项 D 级成功设计
D	中级爆破技术人员不少于1人，持同类 D 级证者不少于1人	同类一项 D 级或两项一般爆破成功设计

表 7-10　承担各级爆破工程施工单位的条件

工程等级	施工单位条件	
	人　员	业　绩
A	高级爆破技术人员不少于 1 人，有同类 B 级证者不少于 1 人	有 B 级以上（含 B 级）同类工程施工经验
B	高级爆破技术人员不少于 1 人，同类 C 级证者不少于 1 人	有 C 级以上（含 C 级）同类工程施工经验
C	中级爆破技术人员不少于 1 人，有同类证者不少于 1 人	有 D 级以上（含 D 级）同类工程施工经验
D	中级爆破技术人员不少于 1 人	有一般爆破施工经验

7.5.2.3　爆破安全评估

实施 A、B、C、D 级爆破前都应该进行安全评估，未经过安全评估的爆破设计任何单位不准审批或实施。安全评估的内容包括：设计和施工单位的资质是否符合规定，设计依据资料的完整性和可靠性，设计方法和设计参数选择的合理性，起爆网路的准爆性，设计选择方案的可行性，存在的有害效应及可能影响范围，保证工程环境安全措施的可靠性，以及可能发生事故的预防对策和抢救措施是否适当。

7.5.2.4　爆破作业环境的规定

爆破作业点有下列情形之一时，禁止进行爆破作业：

（1）岩体有冒顶或边坡滑落危险；

（2）爆破会造成巷道涌水，堤坝漏水，河床阻塞，泉水变迁；

（3）爆破可能危及建（构）筑物、公共设施或人员的安全，而无有效防护措施；

（4）硐室、炮孔温度异常；

（5）通道不安全或阻塞，支护规格与支护说明书的规定有较大出入或工作面支护损坏；

（6）距工作面 20m 内的风流中瓦斯含量达到或超过 1%，或有瓦斯突出征兆；

（7）危险区边界上未设警戒；

（8）光线不足、无照明或照明不符合规定；

（9）未严格按本规程要求做好准备工作。

露天、水下爆破装药前，应该与当地气象站、水文台（站）联系，及时掌握气象、水文资料，遇到以下特殊恶劣气候、水文情况时，应该停止爆破作业：

（1）热带风暴或台风即将来临时；

（2）雷电、暴雨雪来临时，所有人员立即撤到安全地点；

（3）大雾天气，能见度不超过 100m 时；

（4）风力超过六级，浪高大于 0.8m 时，不应进行水下装药爆破作业。

7.5.2.5　起爆方法

（1）下列情况严禁采用导火索起爆：

1）硐室爆破、城市浅孔爆破和拆除爆破、深孔爆破和水下爆破；

2）竖井、倾角大于 30° 的斜井和天井工作面的爆破；

3) 有瓦斯和粉尘爆破危险工作面的爆破；

4) 借助于长梯子、绳索和台架才能点火的工作面。

（2）在有瓦斯和粉尘爆炸危险的环境中爆破，严禁使用普通导爆管和普通导爆索起爆。

（3）城市浅孔爆破的拆除爆破不应使用孔外导爆索起爆。

（4）在杂散电流大于 30mA 的工作面，或高压线射频电源安全距离之内，或雷雨天时，不应该采用普通电雷管起爆。

7.5.2.6 装药工作规定

为了防止装药过程中发生意外爆炸，装药时应该遵守下列规定：

（1）装药前对炮孔进行清理和验收；

（2）大爆破装药量应该根据实测资料校核修正；

（3）使用木质或竹质炮棍装药；

（4）装起爆药包、起爆药柱和硝化甘油炸药时，严禁投掷或冲击；

（5）深孔装药出现堵塞时，在未装入雷管起爆药柱等敏感爆破器材时，应采用铜或木制长杆处理；

（6）距爆破器材 50m 范围内禁止烟火；

（7）爆破装药现场不准用明火照明；

（8）禁止使用冻结的或解冻不完全的硝化甘油炸药；

（9）预装药时间不宜超过 7 天。

7.5.2.7 填塞规定

（1）硐室、深孔、浅孔、药壶、蛇穴装药后都应进行堵塞，不得使用无填塞爆破（扩壶爆破除外）；

（2）不应该使用石块和易燃材料填塞炮孔；

（3）不得破坏起爆网路；

（4）不应该捣固直接接触药包的填塞材料或用填塞材料冲击起爆药包；

（5）水平孔和上向孔堵塞时，不准在起爆药包或起爆药柱后面直接填入木楔；

（6）发现有填塞物卡孔应该及时处理（可用非金属杆或高压风），若处理失败无法保证爆破安全时，应作报废处理。

7.5.2.8 警戒与信号

（1）装药警戒区范围，由爆破工作领导人确定，装药时应在警戒区边界设置标志并派出岗哨。

（2）爆破警戒范围由设计确定。

（3）执行警戒任务人员，应按指令到达指定地点，坚守工作岗位。

（4）爆破前必须同时发出音响和视觉信号，使危险区内的人员都能清楚地听到和看到。一般地，爆破作业过程中应该发出三次信号。

第一次信号为预警信号，该信号发出后警戒范围内开始清场工作。

第二次信号为起爆信号，准许负责起爆人员起爆。起爆信号应在确认人员、设备等全部撤离危险区，所有警戒人员到位，具备安全起爆条件时发出。

第三次信号为解除警戒信号，安全等待时间过后，检查人员进入警戒范围检查确认安全，方可发出解除警戒信号，在此之前，岗哨不准离岗，非检查人员不准进入警戒范围。

7.5.2.9　爆破后的检查与处理

爆破之后，露天浅孔爆破不少于 5min，露天深孔、药壶蛇穴及地下爆破不少于 15min（经过通风吹散炮烟后），才允许检查人员进入爆破区。爆破后安全检查的内容包括：

（1）确认有无盲炮。

（2）露天爆破爆堆是否稳定，有无危坡、危石。

（3）地下爆破有无冒顶、危岩、支护破坏，炮烟是否排除。

如果发现有盲炮或其他险情，应及时上报或处理；处理前应该在现场设立危险标志，并采取相应的安全措施，无关人员不得接近。只有确认爆破地点安全后，经当班爆破班长同意方准人员进入；每次爆破后，爆破员应该认真填写爆破记录。

7.5.2.10　盲炮处理

炸药拒爆而出现盲炮时，应该遵守有关规定谨慎处理。

（1）发现或怀疑有盲炮时，应立即报告上级处理。若不能及时处理，应在附近设明显标志，并采取相应的安全措施。

（2）遇到难处理的盲炮时，应该请示领导派有经验的爆破员处理，大爆破的盲炮处理方法和工作组织，应由单位总工程师批准。

（3）处理盲炮时无关人员不准在场，应该在危险区边界设置警戒，危险区内禁止进行其他作业。

（4）禁止拉出或掏出起爆药包。

（5）电力起爆发生盲炮时，必须立即切断电源，及时将爆破网路短路。

（6）盲炮处理后应该仔细检查爆堆，将残余的爆破器材收集起来，未判明爆堆有无残留的爆破器材前应该采取防范措施。

（7）导爆索和导爆管网路发生盲炮时，应该首先检查导爆管是否有破损或断裂，如果有破损或断裂，则应该修复后重新起爆。

（8）每次处理盲炮必须由处理者填写登记卡片或提交报告，说明盲炮原因、处理的方法和结果。

7.5.3　爆破作业分类规定

7.5.3.1　露天爆破

关于露天爆破的规定有：

（1）在爆破危险区内有两个以上的单位（作业组）同时进行爆破作业时，应由总发包组织各施工单位成立统一的爆破指挥部，统一指挥放炮。各施工单位应建立起爆掩体，并采用远距离引爆法起爆爆破网路。

（2）同一区段的二次爆破，应采用一次点火或远距离起爆。

（3）松软土岩或砂矿床爆破后，应该在爆破区设置明显标志，并对空穴、陷坑进行安全检查，确认无塌陷危险后，方准恢复作业。

（4）露天爆破需设人工掩体时，掩体应设在冲击波范围之外，其结构应坚固严密，位置和方向应能防止飞石和炮烟的危害；通达人工掩体的道路，不得有任何障碍。

7.5.3.2 硐室爆破

A 硐室爆破安全评估

硐室爆破安全评估除了评估爆破作业基本规定的内容之外，还应当包括以下内容：

（1）爆破对周围边坡、滑坡体及软弱带的影响以及滚石；

（2）爆破对水文地质、溶洞、采空区的影响；

（3）在狭窄沟谷进行硐室爆破时炮烟距离的加大，及可能产生的安全问题；

（4）大量爆堆本身的稳定性；

（5）地下爆破在地表可能形成的塌陷区；

（6）垫层爆破大量气体窜入地下采矿场带来的安全问题；

（7）大量爆堆入水可能造成的环境和安全问题。

B 小井和掘进

硐室爆破平硐设计开挖断面不宜小于 $1.5 \times 1.8 m^2$，设计中应该考虑自流排水；小井设计断面不宜小于 $1 m^2$，井下药室中的地下水应该沿横巷自流到井底的积水坑内。

在掘进施工中，应该遵守以下规定：

（1）导硐及小井掘进进深在 5m 以内的场合，应该根据设计确定爆破时人员撤离的安全允许距离。

（2）小井掘进超过 3m 后，应该采用电力起爆或导爆管起爆，在爆破前设专人看守井口。

（3）每次放炮后，应该待炮烟和有毒气体排出后才准进入工作面；爆破后再进入工作面的最短等待时间不得少于 15min。小井深度大于 7m、平硐掘进超过 20m 时，应该采用机械通风。无论放炮后时隔多久，在工作人员下井以前均应该检测井底有毒气体的浓度，只有当有毒气体浓度不超过允许值时才允许工作人员下到井底。

（4）掘进时若采用电灯照明，其电压不应超过 36V。

（5）掘进工程通过岩石破碎带时应该加强支护；每次爆破后均应该检查支护是否完好，清除井口或井壁的浮石，掘进平硐时应该检查、清除顶板、两帮及工作面的浮石。

（6）掘进工程中地下水量过大时，应该设有临时排水设备。

（7）小井深度大于 5m 时，工作人员不准使用绳梯上下，宜采用有制动装置的辘轳或其他可靠的升降设施。

硐室爆破使用的炸药、雷管、导爆索、导爆管、连接头、电线、起爆器、测量仪表等，均应该经过现场检验合格。

7.5.3.3 地下爆破

地下爆破的一般规定有：

（1）地下爆破可能引起地面陷落和山坡滚石时，应该在通往陷落区和滚石区的道路上设置警戒，树立醒目的标志，防止人员误入。

（2）工作面的空顶距离超过设计（或作业规程）规定的数值时，不应该爆破。

（3）电力起爆时，爆破主线、区域线和连接线不得与金属管物等接触，不得靠近电缆、电线和信号线。

（4）不得在距离井下炸药库 30m 以内的区域爆破。在离炸药库 30~100m 区域内进行爆破时，任何人不得停留在炸药库内。

（5）应该在警戒区设立警戒标志。应该采用适于井下的音响信号发布"预警"、"起爆"或"解除"警报，并明确规定和公布各种信号表示的意义。

（6）爆破后应该进行充分通风，保持地下爆破作业场所通风良好。

井巷掘进爆破的规定有：

（1）用爆破法贯通巷道时，应该有准确的测量图，并且每班都要在图上标明进度。当两工作面相距 15m 时，测量人员应事先下达通知，此后只准从一个工作面向前掘进，并应该在双方通向工作面的安全地点派出警戒，待双方作业人员全部撤至安全地点后才准许起爆。

天井掘进到上部贯通处附近时，不应采取从上向下的座炮贯通法；如果最后一炮仍未贯通，在下面打眼爆破不安全，必须在上面座炮处理时，应该采取可靠的安全措施。

（2）间距小于 20m 的两个平行巷道中的一个巷道工作面需进行爆破时，应该通知相邻巷道工作面的作业人员撤到安全地点。

（3）独头巷道掘进工作面爆破时，应该保持工作面与新鲜风流巷道之间畅通；爆破后作业人员进入工作面之前，应该进行充分通风，并用水喷洒爆堆。

（4）天井掘进采用大直径深孔分段装药爆破时，装药前应该在通往天井底部出入通道的安全地点派出警戒，确认底部无人时方准许起爆。

（5）竖井、盲竖井、斜井、盲斜井或天井的掘进爆破中，起爆时井筒内不应该有人；井筒内的施工提升悬吊设备，应该提升到施工组织设计规定的爆破危险区范围之外。

（6）在井筒内运送起爆药包时，应该把起爆药包放在专用木箱或提包内；不应该使用底卸式吊桶；不应该同时运送起爆药包与炸药。

（7）爆破人员从炸药库背运爆破器材到掘进工作面，应该把雷管放在特制的背袋或木箱内，与炸药隔离开。

（8）往井筒掘进工作面运送爆破器材时，除爆破员和信号工外，任何人不应该留在井筒内；井筒掘进使用电力起爆时，应该使用绝缘的柔性电线作爆破导线；电爆网路的所有接头都应该用绝缘胶布严密包裹并高出水面；井筒掘进起爆时，应该打开所有的井盖门，与爆破作业无关的人员应撤离井口；井筒掘进爆破使用硝化甘油类炸药时，所有炮孔位置应该与前一批炮孔位置相互错开。

（9）在复杂地质条件、河流、湖泊或水库下面掘进巷道或隧道时，应该按专项设计进行爆破。

复习思考题

7-1　何谓炸药的敏感度，矿用炸药敏感度有几种，它们在爆破安全中有何意义？

7-2　何谓殉爆，殉爆距离在爆破安全中有何意义？

7-3　何谓炸药的氧平衡，在爆破安全中有何意义？

7-4　电雷管的基本特性参数有哪些，这些参数对爆破安全有何意义？

7-5　常见矿山爆破事故有哪些，每种事故发生的主要原因有哪些，如何预防？

7-6 爆破的有害效应有哪些，如何采取措施控制？

7-7 爆破作业点出现什么情形时，禁止进行爆破作业？

7-8 什么情况下严禁采用导火索起爆，什么情况下不应该采用普通电雷管起爆？

7-9 如何确定爆破安全距离？

7-10 《爆破安全规程》主要在哪些方面做了规定，在井巷掘进爆破方面有哪些规定？

8 压力容器安全

8.1 压力容器概述

8.1.1 压力容器

压力容器，从广义上讲应该包括所有盛装气体或液体、承受一定压力载荷的容器。矿山生产中使用的压力容器有固定式压力容器、移动式压力容器和气瓶。一般地，压力容器发生爆炸事故时，造成后果的严重程度取决于压力容器的工作介质、工作压力和容器的容积。我国《特种设备安全监察条例》规定，同时符合下述三个条件的固定式压力容器或移动式压力容器属于安全监察范围：

(1) 最高工作压力 $p \geqslant 0.1\mathrm{MPa}$（不包括液体静压力，下同）；

(2) 压力与容积的乘积 $pV \geqslant 2.5\mathrm{MPa \cdot L}$；

(3) 工作介质为气体、液化气体和最高工作温度不小于标准沸点（指在 $1.013 \times 10^5\mathrm{Pa}$ 压力下的沸点）的液体。

《特种设备安全监察条例》还规定符合下述三个条件的气瓶属于安全监察范围：

(1) 工作压力 $p \geqslant 0.2\mathrm{MPa}$（表压）；

(2) 压力与容积的乘积 $pV \geqslant 1.0\mathrm{MPa \cdot L}$；

(3) 工作介质为气体、液化气体和标准沸点等于或者低于 $60^\circ\mathrm{C}$ 的液体；

压力容器里的压力可能来自容器外部，也可能产生于容器的内部。一般来说，气体压缩机和蒸汽锅炉是压力容器的外部压力源。例如，矿山常用的活塞式、螺杆式等容积型空气压缩机通过缩小气体体积、增加气体密度来提高气体压力。容器内部产生的压力，可以是由于介质的聚集状态发生变化，或者介质在容器内受热而温度急剧升高，或者是介质在容器内发生使体积增大的化学反应。

压力容器的种类很多，人们从不同的角度对压力容器分类。例如，在设计计算时，根据容器壁厚与内径之比，把压力容器分为薄壁容器和厚壁容器。按照压力容器的承载方式，有内压容器和外压容器之分。常见的矿山压力容器都是内压容器。按压力容器的制造工艺不同，有铆接容器、焊接容器、铸造容器和锻造容器，其中以焊接容器最为常见。根据压力容器的外形，分为球形容器、圆柱形容器、锥形容器和组合容器。

从安全的角度，按容器所承受压力的大小把压力容器分为如下四类：

(1) 低压容器，设计压力 $0.1 \leqslant p < 1.6\mathrm{MPa}$；

(2) 中压容器，设计压力 $1.6 \leqslant p < 10\mathrm{MPa}$；

(3) 高压容器，设计压力 $10 \leqslant p < 100\mathrm{MPa}$；

(4) 超高压容器，设计压力 $p \geqslant 100\mathrm{MPa}$。

显然，容器承受的压力越高，其危险性越大。

为了便于安全管理和监察，根据压力容器承受压力的高低、工作介质的危险程度和在生产中的重要性，把压力容器划分为三类：

（1）属于下列情况之一者为一类容器：非易燃或无毒介质的低压容器；易燃或有毒介质的低压分离器和换热器。

（2）属于下列情况之一者为二类容器：中压容器；毒性为极度和高度危害介质的低压容器；易燃或毒性为中度危害介质的反应容器和低压储存容器；低压管壳式余热锅炉；低压搪玻璃压力容器。

（3）属于下列情况之一者为三类容器：高压容器；毒性为极度和高度危害介质的中压容器；易燃或毒性为中度危害介质且 $pV \geqslant 10\text{MPa} \cdot \text{m}^3$ 的中压贮运容器；易燃或毒性为中度危害介质且 $pV \geqslant 0.5\text{MPa} \cdot \text{m}^3$ 的中压反应容器；毒性为极度和高度危害介质且 $pV \geqslant 0.2\text{MPa} \cdot \text{m}^3$ 的低压容器；高压、中压管壳式余热锅炉；中压搪玻璃压力容器；各种移动式压力容器；容积 $V \geqslant 50\text{m}^3$ 的球形储罐；容积 $V > 5\text{m}^3$ 的低温液体储存容器。

压力容器是在矿山生产中得到广泛应用的设备。例如，压缩空气是采掘生产中常用的动力源，带动凿岩机械、装运机械、装药机械等运转。压缩空气来源于空气压缩机，而空气压缩机的辅助设备，如气体冷却器、油水分离器和储气罐等都是压力容器。又如，矿山生产中要利用氧气、氮气、乙炔气等气体。盛装这些气体的气瓶、储气罐等也是压力容器。所以，学习压力容器的有关知识，正确地设计制造、选择、使用和管理压力容器，对保证矿山安全生产十分重要。

8.1.2 压力容器的基本结构

压力容器的最基本结构是一个密闭壳体，其形状多为球形或圆筒形。根据受力壳体的应力情况，它的最适宜的形状是球形。并且，当容积一定时，球体表面积最小，约较同容积的圆筒形壳体小 10% ~ 30%，可以节省许多材料。但是，球形容器制造工艺复杂，制造成本高，一般仅用作大型气体贮罐。矿山应用的压力容器以圆筒形容器为多。图 8-1 为典型的低压圆筒形压力容器。

圆筒形容器由一个圆形的筒体和两端的封头（或端盖）组成。低压容器的筒体为薄壁圆筒体，一般都采用焊接结构，即用钢板卷成圆形后焊接而成。凸形封头是圆筒形容器广泛采用的封头形式。凸形封头有半球形、椭圆形、碟形等形状（见图 8-2）。其中，椭圆形封头应用最多。它由半椭球体和圆筒体两部分组成。半椭球体的纵剖面是半条椭圆形曲线，标准椭圆形封头的椭圆长短轴之比为 2:1。

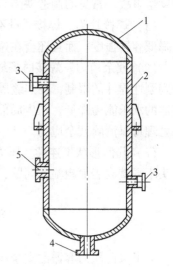

图 8-1 低压圆筒形压力容器
1—封头；2—圆筒体；3—接管；
4—排泄管；5—人孔

压力容器的结构是否合理，对容器的安全性有重大影响，不合理的结构会使容器局部产生过高的应力而破坏。为了减少局部应力，压力容器的结构应该符合如下基本要求：

（1）承压壳体的结构形状应该连续和圆滑过渡，避免因几何形状的突变或结构上的不连续产生较高的应力。

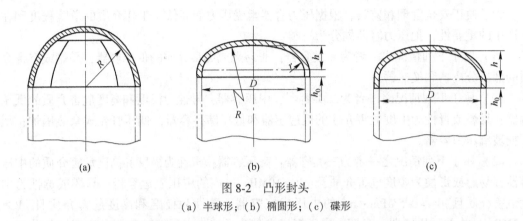

图 8-2　凸形封头

（a）半球形；（b）椭圆形；（c）碟形

（2）把器壁开孔、焊缝或转角等产生应力集中或降低部件强度的结构相互错开，防止局部应力叠加。

（3）避免采用刚性大的结构。刚性结构使焊接时的自由胀缩受到约束，产生较大的焊接内应力，也会限制承压壳体受压力或温度变化引起的伸缩变形，产生附加弯曲应力或正应力。

除了正确的设计之外，压力容器的加工制造质量也是影响容器安全的重要因素。由焊接等工艺特点决定，压力容器在制造过程中经常会出现各种缺陷，导致压力容器运行过程中发生事故。常见的制造缺陷有焊接缺陷、残余应力和几何形状不连续等问题。

（1）焊接缺陷。焊接质量不好，如没焊透、气孔、夹渣、焊缝咬边和焊缝裂纹等，不仅降低容器强度，而且还会在这些缺陷周围产生较大的局部应力，使容器易于产生裂纹。

（2）残余应力。焊接时焊缝内的金属呈熔融状态，当焊缝冷却时，焊缝内的金属收缩受到刚性焊件的限制，在焊缝周围产生拉应力，称为焊接残余应力。较大的残余应力会使容器的承压能力降低，产生局部裂纹，并且能加剧应力腐蚀破坏及疲劳破坏。经过适当的热处理可以消除残余应力。

（3）几何形状不连续。压力容器的壳体的几何形状，如椭圆度等，不符合要求，焊缝接头不平整或表面粗糙等问题，会造成局部应力集中和应力腐蚀，最终导致容器破坏。

8.2　压力容器的设计

为了保证压力容器的安全运行，压力容器的设计和制造必须严格按照《压力容器安全技术监察规程》（国家质量技术监督局［1999］154 号）和有关压力容器技术规范、标准进行。下面以矿山常见的圆筒形薄壁容器为例，介绍压力容器的设计计算。

8.2.1　圆筒形薄壁容器的应力分析

压力容器在工作过程中承受许多种载荷，这些载荷产生许多种应力。例如，容器内部的压力引起的应力，由容器本身、附属设备、介质等的重力引起的应力，由于焊接或局部受热引起的残余应力，由于温度变化引起的温度应力，其他临时载荷（如风、地震等）引起的应力等。在设计计算时，仅考虑其中主要的应力，同时在结构上采取措施，消除或降低那些次要的应力。

　　圆筒形薄壁容器的主体部分为圆筒形壳体，称之为"薄壁圆筒"，如图8-3所示。

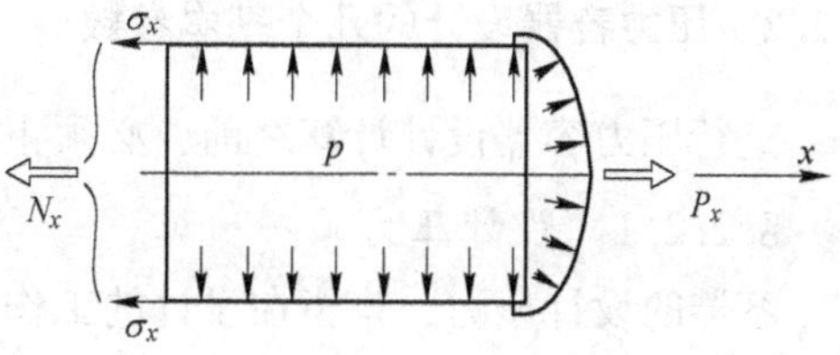

　　薄壁圆筒在内压力 p 的作用下，筒壁上的任一点产生两个方向的应力，即沿圆筒轴向的轴向应力 σ_x 和沿圆周切向的环向应力 σ_θ。

图 8-3　薄壁圆筒的轴向应力计算

8.2.1.1　轴向应力分析

　　用垂直于圆筒轴线的假想截面将圆筒截为两部分，考察其中的一部分的力平衡条件（见图8-3）。在 x 方向的力平衡条件是

$$p \cdot \frac{\pi D^2}{4} - \sigma_x \pi D t = 0$$

式中　D——圆筒的平均直径；

　　　t——圆筒壁厚。

　　于是，轴向应力 σ_x 为

$$\sigma_x = \frac{pD}{4t} \tag{8-1}$$

8.2.1.2　环向应力分析

　　假设圆筒长为 L，且沿长度方向上环向应力均匀分布。用沿圆筒轴向过直径的假想截面把圆筒分为两部分，考察其中一部分的力平衡条件（见图8-4）。由 y 方向的力平衡条件：

$$\int_0^\pi p \frac{D}{2} L \sin\theta = 2\sigma_\theta L t$$

得到

$$\sigma_\theta = \frac{pD}{2t} \tag{8-2}$$

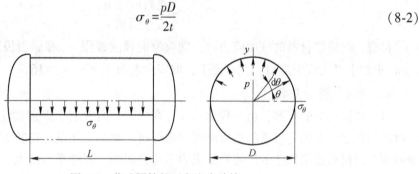

图 8-4　薄壁圆筒的环向应力计算

　　比较式（8-1）和式（8-2）可以看出，薄壁圆筒承受内压时，其环向应力是轴向应力的2倍。因此，筒体的纵焊缝较环焊缝受力大得多，在制造和检验方面都有特殊的要求。另外，如果需要在筒体上开孔，应该尽量开成其短轴平行于筒体轴线的椭圆形孔。

　　类似地，可以求得封头顶部的应力为

$$\sigma_x = \sigma_\theta = \frac{pDS}{4t} \tag{8-3}$$

式中，S——封头形状系数。对于半球形状封头，$S=1$；对于标准椭球形封头，$S=2$。

8.2.2　压力容器设计的几个基本参数

进行压力容器设计计算之前，必须正确地选择下述的重要参数。

8.2.2.1　设计压力

容器的设计压力，是指在设计的工作温度一定时，用以确定壳壁计算厚度及其他零部件尺寸的压力。一般情况下，取压力容器的最高工作压力作为设计压力。这是因为，压力容器运行时不得超过最高工作压力，安全装置的调整也以最高工作压力为准。

在容器带有安全泄压装置的场合，设计压力往往略高于最高工作压力，以避免安全泄放装置做不必要的泄放。在使用安全阀的场合，取最高工作压力的 1.05~1.15 倍作为设计压力；在使用爆破片的场合，取最高工作压力的 1.25~1.5 倍。

当容器内的介质为液体时，如果液体的静压力超过最高工作压力的 5% 时，则设计压力为最高工作压力与液体静压力之和。

对于盛装液化气体的压力容器，选取与最高工作温度相应的饱和蒸汽压力为设计压力。

8.2.2.2　设计温度

设计温度是指容器在正常工作过程中，在相应的设计压力下，壳体或金属元件可能达到的最高温度或最低温度。容器在设计温度不超过 20℃ 时，属于低温容器；容器在设计温度高于 45℃ 时，属于高温容器。

8.2.2.3　许用应力

材料的许用应力 $[\sigma]$ 是以材料的极限应力 σ 为基础，并选用合理的安全系数得到的。即

$$[\sigma] = \frac{极限应力\ \sigma}{安全系数\ n}$$

目前，在确定材料的许用应力时，同时考虑强度极限 σ_b 和屈服极限 σ_s，取 σ_b/n_b 和 σ_s/n_s 中较小者为许用应力。在常温下，取安全系数 $n_b = 3$，$n_s = 16$。

8.2.2.4　焊缝系数

对于焊接制造的容器，由于焊缝可能存在缺陷，或者由于焊接过程的热作用，可能削弱材料的强度，在确定容器的壁厚时要考虑焊缝的影响。在设计计算时，用数值上等于焊缝强度与原材料强度比值的焊缝系数来表示这种影响。焊缝系数的大小取决于焊缝的焊接方式和无损探伤情况（见表 8-1）。

表 8-1　焊缝系数

焊缝结构	焊 缝 系 数		
	完全无损探伤	局部无损探伤	不作无损探伤
双面对接焊缝	1	0.85	0.7
带垫板的单面对接焊缝	0.9	0.8	0.65
无垫板的单面对接焊缝	1	0.6	0.6

8.2.2.5 壁厚附加量

为了补偿钢板的负偏差、加工引起的减薄及腐蚀造成的减薄，设计计算时要考虑壁厚附加量。

8.2.3 圆筒形薄壁容器壁厚设计

8.2.3.1 筒体壁厚计算

由薄壁圆筒应力分析知道，圆筒形容器的最大主应力是环向应力 σ_θ。于是，根据式(8-2)，应该有

$$\sigma_\theta = \frac{pD}{2t} \le [\sigma]$$

用内径 D_i 取代平均直径 D：

$$D_i = D - t$$

再考虑焊缝系数和壁厚附加量，得到计算圆筒壁厚的公式为

$$t = \frac{pD_i}{2[\sigma]\varphi - p} + c \qquad (8-4)$$

式中　φ——焊缝系数；

　　　c——壁厚附加量，mm；

其余符号意义同前。

如果已知圆筒体尺寸，则可按式(8-5)进行强度校核：

$$\frac{p[D_i + (t-c)]}{2(t-c)} \le [\sigma]\varphi \qquad (8-5)$$

按式(8-6)校核压力容器的最高使用压力：

$$p = \frac{2[\sigma]\varphi(t-c)}{D_i + (t-c)} \qquad (8-6)$$

8.2.3.2 封头壁厚计算

我国现行的压力容器椭圆形封头采用 JB1154—73 标准。在如图 8-5 所示的椭圆形封头中：

$$\frac{a}{b} = \frac{D_i}{2h_i} = 2$$

这时的椭圆形封头壁厚计算公式为

$$t = \frac{pD_i}{2[\sigma]\varphi - 0.5p} + c \qquad (8-7)$$

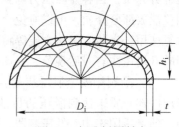

图 8-5　标准椭圆封头

式中，符号意义同前。

例 8-1　设计一台内径 $D_i = 2.2\text{m}$，长 $L = 3.2\text{m}$，最高工作压力 1.58MPa 的圆筒形薄壁压力容器，计算筒体及椭圆形封头的壁厚。

解：在压力容器安设有安全阀时，安全阀的开启压力为

$$p = 1.1 \times 1.58 = 1.74 \text{（MPa）}$$

故取设计压力为 $p = 1.8\text{MPa}$。

筒体选用 16MnR 钢板焊接制造，钢板的许用应力为 $[\sigma]=173MPa$。筒体纵焊缝采用双面焊，局部探伤，则焊接缝系数为 $\varphi=0.85$。考虑钢板的厚度偏差、材料腐蚀裕度及冷卷加工造成的钢板减薄，取壁厚附加量 $c=2.4mm$。

根据式（8-4），筒体壁厚为

$$t=\frac{pD_i}{2[\sigma]\varphi-p}+c=\frac{1.8\times2200}{2\times173\times0.85-1.8}+2.4=15.9 \text{（mm）}$$

取筒体壁厚 $t=16mm$。

用同样材料拼焊成型后整体冲压，制成标准椭圆形封头。焊缝采用双面焊，局部探伤，则焊缝系数 $\varphi=0.85$。壁厚附加量取 $c=4.2mm$。

根据式（8-7），封头壁厚为

$$t=\frac{pD_i}{2[\sigma]\varphi-0.5p}+c=17.7(\text{mm})$$

取封头壁厚为 $t=18mm$。

8.3 安全泄压装置

安全泄压装置是得到广泛应用的压力容器安全装置。在压力容器正常工作时，它可以保证容器密封不泄漏；一旦内部压力超过最高工作压力时，它可以迅速地排出一部分介质，使容器内部压力始终保持在规定的压力范围之内，确保压力容器的安全运行。

8.3.1 安全泄压装置的类型

压力容器的安全泄压装置有阀型、断裂型、熔化型和组合型四类。

（1）阀型安全泄压装置。阀型安全泄压装置就是常见的安全阀。它是以阀的开启排放部分介质来达到降压目的的。当容器内的压力超过允许工作压力时，安全阀自动开启，排出部分介质，当容器内压力降到允许工作压力后，安全阀自动关闭。由于容器超压时安全阀仅泄放部分介质，可以避免介质全部泄放造成浪费和生产中断。此外，安全阀还有可以重复使用，安装、调整方便等特点，因而得到广泛应用。安全阀的缺点是密封性不好，阀门的开启往往有滞后现象，介质不洁净时阀座口可能堵塞、阀瓣可能被粘住等。

（2）断裂型安全泄压装置。该类安全泄压装置通过装置元件在较高压力下发生破裂，排出内部介质来达到泄压的目的。常用的断裂型安全泄压装置有爆破片、爆破帽等。其中，前者适用于中、低压容器，后者适用于高压容器。断裂型安全泄压装置与阀型安全泄压装置相比，它的密封性较好，泄压反应快，内部介质不洁净对装置的影响不大。但是，在实现泄压功能后没有换上新元件之前，容器一直处于敞开状态，使生产中断，并且在长期高应力状态下元件容易发生疲劳破坏。该类安全泄压装置适用于超压可能性较小或不宜用阀型安全泄压装置的压力容器。

（3）熔化型安全泄压装置。熔化型安全泄压装置借助高温下易熔合金熔化，使容器内介质从原来充填有易熔合金的孔道中排出，达到安全泄压的目的。它适用于内部压力完全取决于温度的小型压力容器。

（4）组合型安全泄压装置。把阀型和断裂型安全装置组合在一起，或者把阀型和熔化型安全装置组合在一起，就构成了组合型安全泄压装置。这类安全泄压装置综合了两种安全泄压装置的优点，但是其结构复杂，只用于介质为剧毒或稀有气体的容器。

8.3.2 压力容器的安全泄放量

为了保证安全泄压装置发挥安全泄压作用，泄压装置的排放量必须大于压力容器的安全泄放量。压力容器的安全泄放量是指压力容器的内部压力超过允许工作压力时，为了使内部压力不再继续上升，在单位时间内必须泄放的介质量。

对于不同的容器，采用不同的方法来确定其安全泄放量。

8.3.2.1 压缩气体容器的安全泄放量

用于储存压缩气体的压力容器，由于容器内不可能产生气体，而且即使容器受到较强的热辐射，其内部气体的压力也不会明显升高，因此它们的安全泄放量取决于输入的气体量。空气压缩机的缓冲储气罐、油水分离器等附属容器的安全泄放量，就是空气压缩机的产气量。非设备附属容器，即不是由一台设备直接输入气体的容器，其安全泄放量可按式（8-8）计算：

$$G = 0.28\rho v d^2 \tag{8-8}$$

式中　G ——安全泄放量，kg/h；

ρ ——在泄放压力下气体的密度，kg/m³；

v ——进气管内气体的流速，m/s；

d ——容器进气管的内径，cm。

对于一般气体，可取 $v = 10 \sim 15$m/s。

例 8-2　一压缩空气储气罐的设计压力为 1MPa，进气管内径为 10cm，确定其安全泄放量。

解：空气在表压力 1MPa、常温（20℃）下的密度为 $\rho = 1.28$kg/m³，取进气管内气体流速为 $v = 15$m/s，则由式（8-8）可算出储气罐的安全泄放量。

$$G = 0.28\rho v d^2 = 0.28 \times 1.28 \times 15 \times 10^2 = 537.6 \text{（kg/h）}$$

8.3.2.2 液化气体的安全泄放量

内部介质为液化气体的容器，其安全泄放量取决于在最恶劣的受热条件下（例如容器附近发生火灾的情况下）内部液态介质的蒸发量。液态介质的蒸发量取决于容器的吸热情况。

（1）当压力容器无绝热保温层时，其安全泄放量：

$$G = \frac{61000FA^{0.82}}{q} \tag{8-9}$$

式中　A ——容器受热面积，m²；

F ——系数，当容器置于地面上时，$F = 1$；当容器在地下并用砂土覆盖时，$F = 0.3$；

q ——在泄放压力下液化气体的汽化热，kJ/kg。

（2）当压力容器有良好的绝热保温层时按式（8-10）计算安全泄放量：

$$G = \frac{2.61 (650-t) \lambda A^{0.82}}{\delta q} \tag{8-10}$$

式中　A ——容器受热面积，m²；

λ ——常温下绝热材料的导热系数，kJ/（m·h·℃）；

t ——泄放压力下的饱和蒸汽温度，℃；

δ ——保温层的厚度，m；

q ——在泄放压力下液化气体的汽化热，kJ/kg。

若容器内的介质不是可燃性液化气体，且又不会处在火灾环境下，则无、有绝热保温层的压力容器的安全泄放量将分别比式（8-9）、式（8-10）计算值减少70%。

（3）容器内发生化学反应使气体体积增大的压力容器的安全泄放量取决于化学反应产生的最大气体量和反应时间。

8.3.3 安全阀

安全阀由阀座、阀瓣和加载机构组成。阀座与容器内部联通；阀瓣上部与加载机构相连，在加载机构施加的载荷的作用下，阀瓣紧扣在阀座上。加载机构施加的载荷的大小是可以调节的。当容器内的压力超过规定的压力而达到安全阀的开启压力时，内部压力作用于阀瓣上的力大于加载机构施加的力，阀瓣离开阀座，使内部气体排出。当内部压力降低后，在加载机构施加载荷的作用下，阀瓣重新紧扣在阀座上，使容器保持正常的工作压力。

8.3.3.1 安全阀的种类

根据加载机构的不同，安全阀有弹簧式、杠杆式和脉冲式三种，其中以弹簧式应用最多。

（1）弹簧式安全阀。弹簧式安全阀利用弹簧的弹力向阀瓣施加载荷。调节螺旋型弹簧上部的调节螺母使弹簧压紧或放松，可以调节安全阀的开启压力。图8-6为弹簧式安全阀的结构。

弹簧式安全阀结构紧凑，灵敏度高，抗振动性能好。其缺点是阀瓣开启越大，则施加在阀瓣上的载荷越大，不利于安全阀迅速开启。并且，长期高温环境会使弹簧的弹力减少而改变安全阀的开启力。

（2）杠杆式安全阀。杠杆式安全阀借助杠杆一端的重锤的重力向阀瓣施加载荷。通过调节重锤在杠杆上的位置，可以调节安全阀的开启压力。图8-7为杠杆式安全阀。

杠杆式安全阀结构简单，调整容易，开启压力恒定，适用于锅炉等固定热力设备，其缺点是结构笨重，对振动敏感等。

（3）脉冲式安全阀。脉冲式安全阀由主阀和辅阀组成，由辅阀的脉冲作用带动主阀动作。由于它结构复杂，仅用于安全泄放量很大的容器上。

根据安全阀阀瓣的最大开启高度与阀孔直径之比的大小，可以把安全阀分为全启式和微启式两种。

（1）全启式安全阀。全启式安全阀是指它的阀瓣开启高度已经使阀间隙（即阀瓣与阀座间的环形面积）大于或等于阀孔

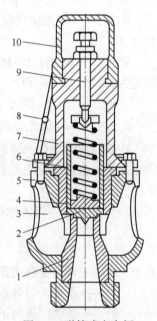

图8-6 弹簧式安全阀

1—阀座；2—阀；3—排气孔；
4—阀套；5—阀体；6—弹簧；
7—上体；8—铅体；9—压力
调节螺钉；10—阀盖

通道的截面积。设阀孔直径为 d，阀瓣开启高度为 h，则应该有 $\pi dh \geqslant \frac{1}{4}\pi d^2$，即 $h \geqslant \frac{1}{4}d$。

为了使阀瓣的最大开启高度能达到阀孔直径的 1/4 或 1/3，在阀瓣上和阀座上安装调节圈，调节圈使从阀孔流出的高速气流反转向下，产生一个反作用力使阀瓣继续上升。调整调节圈的位置，可以改变阀瓣的最大开启高度。图8-8 为利用调节圈改变气流方向的示意图。

（2）微启式安全阀。与全启式安全阀相比较，微启式安全阀的阀瓣开启高度较小，一般都小于 $d/20$。它的制造、维修和试验调整都比较容易，适用于安全泄放量不大，要求不高的场合。公称直径 50mm 以上的微启式弹簧安全阀，为了使阀瓣开启高度达到 $h \geqslant d/20$ 的要求，一般都带有调节圈。

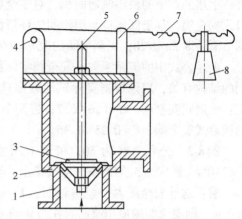

图 8-7 杠杆式安全阀

1—阀体；2—阀座；3—阀芯；4—支点；5—力点；
6—导架；7—杠杆；8—重锤

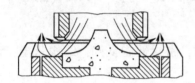 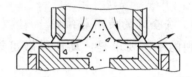

图 8-8 调节圈的作用

8.3.3.2 安全阀的排量

安全阀的排量是指它处于全开状态时，在泄放压力下单位时间内排出的气体量。在计算安全阀的排量时，近似地把它看作渐缩型喷管，再用一个流量系数进行修正：

$$G = \frac{CApX}{9.8}\sqrt{\frac{M}{ZT}} \qquad (8-11)$$

式中　G——安全阀排量，kg/h；

p——容器内气体的绝对压力，Pa；

C——气体流量系数；

A——安全阀的最小流通面积，m²；

M——气体的分子量；

T——容器内气体的绝对温度，K；

X——气体特性系数；

Z——气体压缩系数。

对于工作介质为空气、氧气等双原子气体的中、低压容器的安全阀，可以取 $Z=1$，$X=265$。于是，可以把式（8-11）简化为

$$G = 27CpA\sqrt{\frac{M}{T}} \qquad (8-12)$$

上述公式中的最小流通面积，对于全启式安全阀，等于安全阀的喉部截面积，对于微启式安全阀，等于阀座口与阀瓣间的环形面积，在无开启高度 h 的试验数据的情况下，有调节圈的取 $h = d/20$，无调节圈的取 $h = d/40$。

上述公式中的流量系数是安全阀实际排出量与渐缩型喷管的理论流量之比。它与安全阀的结构有关，应该根据实际试验数据选取。在无试验数据的情况下，可以参考下列数值：全启式安全阀，$C = 0.6 \sim 0.7$；带调节圈的微启式安全阀，$C = 0.4 \sim 0.5$；不带调节圈的微启式安全阀，$C = 0.25 \sim 0.35$。

例 8-3　公称直径为 50，带调节圈的微启式安全阀（型号 A47H-16）用在表压力 1.47MPa、温度为 50℃ 的空气储气罐上，试计算其排量。

解： 这种安全阀为平型密封面，其阀孔口直径为 $d = 4cm$，取开启高度为 $h = d/20 = 0.2cm$，则安全阀的最小流通面积为 $A = \pi d h = 2.5cm^2$。对于带调节圈的微启式安全阀，取流量系数 $C = 0.45$。空气的相对分子质量为 $M = 29$，温度为 $T = 323K$，绝对压力为 $p = 1.57MPa$。

将这些数据代入式（8-12），则安全阀的排量为

$$G = 27 C p A \sqrt{\frac{M}{T}} = 27 \times 0.45 \times 1.57 \times 2.5 \times 10^2 \times \sqrt{\frac{29}{323}} \approx 1430 \quad (\text{kg/h})$$

8.3.3.3　安全阀的使用与维护

对安全阀的基本要求是：动作灵敏可靠，密封性能良好，结构紧凑，调节、维修方便。

在选用安全阀时，要使其工作压力与容器的工作压力相适应，安全阀的排量必须大于容器的安全泄放量。通常，在安全阀的铭牌上标有工作压力和排量等。如果压力容器的工作介质、工作温度与给定的不符时，要换算为实际工况下的排量。

安全阀必须垂直安装，一般应该安装在容器本体上。液化气体储罐的安全阀应该装设在其气相部位。当容器本体上不便安装安全阀时，应该把它安装在不会影响其排量的地方。安全阀周围的环境温度应该在 0℃ 以上。

安全阀在安装之前要进行耐压试验和气密性试验，在使用中也要定期进行这样的试验。耐压试验的目的是检验安全阀的强度，分阀体的密封面上、下两部分进行。一般气体容器的安全阀耐压试验以空气或惰性气体为试验介质。进行密封面下部的阀体耐压试验时，试验介质由阀进口处通入，阀座与阀瓣间强制封闭，试验压力为工作压力的 1.5 倍；当试验密封面上部的阀体的阀盖时，试验介质从阀出口处通入，将阀瓣上、下两端封闭，试验压力小于或等于工作压力。如果试验中安全阀无变形或渗漏，则为耐压试验合格。安全阀的气密性试验是检验它的严密程度。安全阀在工作压力 1.1 倍的试验压力下无泄漏现象，则为气密性试验合格。

经过耐压试验和气密性试验之后，还要通过调整加载机构和调节圈对安全阀进行调整和校正，以保证它在工作压力下严密不漏，在容器内部压力超过工作压力时能够及时开启排气。

为了保证安全阀在工作中动作灵敏，经常处于良好状态，应该经常进行维修和检查，定时进行清洗、研磨和试验、调整。

8.4 压力容器的破坏

8.4.1 压力容器的破坏形式

压力容器的破坏形式有塑性破坏、脆性破坏、疲劳破坏、腐蚀破坏和蠕变破坏等形式。

8.4.1.1 塑性破坏

压力容器塑性破坏的主要特征是容器破坏后有明显的塑性变形，破坏后容积残余变形率和圆周最大伸长率可达 10%～20%。发生破坏时的压力往往大于或等于材料的屈服极限或抗拉极限。容器塑性破坏时，裂口呈撕裂状、不齐平，且与容器轴向平行；断口为暗灰色的纤维状，有明显的减薄；一般没有碎片或只有少量碎块。

压力容器的塑性破坏主要是由于使用、维修和操作不当引起的。防止塑性破坏的基本原则是：保证容器壁上的应力低于材料的屈服极限。为此，应该正确地设计压力容器使之有足够的壁厚；按规定装设安全泄压装置，并保证其动作灵敏、可靠；防止容器超压运行；加强维修检查，采取措施防止介质和大气对容器的腐蚀。

8.4.1.2 脆性破坏

压力容器在发生脆性破坏前，没有明显的宏观变形，是一种突然发生的破坏，其应力也没有达到材料的断裂强度，甚至还没有达到材料的屈服极限。容器脆性破坏时裂口齐平，断口呈现金属光泽的结晶状。

脆性破坏多发生在寒冷的冬季。这是因为，钢在低温下冲击韧性降低，也就是通常所说的钢的低温冷脆性。容器的脆性破坏多属于容器本身的质量问题，如选用材料不当、制造缺陷等。为了防止发生脆性破坏，应该设法消除或减少容器的缺陷，选择韧性较好的材料，消除焊接残余应力等。

8.4.1.3 疲劳破坏

压力容器的疲劳破坏是由于频繁地加压、卸压，器壁长期受到交变载荷的作用产生金属疲劳而发生的。疲劳破坏的断口呈现两个明显不同的区域：断口较平滑的疲劳破裂发生和扩展区域；断口呈纤维状或结晶状的最后断裂区域。疲劳破坏只产生了一个破裂口，使容器泄漏而失效。

为了防止发生疲劳破坏，应该尽量避免不必要的频繁加压、卸压和悬殊的温度变化；在设计时尽可能降低局部峰值应力，并使其不超过材料的持久极限。

8.4.1.4 腐蚀破坏

压力容器的腐蚀破坏以应力腐蚀破裂为主。所谓应力腐蚀破裂，是指在拉应力和腐蚀性介质的共同作用下发生的"滞后破坏"。

防止发生腐蚀破坏的主要措施，就是努力消除引起腐蚀的各种因素。

8.4.1.5 蠕变破坏

长期在高温下工作的压力容器，即使应力小于屈服极限，器壁也会发生缓慢而连续的塑性变形——蠕变，壁厚逐渐减薄，最终导致容器破裂。

蠕变破坏发生于高温压力容器，预防蠕变破坏的主要措施是设法增加材料的抗蠕变性能，在使用中避免超温及局部过热。

8.4.2　压力容器的爆炸能量

压力容器在内部介质巨大压力的作用下突然破坏，容器内的高压气体迅速膨胀，瞬间释放出大量的能量，此即为物理爆炸现象。压力容器的爆炸不仅使容器本身受到严重破坏，而且危及附近的设备、建筑和人员的安全。当压力容器的内部介质为有毒气体时，随着容器的爆炸，大量有毒气体向外扩散，形成大面积的中毒区域。当容器内部介质为可燃的液化气体时，随着容器爆炸可燃性气体与周围的空气形成可燃性混合气体，遇到容器碎片碰撞的火花或高速气流的静电放电火花会发生爆炸，即二次爆炸，将造成更大的损失。

8.4.2.1　压缩气体容器的爆炸能量

压缩气体容器爆炸时，如果内部介质是一般气体，则容器的爆炸能量仅是容器内气体膨胀所做的功；如果容器内是可燃性气体，则常常发生容器外的二次爆炸，二次爆炸的能量比容器内气体膨胀放出的能量大得多。

A　压缩气体膨胀释放的能量

压缩气体容器破裂时，在极短的时间内气体压力由容器破裂前的压力降低到大气压力，该过程可被看作绝热过程。于是，压缩气体容器爆炸能量就是气体绝热膨胀所作的功。压缩气体膨胀时释放的能量可以按下面的简化公式计算：

$$U_g = VC_g \tag{8-13}$$

式中　U_g——压缩气体膨胀时放出的能量，J；

　　　V——容器的容积，m^3；

　　　C_g——压缩气体膨胀能量系数，J/m^3。

工业生产中常用的双原子气体的膨胀能量系数列于表 8-2。

表 8-2　压缩气体的膨胀能量系数

压力/MPa	0.405	1.0	5.06	15.3	32.4
$C_g/MJ \cdot m^{-3}$	0.45	1.33	8.4	28	63.7

例 8-4　计算一个容积为 40L、内部压力为 15.3MPa 的氧气瓶发生爆炸时的爆炸能量。

解：查表 8-2，当容器内部压力为 15.3MPa 时其压缩气体膨胀能量系数为 $C_g = 2.8 \times 10^7 J/m^3$。根据式 (8-13)，爆炸能量

$$U_g = VC_g = 0.04 \times 2.8 \times 10^7 = 1.12 \times 10^6 \text{ (J)}$$

由于 1kg TNT 炸药的爆炸能量为 $4.2 \times 10^6 J$，所以该氧气瓶的爆炸能量相当于 0.27kg 的 TNT 炸药的爆炸能量。

B　可燃性气体容器外二次爆炸能量

容器内部介质为可燃性气体时，容器爆炸时可燃性气体与周围空气混合后可能发生二次爆炸。二次爆炸与容器爆炸相继发生，中间间隔时间很短，从声音上很难分辨。但是，二次爆炸属于化学爆炸，其能量较气体膨胀释放的能量大得多。

二次爆炸能量很难准确计算出来，一般只能按式 (8-14) 估算：

$$U_f = (9.8p+1)VC_fX \tag{8-14}$$

式中　U_f——二次爆炸能量，J；

　　　p——容器爆炸前的气体压力，MPa；

　　　V——容器的容积，m^3；

　　　C_f——可燃性气体的燃烧热能系数，J/m^3；

　　　X——估计的参与反应的可燃性气体百分比。

表 8-3 为常见的几种可燃性气体的燃烧热能系数。

表 8-3　可燃性气体的燃烧热能系数

可燃性气体	氢	一氧化碳	甲烷	乙烷
$C_f/MJ \cdot m^{-3}$	12.7	12.6	39.5	69.6

例 8-5　一容积为 40L 的氢气瓶发生容器外二次爆炸。若爆炸前气瓶内压力为 $p = 15.3MPa$，有 30%的氢气参加了爆炸反应，试估算二次爆炸能量。

解：由表 8-3 查得氢气的燃烧热能系数为 $C_f = 1.27 \times 10^7 J/m^3$。根据式（8-14），二次爆炸能量

$$U_f = (9.8p+1)VC_fX = (9.8 \times 15.3+1) \times 0.04 \times 1.27 \times 10^7 \times 30\%$$
$$= 2.29 \times 10^7 \text{（J）}$$

该能量相当于 55kg 的 TNT 炸药爆炸的能量。

8.4.2.2　液化气体容器爆炸能量

液化气体容器内的介质呈气液两相共存状态。但是，由于容器内的饱和蒸气压高于大气压力，故大部分介质以液态存在。当容器破裂时，首先是内部的气体膨胀，压力迅速地降到大气压力，容器内的液体温度高于在大气压力下的沸点。于是，液体迅速蒸发而体积剧烈膨胀，使容器进一步破裂。这种由于压力突然下降使液体在大气压力下迅速沸腾蒸发、体积剧烈膨胀的爆炸现象称作蒸气爆炸。容器爆炸释放的能量为气体膨胀释放的能量 U_g 和液体急剧蒸发释放的能量 U_e 的总和。由于容器内的饱和气体的量很少，故 U_g 可以忽略不计。容器的爆炸能量是饱和液体蒸发所释放出的能量：

$$U_e = WC_e$$

式中　U_e——液化气体容器的爆炸能量，J；

　　　W——容器内的液体重量，kg；

　　　C_e——液体爆炸能量系数，J/kg。

8.4.3　压力容器爆炸的破坏作用

压力容器爆炸的破坏作用主要有冲击波超压和碎片两方面的作用。

8.4.3.1　爆炸冲击波的破坏作用

压力容器爆炸释放的能量约 3%～15%消耗在容器破裂和抛掷碎片上，其余的大部分能量对空气做功，产生冲击波。

压力容器爆炸时，容器内的气体高速膨胀，使其周围的空气受到冲击而在压力、密度和温度等方面发生突跃变化，形成冲击波。在冲击波波阵面上产生超过大气压力几倍甚至

几十倍的压力，具有很大的破坏性。

冲击波的破坏力随着爆炸能量的加大而增强，随着传播距离的增加而衰减。如第 7 章所述，只有冲击波超压在 0.02MPa 以下才能保证人员安全。

8.4.3.2 爆炸碎片的破坏作用

压力容器爆炸时，壳体可能破裂成一些大小不等的碎片向外飞散。飞散的碎片具有较大的动能，可能伤害人员及损坏设备、建筑物。

碎片对人体的伤害程度主要取决于它的动能。据研究，具有 25.5J 功能的碎片击中人体时，就可能使人受伤；当动能为 58.8J 时，可以使人的骨头受轻微伤害；当动能超过 196J 时，可能造成骨折。压力容器爆炸时碎片的初速度可达 80~120m/s，即使在已经飞离容器较远之后，仍可能具有 20~30m/s 的速度。如果一块 1kg 重的碎片以 20m/s 的速度击中人体，则足以使人骨折，甚至可能死亡。

碎片对周围设备、建筑物的破坏作用，常用穿透能力来描述。碎片的穿透能力与它的动能成正比，可按式（8-15）计算：

$$S = K \frac{E}{A} \tag{8-15}$$

式中 S ——碎片对材料的穿透量，cm；

E ——碎片击中物体时所具有的动能，J；

A ——碎片在穿透方向上的截面积，m^2；

K ——材料的穿透系数，对于钢板，$K = 0.01$；对于钢筋混凝土，$K = 0.1$；对于木材，$K = 0.4$。

例如，重 1kg，截面积 5cm²，速度为 100m/s 的碎片，能够穿透 10mm 厚的钢板。

8.5 压力容器的使用与管理

压力容器属于特种设备。所谓特种设备是指涉及生命安全、危险性较大的锅炉、压力容器、压力管道、电梯、起重机械、客运索道、大型游乐设施等。根据《特种设备安全监察条例》的规定，国家对压力容器的设计、制造、安装、改造、维修、使用和检验等环节实行安全监察。

矿山企业必须根据《特种设备安全监察条例》的规定，选购和使用有相应资质的设计单位设计、有相应资质的厂家制造的符合安全技术规范要求的压力容器，并由有相应资质的单位安装和检验。

压力容器投入使用前，使用单位应当核对其是否附有安全技术规范要求的设计文件、产品质量合格证明、安装及使用维修说明、监督检验证明等文件。在投入使用前或者投入使用后 30 日内，应当向省级（移动式压力容器）或市级（其他压力容器）的特种设备安全监督管理部门登记，登记标志应当置于或者附着于该压力容器的显著位置。

8.5.1 压力容器的日常管理

压力容器的安全技术管理工作内容很多，作为日常管理工作，主要包括建立压力容器技术档案，以及制定和执行安全操作规程等。

8.5.1.1 建立压力容器安全技术档案

对每台压力容器都要建立完整的安全技术档案，以便全面地掌握设备情况，摸清使用规律。安全技术档案应该包括以下内容：

（1）压力容器的原始技术资料，如设计文件、制造单位、产品质量合格证明、使用维护说明等以及安装技术文件和资料；

（2）定期检验和定期自行检查的记录；

（3）日常使用状况记录；

（4）压力容器及其安全附件的日常维护保养记录；

（5）运行故障和事故记录。

8.5.1.2 制定压力容器安全操作规程

根据生产工艺要求和压力容器的技术特性，制定安全操作规程。安全操作规程至少要包括如下内容：

（1）容器的操作工艺指标及最高工作压力、最高或最低工作温度；

（2）容器的操作方法，开、停车的操作程序和注意事项；

（3）容器运行中应该重点检查的项目和部位，以及运行中可能出现的异常现象和防止措施；

（4）容器停用时的封存和保养方法。

8.5.1.3 正确使用、维护压力容器

操作人员应该经过培训，取得国家统一格式的特种作业人员证书，持证上岗，并且严格遵守安全操作规程。为了防止容器发生脆性破坏，加载速度不宜过快。为了防止出现过大的热应力，在高温或低温下运行的容器应该缓慢加热或冷却。避免运行中温度突然变化及压力频繁、大幅度变化，以防止容器疲劳破坏。绝对禁止超压运行。

企业应当对在用压力容器进行经常性日常维护保养，并定期自行检查。

对在用压力容器应当至少每月进行一次自行检查，并做出记录。在自行检查和日常维护保养时发现异常情况应当及时处理。对在用压力容器的安全附件进行定期校验、检修，并做出记录。

压力容器出现故障或者发生异常情况，应当进行全面检查，消除事故隐患后方可重新投入使用。存在严重事故隐患，无改造、维修价值，或者超过安全技术规范规定使用年限的压力容器，应该及时报废，并向原登记的特种设备安全监督管理部门办理注销。

除了企业的定期自行检查之外，还应该由具有相应资质的特种设备检验检测单位和人员进行定期检验。按照安全技术规范的定期检验要求，在安全检验合格有效期届满前1个月应该向特种设备检验检测机构提出定期检验要求。未经定期检验或者检验不合格的特种设备，不得继续使用。

8.5.2 压力容器的检验

对压力容器进行定期检验。可以及早发现缺陷，消除隐患，保证压力容器安全运行。压力容器的定期检验包括外部检验、内外部检验和耐压试验。

压力容器的外部检验主要检验容器的外表和运行状况。一般每年至少进行一次外部检

验。内外部检验在容器停止运行后进行，除了外部检验的内容外，主要检查容器的缺陷产生和发展情况。压力容器投入使用 3 年进行首次的内外部检验，以后根据压力容器的安全等级至少每 3 年或 6 年进行一次内外部检验。耐压试验主要检查压力容器的强度，对固定式压力容器，每两次内外部检验期间内至少进行一次耐压试验，对移动式压力容器，每 6 年至少进行一次耐压试验。

常用的压力容器检验方法有直观检查、气密性试验、耐压试验和无损探伤等。

（1）直观检查。这是进行容器外部检验和内外检验的基本方法，通过用眼睛看，用手摸，或借助简单工具、仪器来发现缺陷。

（2）气密性试验。气密性试验用于发现可能发生渗漏的缺陷部位。压力容器经耐压试验合格后方可进行气密性试验。

（3）耐压试验。压力容器耐压试验根据使用的试验介质不同有液压试验和气压试验，其主要目的是检验压力容器的强度。

（4）无损探伤。检验压力容器的无损探伤方法有射线探伤、超声波探伤、声发射探伤、磁粉探伤和荧光探伤等方法。射线探伤利用 X 射线或 γ 射线，适用于发现碳钢、合金钢、不锈钢和有色金属材料的内部缺陷。超声波探伤适于检查较厚工件的对接焊缝，具有灵敏度高、检查速度快、成本低及对人体无害等优点。磁粉探伤和荧光探伤用于检查容器表面裂纹，有较高的灵敏度。

压力容器的安全附件也需要定期检验。一般地，安全阀每年至少应该校验一次；爆破片装置应该进行定期更换，在苛刻条件下使用的爆破片装置应该每年更换，一般爆破片装置应在 2~3 年内更换，对超过最大设计爆破压力而未爆破的爆破片应该立即更换。

复习思考题

8-1 何谓压力容器？从安全管理和监察的角度，怎样对压力容器分类？

8-2 为什么在薄壁圆筒形容器筒体上开口时，应该尽量开成短轴平行于筒体轴线的椭圆孔？

8-3 安全泄压装置有哪些种类，选用安全阀时应注意哪些问题？

8-4 何谓压力容器的安全泄放量？

8-5 压力容器破坏形式有几种，各有何特征，其发生的原因是什么？

8-6 压力容器的日常管理内容有哪些？

8-7 压力容器定期检验包括哪些内容？

9 矿山防水

9.1 矿山防水概述

矿山建设和生产过程中，一般都会遇到渗水或涌水现象，但是如果渗入或涌入露天矿坑或矿井巷道的水量超过了矿山正常排水能力，则采矿场或巷道可能被水淹没，酿成矿山水灾。矿山一旦发生水灾，则会使矿山生产中断，设备被淹，造成人员伤亡。

导致矿山水灾的水源有地表水和地下水两类。地表水是指矿区附近地面的江河、湖泊、池沼、水库、废弃的露天矿坑和塌陷区积水，以及雨水和冰雪融化水等。地下水是指含水层水、断层裂隙水和老空积水等。这些水源的水可能经过各种通道或岩层裂隙进入矿内。据统计，在矿山水灾事故中，约 10%~15% 的水源来自地表水，约 85%~90% 的水源来自地下水。地下水与地表水相比，虽然其涌水量和水压都比较小，却由于不如地表水那样容易被人们发现而很容易发生意外透水事故。

在矿山水灾中，以矿井透水事故发生最多，后果最为严重。矿井透水是在采掘工作面与地表水或地下水相沟通时突然发生大量涌水，淹没井巷的事故。国内外各类矿山，因矿井透水淹井造成严重灾难的事例屡见不鲜。例如，1935 年，山东省鲁大公司淄川炭矿公司北大井（即现在的淄博矿务局洪水煤矿），由于水文地质情况不明，又未采取必要的探水措施，在巷道掘进到与朱龙河连通的周瓦庄断层时，河水突然灌入，涌水量高达 578~648m³/min，经过 78h 后，全矿井被淹没，造成 536 人死亡，这是世界上最大的矿井水灾之一。

近年来矿井透水事故时有发生，如 1999 年山东莱芜矿谷家台二矿区发生特大井下透水事故，造成 29 人死亡；2001 年广西南丹县境内的大厂矿区拉甲坡锡矿和龙山锡矿透水，导致两个矿同时被淹，死亡 81 人，造成惨重的伤亡事故和巨大的经济损失。

除了矿井透水事故之外，矿山泥石流危害也引起了人们的关注。泥石流是一种挟带大量泥砂、石块的特殊洪流，具有强大的破坏作用。一些处于山区的矿山企业可能受到泥石流的威胁。例如，1984 年，四川省某矿发生泥石流，巨大的泥石流摧毁房屋 $4.15 \times 10^6 m^2$，毁坏矿山供风、供水管路和通信、运输线路 26.7km，造成 121 人死亡，矿区被迫停产 14 天，损失极其严重。

为了防止矿山水灾的发生，要采取综合治理措施。在矿区范围内存在着水源和形成涌水通道是矿山水灾发生的必要条件。因此，一切防水措施都要从消除水源、杜绝涌水通道着手。

为了防止发生矿井突然透水事故，应该遵循"有疑必探，先探后掘"的原则，采取"查、探、堵、放"，即查明水源、调查老空，探水前进、超前钻孔，隔绝水路、堵挡水源，放水疏干、消除隐患的综合防水措施。

9.2 矿山地表水综合治理

9.2.1 矿山地表水源

矿山地表水源包括雨雪水和江河、湖泊、洼地积水两类。

（1）雨雪水。降雨和春季冰雪融化是地表水的主要来源。在用崩落法采矿或其他方法采矿时在地表形成塌陷区的场合，雨雪水会沿塌陷区裂缝涌入矿内。尤其是在雨季降雨量大，大量雨水不能及时排出矿区的情况下，雨水通过表土层的孔隙和岩层的细小裂隙渗入矿内，或洪水泛滥，沿塌陷区或通达地表的井巷大量灌入而造成矿山水灾。

（2）江河、湖泊、洼地积水。矿区附近地表的江河、湖泊、池沼、水库、低洼地、废弃的露天矿坑等积水，以及沿海矿山的海水等，可能通过断层、裂隙、石灰岩溶洞与井下沟通，造成矿井透水事故。

《金属非金属矿山安全规程》规定，为防止地表水患，必须搞清矿区及其附近地表水流系统和受水面积、河流沟渠汇水情况、疏水能力、积水区和水利工程情况，以及当地日最大降雨量、历年最高洪水位。并且，要结合矿区特点建立和健全防水、排水系统。

9.2.2 地表水综合治理措施

地表水综合治理是指在地表修筑防、排水工程，填堵塌陷区、洼地和隔水防渗等多种防水措施综合运用，以防止和减少地表水大量进入矿内。

（1）合理确定井口位置。《金属非金属矿山安全规程》规定，矿井（竖井、斜井、平硐等）井口标高，必须高于当地历史最高洪水位1m以上。工业场地的地面标高，应该高于当地历史最高洪水位。特殊情况下达不到要求的，应该以历史最高洪水位为防护标准修筑防洪堤，在井口筑人工岛，使井口高于最高洪水位1m以上。这样，即使雨季山洪暴发，甚至达到最高洪水位时，地表水也不会经井口灌入矿井。

（2）填堵通道和消除积水。矿区的基岩裂隙、塌陷裂缝、溶洞、废弃的井筒和钻孔等，可能成为地表水进入矿内的通道，应该用黏土或水泥将其填堵。容易积水的洼地、塌陷区应该修筑泄水沟。泄水沟应该避开露头、裂缝和透水岩层，不能修筑沟渠时，可以用泥土填平夯实并使之高出地表。大面积的洼地、塌陷区无法填平时，可以安装水泵排水。

（3）整治河流。当河流或渠道经过矿床且河床渗透性强，河水可能大量渗入矿内时，可以修筑人工河床或使河流改道。在河水渗漏严重的地段用黏土、碎石或水泥铺设不透水的人工河床，可以制止或减少河水的渗漏。例如，四川南桐某矿河流经过矿区，修筑人工河床后，雨季矿井涌水量减少30%~50%。防止河水进入矿内最彻底的办法是将河流改道，使其绕过矿区。为此，可以在矿区上游的适当地点修筑水坝拦截河水，将水引到事先开掘好的人工河道中。河流改道的工程量大，投资多，并且涉及当地工农业利用河水等问题，故不宜轻易采用，需要仔细调查后再做决策。

（4）挖沟排（截）洪。位于山麓或山前平原的矿区，在雨季常有山洪或潜流进入，增大矿井涌水量，甚至淹没井口和工业广场。一般应该在矿区井口边缘沿着与来水垂直的方向，大致沿地形等高线挖掘排洪沟，拦截洪水并将其排到矿区以外。在地表塌陷，裂缝区的周围也应该挖掘截水沟或筑挡水围堤，防止雨水、洪水沿塌陷、裂缝区进入矿区。

（5）留安全矿柱。如果河流、湖泊、水库、池塘等地表水无法进行排放或疏导，也不宜将其改道或迁移的话，可以预留防水矿柱，隔断透水通道，防止地表水进入矿内。

（6）做好雨季前的防汛准备工作。有计划地做好地表水防治准备工作是防止地表水造成矿井水灾的重要保证。《金属非金属矿山安全规程》规定，每年雨期前一个季度应该由主管矿长组织一次防水检查，并编制防水计划，其工程必须在雨季前竣工。我国某些地区雨量比较集中，尤其应该在雨季汛期之前加固和修整地面防水工程；调整采矿时间，尽量避开汛期开采；加强对防洪工程设施的检查，备齐防洪抢险器材。

此外，露天和地下同时开采的矿山，在某些特殊条件下进行开采的矿山，如开采有流砂、溶洞的矿床，在江河、湖海下面采矿，或在雨季有洪水流过的干涸河床、山沟下面采矿，必须制定专门的防水、排水计划。

9.2.3 矿山泥石流防治

泥石流是一种挟带有大量泥砂、石块和巨砾等固体物质，突然以巨大速度从沟谷或坡地冲泻下来，来势凶猛、历时短暂，具有强大破坏力的特殊洪流。

9.2.3.1 泥石流的种类

分布在不同地区的泥石流，其形成条件、发展规律、物质组成、物理性质、运动特征及破坏强度很不相同。

（1）按泥石流流域的地质地貌特征，有标准型泥石流、河谷型泥石流和山坡型泥石流之分。标准型泥石流是典型的泥石流，流域呈扇形，面积较大，有明显的泥石流形成区、流通区和堆积区。河谷型泥石流的流域呈狭长形，沿河谷既有堆积又有冲刷，形成逐次运搬的"再生式泥石流"。山坡型泥石流的流域呈斗状，面积较小，没有明显的流通区，形成区直接与堆积区相连。

（2）按物质组成，泥石流分为泥流、泥石流和水石流，这取决于泥石流形成区的地质岩性。

（3）按物理力学性质、运动和堆积特征，泥石流分为黏性泥石流和稀性泥石流。黏性泥石流具有很大的黏性和结构性，固体物质含量占40%～60%左右，在运动过程中有明显的阵流现象，使堆积区地面坎坷不平。这种泥石流以突然袭击的方式骤然爆发，破坏力大，常在很短时间内把大量的泥砂、石块和巨砾搬出山外，造成巨大灾害。稀性泥石流的主要成分是水，黏土和粉土含量较少，泥浆运动速度远远大于石块运动速度，石块以滚动或跃移的方式下泄。泥石流流动过程流畅，堆积区表面平坦。稀性泥石流具有极强烈的冲刷下切作用，在短时间内将沟床切下数米或十几米深的深槽。

（4）按泥石流的成因，有自然泥石流和人为泥石流之分。后者是人们在矿山或土石方挖掘工程（包括修筑铁路、公路等）中，由于盲目排弃岩土引起滑坡、塌方所导致的泥石流。无论自然泥石流还是人为泥石流，其形成的必要条件都是具备丰富的松散土、石等固体物质，陡峭的地形，坡度较大的沟谷地，集中、充沛的水源等。

矿山泥石流主要是人为泥石流，大多以滑坡或坡面冲刷的形式出现。一般地，其发展过程是前期出现洪水，随之出现连续的稀性泥石流。此后，流量锐减，出现断泥现象。数分钟后，带有巨大响声的黏性泥石流一阵一阵地涌来。黏性泥石流的阵流有时出现几十次或几百次，其运动速度可达每秒钟数十米，产生强大的冲击力和气浪，破坏作用极大。

例如，秦岭西峪沟金矿将数万立方米的矿渣堆放在沟底，以致河道严重受阻。1994年7月一场大暴雨引发了泥石流，造成51人死亡；泥石流沿沟下泄，使道路、生产及生活设施遭受严重破坏。

9.2.3.2 防治泥石流的措施

防治泥石流的方针是"以防为主，防治结合，综合治理，分期施工"。防治泥石流包括防止泥石流发生和在发生泥石流时避免或减少破坏的措施两个方面。作为采取防治泥石流措施的依据，要首先弄清泥石流活动规律。

（1）泥石流的勘测与调查。泥石流的勘测与调查包括对整个泥石流流域的勘测调查和当地居民的调查访问。前者是进行野外考察工作搜集各种自然条件、人类活动及泥石流活动规律等资料。在泥石流暴发比较频繁而又可能直接观察到的地区，可以建立泥石流观测站，直接取得泥石流暴发时的资料。后者是通过访问，获得有关泥石流的历史资料。综合分析这些勘测与调查得来的资料并辅以必要的计算，可以判断泥石流的类型、规律及破坏情况等。

（2）防止泥石流发生。防治泥石流要根据泥石流的特征来进行。在泥石流可能发生的沟谷上游的山坡上植树造林，种植草皮，加固坡面，修建坡面排水系统以防止沟源侵蚀，实现蓄水保土，减少或消除泥石流的固体物质补给，控制泥石流的发生。

（3）拦挡泥石流。在泥石流通过的主沟内修筑各种拦挡坝，坝的高度一般在5m左右，可以是单坝，也可以是群坝。泥石流拦挡坝可以拦蓄泥砂石块等固体物质，减弱泥石流的破坏作用，以及固定泥石流沟床，平缓纵坡，减小泥石流的流速，防止沟床下切和谷坡坍塌。坝的种类很多，其中格栅坝最有特色。格栅坝是用钢构件和钢筋混凝土构件装配而成的，形状为栅状的构筑物。它能将稀性泥石流、水石流携带的大石块经格栅过滤停积下来，形成天然石坝，以缓冲泥石流的动力作用，同时使沟段得以稳定。图9-1为格栅坝示意图。

（4）排导泥石流。泥石流出山后所携带的泥砂石块迅速淤积和沟槽频繁改道，给附近的矿区、居民区、农田及交通干线带来严重危害。在泥石流堆积区的防治措施包括导流堤和排洪道等排导措施。导流堤（见图9-2）用于保护可能受到泥石流威胁的矿区或建筑物等。排洪道起顺畅排泄泥石流的作用。

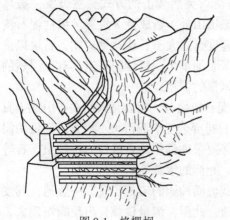

图9-1　格栅坝

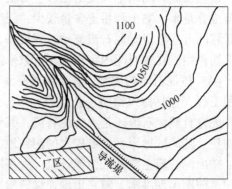

图9-2　导流堤

矿山泥石流是人类的采矿活动造成的，其预防和治理应该从规范采矿活动着手。

（1）将泥石流防治纳入矿山建设总体规划。主要是合理选择排土场、废石场，在建设阶段列出泥石流防治措施工程项目，在基建和采矿过程中，根据实际需要分期分批实施，以防止泥石流危害。

（2）选择恰当的采矿方式。一般地，与地下采矿相比，露天采矿剥离的土、岩多；浅部剥离的松散固体物质迅速聚集，极易发生泥石流；剥采工作进入深部之后，废石多为新破碎的岩块，不易发生泥石流。

（3）选择恰当的排土场、废石场。零散设置的排土场、废石场往往是小规模泥石流的发源地；在沟头设置的排土场、废石场，其堆积体常以崩塌或坡面泥石流的方式进入沟床，为泥石流提供物质来源；山坡上的排土场、废石场，堆积体在自重或坡面径流的作用下可能形成坡面泥石流，在山前形成堆积扇；沟谷内的排土场、废石场，堆积体在暴雨洪水冲刷下会形成沟谷型泥石流；排土场、废石场堆积越高，稳定性越差，越易发生泥石流。

（4）消除地表水的不利影响。

（5）有计划地安排土、岩堆置，复垦等。

9.3 矿山地下水综合治理

9.3.1 矿山地下水源

可能导致矿山水灾的地下水源有含水层积水、断层裂隙水和老空积水等。

（1）含水层积水。矿山岩层中的砾石层、砂岩层或具有喀斯特溶洞的石灰岩层都是危险的含水层。特别是当含水层的积水具有很大的压力或与地面水源相沟通时，对采掘工作威胁更大。当采掘工作面直接或间接与这样的岩层相通时，就会造成井下透水事故。例如，吉林省某铜矿，在掘进大巷时爆破使喀斯特溶洞水大量涌出，最高涌水量 $92m^3/min$，以致全矿被淹，经过半年时间才恢复生产。

（2）断层裂隙水。地壳运动所造成的断层裂隙处的岩石往往都是破碎的，易于积水，尤其是当断层与含水层或地表水相沟通时，导致矿山水灾的危险性更大。前述的淄川炭矿公司北大井透水事故，就是掘进时遇到与地表河流相通的裂隙较大的断层而发生的。

（3）老空积水。井下采空区和废弃的井巷中常有大量积水。一般来说，老空积水的水压高、破坏力强，而且常常伴有硫化氢、二氧化碳等有毒有害气体涌出，是酿成井下水灾的重要水源。例如，2006 年 5 月 18 日在山西省左云新井煤矿，工人在作业时打通了隔壁的燕子山煤矿古溏，那里储存着数十年采煤后的积水，据推测达 15 万~20 万立方米。倾灌而下的积水很快淹没了新井煤矿，造成 56 人死亡的惨剧。

矿山生产过程中可能导致透水事故的几种主要水源如图 9-3 所示。

9.3.2 做好矿井水文地质观测工作

为了采取防治矿井透水措施，预防矿井水灾发生，必须查明矿井水源及其分布，做好

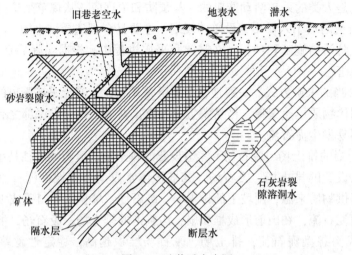

图 9-3　矿井透水水源

矿山水文地质观测工作。在查明地下水源方面应该弄清以下情况：

（1）冲积层和含水层的组成和厚度，各分层的含水及透水性能；

（2）断层的位置、错动距离、延伸长度，破碎带的宽度，含水、导水的性质；

（3）隔水层的岩性、厚度和分布，断裂构造对隔水层的破坏情况以及距开采层的距离；

（4）老空区的开采时间、深度、范围、积水区域和分布状况；

（5）矿床开采后顶板受破坏引起地表塌陷的范围、塌陷带、沉降带的高度以及涌水量的变化情况。

在水文观测方面应该掌握如下情况：

（1）收集地面气象、降水量和河流水文资料，查明地表水体的分布范围和水量；

（2）通过对探水钻孔或水文观测孔中的水压、水位和水量变化的观测、水质分析，查明矿井水的来源，弄清矿井水与地下水和地表水的补给关系。

9.3.3　超前探水

在水文地质条件复杂、有水害威胁的矿井进行采掘作业，必须坚持"有疑必探、先探后掘"的原则。当遇到下述任何一种情况时，都必须打超前钻孔探水前进：

（1）掘进工作面接近溶洞、含水层、流砂层、冲积层或大量积水区域时；

（2）接近有可能沟通河流、湖泊、贮水池、含水层的断层时；

（3）打开隔离矿柱放水时；

（4）在可能积存泥浆的已熄火的火区或充填尾砂尚未固结的采空区下部掘进时；

（5）采掘工作面出现透水预兆时。

超前钻孔的超前距离、位置、孔径、数目、方向和每次钻进的深度，应该根据水头高低、岩石结构与硬度等条件来确定。

（1）超前距离。探水时必须保证掘进时巷道前方有一定厚度的矿（岩）柱阻挡高压水涌出。当前方有老空区或严重透水危险的破碎带时，超前距离不得小于 20m，若在岩石或薄矿体中打超前钻孔，则超前距离可适当缩短，但是最少不能小于 5m。

（2）钻孔直径与数目。探水钻孔的孔径取决于钻机的规格、被钻的矿岩性质、水压和积水量大小。一般为 46~76mm，最大不宜超过 91mm。钻孔数目通常不少于 3 个。

（3）钻孔布置。探水钻孔布置成扇形，钻孔方向应保证在工作面前方的中心和上、下、左、右都能起到探水作用，为此，探水钻孔中至少要有一个中心孔，其他钻孔与中心孔成一定角度。

在钻孔过程中，为了防止孔口被水冲坏，应该用水泥和套管加固孔口，其长度不应小于 1.5~2.0m，如图 9-4 所示。当水压较小（294~392kPa）时，可以随时用木楔封闭钻孔；如果水压很大（981~1962kPa），可以加防喷装置和反压装置、防压控制装置。

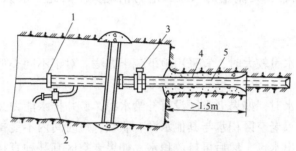

图 9-4　超前钻孔示意图

1—盘根；2—放水阀门；3—关闭阀门；4—套管；5—钻杆

为了保证探水过程中的安全，应该做好探水前的准备工作：

（1）检查钻孔附近巷道的稳定性，加固钻孔附近巷道的支护，以免压力水冲垮支架。必要时，可以在靠近工作面的地方打好坚固的立柱和护板。

（2）清理巷道、准备水沟或其他水路，保证水流畅通；同时，应该备有足够容量的水仓和排水设备。

（3）在工作地点或附近安装电话，以便一出水就能通知可能受到水灾威胁地区的人员迅速采取措施。

（4）巷道及其出口要有照明和便于人员通行的道路。

（5）对断面大、岩石不稳固、水压高的巷道进行探水，应该有经过主管矿长批准的安全措施计划。

（6）为预防被水封住的有害气体逸出造成事故，探水地点应该事先采取通风措施，并使用防爆照明灯具。

在探水作业中要注意观察钻孔情况。如果发现岩石变软（发松），或沿钻杆向外流水超过正常打钻供水量，或有毒有害气体逸出等现象，必须停止打钻。这时不得移动钻杆，除派专人监视水情外，应该立即报告主管矿长采取安全措施。在水压大的地点探水，要安设套管，套管上安装水压表和阀门。探到水源后，立即利用套管放水。

9.3.4　排水疏干

有计划地将可能威胁矿井生产安全的地下水全部或部分地排放，疏干矿床，是防止采掘过程中发生透水事故最积极、最有效的措施。疏干方法有三种：地表疏干、地下疏干和地表与地下联合疏干。

9.3.4.1　地表疏干

地表疏干是在地面向含水层内打钻孔，用深井泵或潜水泵把水抽到地表，使开采地段处于疏干降落漏斗水面之上的疏干方法。当老空区积水的水量不大，又没有补给水源时，也可以由地表打钻孔排放。

地表疏干钻孔应该根据当地的水文地质条件，以排水效果最佳为原则，布置成直线、弧形、环形或其他形式。

地表疏干能预先降低地下水位（水压），在较短时间内能为采掘工作创造安全生产条件；与地下疏水相比，疏干工程速度快、成本低、比较安全、便于维护和管理。但是，采用这种方法需要高扬程、大流量的水泵，电力消耗大。因此一般只在地下水位较浅时采用。

9.3.4.2　地下疏干

当地下水较深或水量较大时，宜采用地下疏干方法。对于不同类型的地下水源，采用的疏干方法也不相同。

在疏放老空区积水时，如果老空区没有补给水源，矿井排水能力又足以负担排放积水时可以直接放水。如果老空区积水与其他水源有联系，短时间内不能排完积水时，应该先堵后放，即预先堵住出水点，然后再排放积水。如果老空区有某种直接补给水源，但是涌水量不大，或者枯水季节没有补给时，应当选择适当时机先排水，然后利用枯水时期修建必要的防漏工程或堵水工程，即先放后堵。在老空区位于不易泄水的山洞、河滩、洼地，雨季渗水量过大，或者积水水质很坏，易腐蚀排水设备的场合，应该将其暂时隔离，待到开采后期再处理积水。此外，若老空积水地区有重要建筑物或设施，则不宜放水，而应该留矿柱将其永久隔离。

疏放含水层的水时，可以采用巷道疏干、钻孔疏干及联合疏干三种方法进行。

（1）巷道疏干是当含水层位于矿层顶板时，提前掘出采区巷道，即疏干巷道，使含水层的水能通过巷道周围的孔隙、裂缝疏放出来，经过疏干巷道排出（图9-5）。在充分掌握了矿层顶底板含水层的水压和水量，估计涌水量不会超过矿井正常排水能力的情况

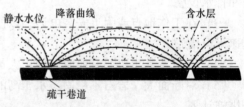

图9-5　巷道疏放水示意图

下，为了提高疏水效果也可以把疏水巷道直接布置在待疏干的含水层中。

（2）钻孔疏干是当含水层距矿层较远或含水层较厚时，在疏干巷道中每隔一定距离向含水层打放水钻孔来排水疏干。如果矿层下部含水层的吸水能力大于上部含水层的泄水量，则可以利用泄水和吸水孔导水下泄，疏干矿层和上部含水层。

（3）在水文地质条件复杂，用某一种疏干方法的效果不理想时，可以采取疏干钻孔与疏干巷道相结合的联合疏干法。

9.3.4.3　联合疏干

根据矿区的具体情况，有时采用地表疏干与地下疏干相结合的联合疏干方法。放水工作应该由有经验的人员根据专门设计进行。为了保证放水安全，必须注意如下问题：

（1）放水前应该估计积水量、水位标高、矿井的排水能力和水仓容量等，按照排水能

力和水仓容积控制放水量。

（2）探水钻孔探到水源后，如果水量不大，可以直接利用探水钻孔放水；如果水量很大，则需要另打放水钻孔。

（3）正式放水前应该进行水量、水压和矿层透水性试验。当发现管壁漏水或放水效果不好时，要及时处理。

（4）放水过程中要随时注意水量变化，水的清浊和杂质情况，有无特殊声响等；为了预防有毒有害气体逸出造成事故，必须事先采取通风安全措施，使用防爆灯具。

（5）事先规定人员撤退路线，保证沿途畅通无阻；在放水巷道的一侧悬挂绳子（或利用管道）作扶手，并在岩石稳固的地点建筑有闸门的防水墙。

9.3.5　隔水与堵水

疏放地下水，消除水害危险源，是防止矿井透水的最积极的措施。但是，受矿山具体条件限制，有时无法疏放地下水，或者虽然可以疏放地下水，在经济上却不合理。这时，应该考虑采取隔离水源和堵截水流，即隔水、堵水措施。

9.3.5.1　隔离水源

隔离水源是防止水源的水侵入矿井或采区的隔离措施，有留隔离矿（岩）柱和建立隔水帷幕两种方法。

A　隔离矿（岩）柱

为了防止采矿过程中各种水源的水进入矿内，在受水威胁的地段留一定宽度或厚度的矿（岩）柱将水源隔离，此段矿（岩）柱称作隔离矿（岩）柱，又称防水矿（岩）柱。一般地，在下列的条件下进行采矿的场合，需要留隔离矿（岩）柱：

（1）矿体直接被松散的含水层所覆盖，或者处于地表水体之下，见图9-6（a）；

（2）矿体一侧与强含水层接触或局部处于强含水层之下，见图9-6（b）；

（3）矿体在局部地段与间接底板承压含水层接近，见图9-6（c）；

（4）矿体在局部地段与间接顶板含水层接近，顶板冒落会达到含水层，见图9-6（d）；

（5）矿体与充水断层接触，见图9-6（e）；

（6）采掘工作面接近被淹井巷或老空积水区，见图9-6（f）。

《金属非金属矿山安全规程》规定，相邻的井巷或采区，如果其中一个有涌水危险，则应该在井巷或采区间留出隔离矿（岩）柱。

确定隔离矿（岩）柱尺寸的原则是，既要有足够的强度抵抗水的压力，又要尽可能减少矿石损失。由于影响隔离矿（岩）柱尺寸的因素很复杂，如矿体赋存条件、地质构造、围岩性质、水源的压力和水量、开采方法等，所以，目前尚没有一种公认科学的计算方法。一般地，先按理论或经验公式计算后，再根据实际情况进行修正。

当矿体直接与含水层或充水断层接触时，如果忽略矿柱自重，按承受水压力的均布载荷的简支梁考虑，则巷道前方隔离矿柱宽度 t（m）可以按式（9-1）计算：

$$t = 0.5L\sqrt{\frac{3p}{[\sigma]}} \tag{9-1}$$

式中　L——巷道宽度，m；

182

p ——水的压力，Pa；

$[\sigma]$ ——矿石抗拉强度，Pa。

当矿体顶底板有承压含水层时，把隔水矿（岩）层看作承受水压和隔水层自重的均布载荷的两端固定梁，则顶底板隔水层或断层带隔水层的最小理论厚度 t（m）为

$$t = \frac{L(\sqrt{\gamma^2 L^2 + 8[\sigma]p} \pm \gamma L)}{4[\sigma]} \tag{9-2}$$

式中　L ——巷道或采场跨度，m；

　　　γ ——隔水矿（岩）层矿岩重度，N/m³；

　　　p ——含水层水的压力，Pa；

　　　$[\sigma]$ ——隔水矿（岩）层矿岩抗拉强度，Pa。

式（9-2）中，当采掘工作面在含水层之上时，隔水层自重抵消一部分水压力，取"−"；反之，当采掘工作面在含水层之下时，取"+"号。

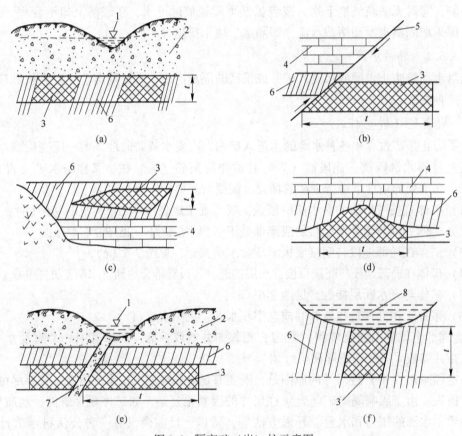

图 9-6　隔离矿（岩）柱示意图

1—地表水体；2—松散含水层；3—矿层或矿柱；4—强含水层；5—断层；6—隔水层；
7—充水断裂带；8—巷道、老空积水；t—隔离矿（岩）柱的垂直宽度或高度

B　隔水帷幕

隔水帷幕是在水源与矿井或采区之间的主要涌水通道上，将预先制备的浆液经过钻孔压入岩层裂隙，浆液沿裂隙渗透扩散并凝固、硬化，形成防止地下水渗透的帷幕。由于注

浆工艺过程和设备都比较简单，隔水效果好，与留隔离矿（岩）柱相比，可以减少矿石损失，因此是目前国内外广泛采用的隔离水源措施。

在下列条件下可以采用隔水帷幕：

（1）在老空积水或被淹井巷与强大水源有密切联系，单纯用排水方法排除积水不可能或不经济的场合；

（2）井巷必须穿过含水丰富的含水层或充水断层，不隔离水源就无法掘进的场合；

（3）井筒或工作面严重淋水，为了加固井壁，改善劳动条件；

（4）涌水量特别大的矿井，为了减少涌水量以降低排水费用。

为了取得预期的隔水效果，必须根据水源情况制订切实可行的注浆隔水方案。注浆隔水方案包括确定隔水部位、钻孔布置、注浆材料的配制、注浆方法、注浆系统、施工工艺和方法、隔水效果观察及安全措施等。

注浆材料的选择非常重要，它关系到注浆工艺、工期、成本及注浆效果。注浆材料的种类较多，可分为硅酸盐类和化学类两大类。

（1）硅酸盐类注浆材料。它包括水泥浆和水泥-水玻璃浆两种。前者材料来源广、成本低、强度高；后者的初凝时间可以控制在1min之内，避免被动水冲走，而且结石率可达100%。

（2）化学类注浆材料。化学注浆材料有上百种，按其主剂材料大致可以分为水玻璃类、无机材料类、高分子材料类等三类。根据材料的性能和工程应用可以分为防渗堵漏型和防渗补强型两种。防渗堵漏型材料较多应用于浅层含水层的固砂防渗或井下破碎岩体的预注浆处理；而防渗补强型浆液主要用于进行井下岩体加固防渗。近年来高分子材料类注浆材料应用较多。

注浆工艺有静水注浆和动水注浆两种。静水注浆时地下水处于静止状态，浆液扩散缓慢容易控制，浆液不易流失，但是需要增加许多工程和辅助的设施来使地下水处于静止状态。动水注浆时地下水处于自然流动状态。在地下水流速度不大的场合，水的流动有助于浆液扩散，充填空隙，对注浆有利；在水流速度大的场合，浆液容易被冲走，不利于充填固结。在动水注浆时可以根据浆液的扩散情况，在浆液中加入适量的促凝剂（水玻璃、氯化钙）以加速凝结，也可以在浆液中加入缓凝剂以扩大浆液的扩散面积。

9.3.5.2 堵截水流

采掘工作面一旦发生透水事故，汹涌的水流将迅速地沿井巷漫延，威胁整个矿井的安全。在井下适当的位置堵截透水水流，可以将水害控制在一定范围内，避免事故扩大、淹没矿井。通常，在巷道穿过的有足够强度隔水层的适当地段内设置防水闸门和防水墙来堵水。

A 防水闸门

防水闸门是由混凝土墙垛、门框和能够开闭的门扇组成的堵水设施，如图9-7所示。

防水闸门设置在发生透水时需要堵截水流而平时需要运输、行人的巷道内。例如，通往水害威胁地区巷道的总汇合处、井底车场、井下水泵房、变电所的出入口处等。

安设防水闸门的地点围岩应该稳固、不透水。混凝土墙垛的四周要楔入岩石内，以承受较大的水压力和不漏水。门框的尺寸应该能满足运输和行人要求。门扇用钢板制成，通

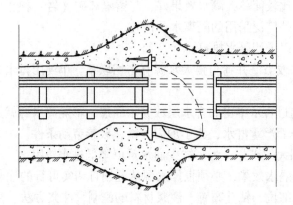

图9-7　防水闸门示意图

常为平板状，当水压超过2.5~2.9MPa时，可以采用球面形，如图9-8所示。防水闸门平时呈敞开状态，它所在处安设短的活动钢轨道，在发生透水事故时可以迅速将活动钢轨拆除，把防水闸门关闭。

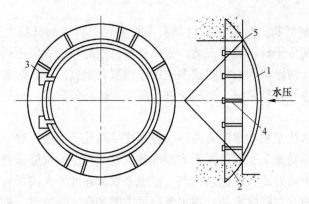

图9-8　球形闸门

1—门扇；2—门框；3—门绞；4—拉杆；5—止水垫料

B　防水墙

防水墙是用不透水材料构筑的，用以隔绝积水的老空区或有透水危险区域的永久性堵水设施。

防水墙应该构筑在岩石坚固、没有裂缝的地段，要有足够的强度以承受涌水压力，不透水、不变形、不位移。防水墙上应该装设测量水压用的小管和放水管。放水管用以防止防水墙在未干固之前承受过大水压。

根据构筑防水墙所使用的材料，防水墙可分为木制防水墙（见图9-9）、混凝土防水墙（见图9-10）、砖砌防水墙和钢筋混凝土防水墙。

防水墙的形状有平面形、圆柱形和球形。平面形防水墙构造简单，应用较广。在水压不大的窄小巷道中，常采用木制平面形防水墙。在水压较大时，可以采用圆柱形或球形防水墙，在水压特别大的场合，可以采用多段型钢筋混凝土防水墙（见图9-11）。

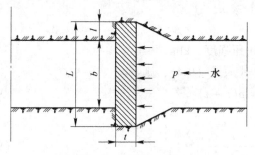

图 9-9 木制防水墙

L—防水墙宽度；b—巷道宽度；l—楔入
岩壁深度；t—防水墙厚度

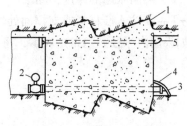

图 9-10 混凝土防水墙

1—截口槽；2—水压表；3—保护栅；
4—放水管；5—细管

为了保证防水墙有一定的承压能力，
防水墙必须有足够的厚度。防水墙的厚度
要根据承受的最大水压、围岩和构筑材料
的允许强度计算。

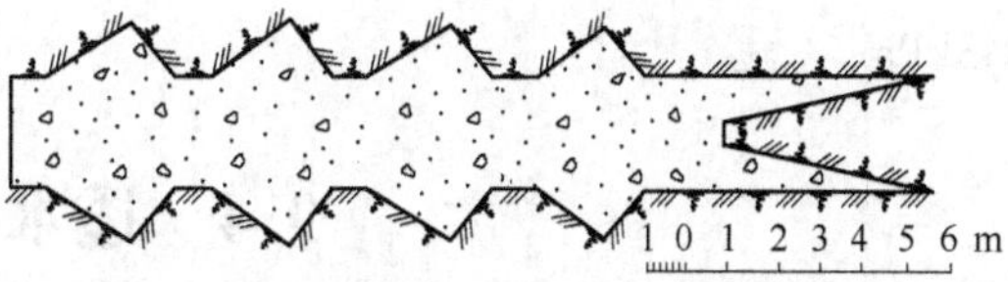

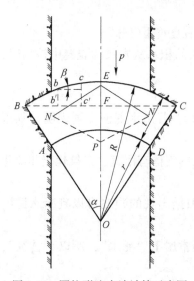

图 9-11 多段型防水墙

a 平面形木制防水墙厚度计算

平面形防水墙在单向承压的情况下，
产生弯曲应力。于是，平面形木制防水墙厚度可按式（9-3）计算：

$$t = \frac{L}{2}\sqrt{\frac{0.03p}{[\sigma]}} \qquad (9\text{-}3)$$

式中 t——防水墙厚度，cm；

L——防水墙的宽度，cm；

p——防水墙承受的水压，kPa；

$[\sigma]$——木材的抗弯强度，kPa。

防水墙木梁两端插入岩壁的深度，应该根据岩石的抗压强度计算，一般不得小于 200mm。

b 圆柱形防水墙厚度计算

在图 9-12 中，防水墙 $ABCD$ 的圆柱面 BEC 所承受的
水头压力等于同一水头加在圆柱面的投影面上的压力，
该压力经支撑面 AB 和 CD 传递到岩壁上。

在防水墙上取单位高度的薄层，其表面上所受水压
的合力为

$$P = pBC = 2pBF = 2pR\sin\alpha$$

式中 p——最大水压力，kPa；

R——防水墙的外半径，cm。

将该合力 P 按垂直于支撑面 AB 和 CD 两个方向分
解，得到作用于防水墙支撑面上的分力 N：

$$N = \frac{P}{2\sin\alpha} = pR$$

图 9-12 圆柱形防水墙计算示意图

欲使防水墙稳定、坚固，应该满足式（9-4）：

$$t[\sigma] \geqslant pR \tag{9-4}$$

式中　t ——防水墙的厚度，cm；

　$[\sigma]$ ——防水墙材料或支撑面处岩石的抗压强度，kPa。

　如果用内半径 r（cm）表示，将 $R = r+t$ 代入式（9-4），则

$$t[\sigma] \geqslant p(r + t) \tag{9-5}$$

所以

$$t \geqslant \frac{r}{\dfrac{[\sigma]}{p} + 1} \tag{9-6}$$

计算时，式中的 $[\sigma]$ 取构筑材料抗压强度和围岩强度中的小者。一般地，混凝土的 $[\sigma] = 1472 \sim 2943\mathrm{kPa}$，水泥砂浆砌砖的 $[\sigma] = 981 \sim 1172\mathrm{kPa}$，砂岩的 $[\sigma] = 1962 \sim 2943\mathrm{kPa}$。

9.4　透水事故处理

9.4.1　透水预兆

采掘工作面透水之前，一般都会出现一些预兆，预示透水事故即将发生。井下人员熟知这些预兆，就可以事先预测到透水事故的发生，从而及时采取恰当措施防止发生矿井水灾。

透水之前常会出现下列预兆：

（1）巷道壁"出汗"，这是由于积水透过岩石微孔裂隙凝聚在巷道岩壁表面形成的。透水前顶板"出汗"多呈尖形水珠，有"承压欲滴"之势，这可以和自燃预兆中"巷道出汗"的平形水珠相区别。

（2）顶板淋水加大，犹如落雨状。

（3）空气变冷、发生雾气。

（4）采矿场或巷道"挂红"，水的酸度大，味发涩，有臭鸡蛋气味。

（5）岩层里有"吱吱"的水叫声，这是因为压力较大的积水从岩层的裂缝中挤出时，水与裂缝两壁摩擦而发出的声音。

（6）底板突然涌水。

（7）出现压力水流。若出水清净，则说明距水源稍远；若出水混浊，则表明已临近水源。

（8）工作面空气中有害气体增加，从积水区散发出来的气体有沼气、二氧化碳和硫化氢等。

矿井地下水源种类不同，透水预兆也不同。因此，根据出现的预兆可以判断水源的种类。

（1）老空积水。一般积存时间很久，水量补给差，通常属于"死水"，所以"挂红"，酸度大，水味发涩。

（2）断层水。由于断层附近岩层破碎，工作面地压增加而淋水增大。断层水往往补给

较充分，多属于"活水"，所以没有"挂红"和水味发涩现象。在岩巷中遇到断层水，有时可在岩缝中出现淤泥，底部出现射流，水发黄。

（3）溶洞水。溶洞多产生在石灰岩层中，透水前顶板来压、柱窝渗水或裂缝浸水，水色发黄或发灰，有臭味，有时也出现"挂红"。

（4）冲积层积水。冲积层积水处于矿井浅部，开始时水小、发黄，夹有泥砂，以后水量变大。

《金属非金属矿山安全规程》规定，在掘进工作面或其他地点发现透水预兆，如工作面"出汗"、顶板淋水加大、空气变冷、发生雾气、挂红、水叫、底板涌水或其他异常现象，必须立即停止工作，并报告主管矿长，采取措施。如果情况紧急，必须立即发出警报，撤出所有受水威胁地点的人员。

9.4.2 透水时应采取的措施

井下一旦发生透水事故时，在透水现场的人员除了立即向上级领导报告外，应该迅速采取应急措施。在场人员应该尽可能地就地取材加固工作面，堵住出水点，防止事故继续扩大。如果水势很猛，局面已经无法扭转时，应该有组织地按事先规定的避难路线迅速地撤到上一中段或地面。在万一来不及撤离而被堵在天井、切巷等独头巷道里的场合，被困人员要保持镇静，保存体力，等待援救。

矿领导接到井下透水报告后，应该按照事先编制的安全措施计划迅速组织抢救。通知矿山救护队或兼职救护队，同时根据透水地点和可能波及的地区，通知有关人员撤离危险区，尽快关闭防水闸门，待人员全部撤至井底车场后，再关闭井底车场的防水闸门，保护水泵房，组织排水恢复工作。

透水后，井下排水设备要全部开动，并精心看管和维护排水设备，使其始终处于良好的运转状态。

要维持井下正常通风，以便迅速排除老空积水区涌出的有毒有害气体。

要准确核查井下人员。当发现有人被堵在危险区时，应该迅速组织力量抢救被困人员。

9.4.3 被淹井巷的恢复

被淹井巷的恢复工作包括排除积水、修整井巷和恢复生产等内容。其中排水工作比较复杂，应该由矿主要领导统一指挥，组织工程技术人员和工人查清水源情况，弄清淹没特点和排水工作条件，及时掌握井巷被淹的实际情况，选择最有效的排水方法和排水制度。

9.4.3.1 被淹井巷中的水量

在组织被淹井巷的排水工作时，需要正确地估算被淹井巷中的水量，以便确切地决定排水设备能力和恢复生产所需要的时间。被淹井巷的水量包括静水量和动水量两部分。

A 被淹井巷的静水量

矿井透水时一次涌入被淹井巷的水量为静水量。由于在被淹井巷的不同深度上静水体积是不同的，并且在水淹没井巷的同时，也使周围的岩石孔洞、裂隙充水，所以使得估算静水量的问题变得复杂了。一般来说，静水体积与被淹井巷体积成正比，但在数值上小于被淹井巷的体积。这是因为在被淹井巷中常积存一些被压缩的空气而占据一些空间，另外，由于岩石的冒落和沉降使井巷空间减小，相比之下，围岩孔洞、裂隙充水空间较小。

实际工作中用被淹井巷中水的体积与井巷体积比值，即淹没系数来概算被淹井巷的静水量。淹没系数可用地质类比法或观测井巷被淹过程中水位变化情况求得。

B　被淹井巷的动水量

被淹井巷的动水量是指井巷被淹后单位时间内的涌水量。井巷被淹后矿井水文地质状况发生了变化，井巷内水位的变化会引起动水量的变化。可以根据水泵排水量计算动水量。

在被淹井巷水位变化与动水量变化成正比，短时间内涌水量可以近似地看作一定的情况下，观测相同的时间间隔内水泵不同扬水量时的水位降低量，然后按式（9-7）计算该期间的动水量 Q_D（m^3/h）：

$$Q_D = \frac{q_2 h_1 - q_1 h_2}{h_1 - h_2} \tag{9-7}$$

式中　q_1——第一次观测的水泵扬水量，m^3/h；

　　　q_2——第二次观测的水泵扬水量，m^3/h；

　　　h_1——第一次观测的水位降低量，cm；

　　　h_2——第二次观测的水位降低量，cm。

根据需要，可以定期地进行这样的观测和计算。

应该注意，在被淹井巷的积水被全部排净之后，在一定时间内围岩孔洞、裂隙中的水会逐渐流出来，涌水量较被淹之前稍高些。

被淹井巷排水所需要的时间可按式（9-8）计算：

$$T = \frac{Q_J}{Q_B - Q_D} \tag{9-8}$$

式中　T——排水所需要的时间，d；

　　　Q_J——被淹井巷的静水量，m^3；

　　　Q_B——排水设备的排水能力，m^3/d；

　　　Q_D——被淹井巷的动水量，m^3。

应该注意，有时排水设备是断续工作的，所以，这里的时间单位是 d。

9.4.3.2　被淹井巷的排水方法

排除井巷积水的方法有直接排水法和先堵后排法两种。在涌水量不大或补给水源有限的情况下，增加排水能力，直接将静水量和动水量全部积水排除。在涌水量特别大、增加排水能力也不能将水排干时，应该先堵塞涌水通道，截断补给水源，然后再排水。

根据被淹井巷的具体情况，可以因地制宜地采用多种措施和方法。排水使用的排水设备有吊桶、水箱、箕斗、离心式水泵、气泡泵等。

（1）用吊桶、水箱、箕斗排水。利用矿井提升卷扬机，使用大吊桶、水箱或箕斗在竖井筒中提水。这种方法设备简单，人员不必进入井筒内，比较安全。其缺点是排水能力受提升速度限制，井筒内水中往往飘浮许多木头，妨碍容器浸入水中盛水。

（2）用离心式水泵排水。离心式水泵扬程高、扬水量大，可以长时间连续排水。在竖井井筒内使用立式离心吊泵，占用井筒断面小，安装、拆卸容易，可以及时随着水位变化上下移动。在斜井井筒内可以使用安装在平板车上的普通卧式离心泵，也可以用特殊构造的可以斜着工作的离心泵；在斜井中有冒落的岩石时，可以使用一种插入式吸水管（见图9-13）。在用离心式

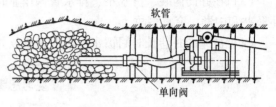

图9-13 插入式吸水管

水泵排出被淹井巷积水时，需要有专人进入矿井看管和维护，人员可能呼吸笼罩在水面上的有毒有害气体，在井筒内安装、移动水泵、排水管有坠落危险。

（3）用气泡泵排水。气泡泵是一种利用压缩空气排水的设备，其原理见图9-14。压缩空气进入气泡泵的混合器后与水混合，使水变成容重较小的乳状水，在水头压力 H 的作用下上升到 H_0 高度，经排水口流出。气泡泵构造简单、轻便，上下移动迅速，几乎只需要在地面看管，在淹没矿井的排水条件下最合适。利用气泡泵排水较用离心泵排水多耗电50%~150%，但是，从加快排水速度、争取早日恢复生产的角度，还是可以接受的。

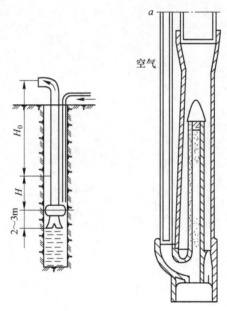

图9-14 气泡泵

9.4.3.3 被淹井巷恢复时的安全措施

被淹井巷恢复工作是在比较困难的条件下进行的，危险因素较多，因而应该采取必要的安全措施。

（1）被淹井巷排水期间，为了使水泵不间断地运转，必须有联系信号以协调地面和井下的工作。在水泵机组附近必须有足够的照明，井下人员要携带照明灯具。

（2）在恢复被淹井巷的全部过程中，要特别加强矿内通风，防止有毒有害气体危害人员的健康。在组织排水工作之前，应该对矿内大气成分进行化学分析。如果有沼气出现时，要采取防止气体爆炸的措施。

（3）在井筒内装、拆水泵、排水管等作业时，人员必须佩戴安全带与自救器，防止发生坠井和中毒、窒息事故。

（4）被淹的井巷长时间被水浸泡，在修复井巷时要防止冒顶、片帮伤害事故。

复习思考题

9-1 试述矿山地表水的种类及地表水综合防治措施。

9-2 防止矿井透水事故的原则是什么？

9-3 根据安全技术原则，应该如何采取措施防止透水淹井事故？

9-4 画出透水淹井导致人员伤亡的事件树。

9-5 疏干矿床的方法有几种，每种方法是如何进行的？

9-6 矿井透水预兆与自然发火预兆都有巷道壁出汗现象，它们之间有何区别，为什么？

9-7 一旦发生透水事故，应该采取哪些措施？

10 尾矿库安全

10.1 尾 矿 库

矿山开采出来的矿石经过选矿选出有用的矿物后剩下的矿渣叫尾矿。一般地，尾矿以浆状排出，堆存在尾矿库里。尾矿库是筑坝拦截谷口或围地构成的用以贮存尾矿的场所。把尾矿存放到尾矿库里，有效地防止了对农田和水系的污染，减少了对环境的危害。

但是，一旦尾矿库发生溃坝等事故，则可能造成大量人员伤亡、财产损失和环境污染。尾矿库是一座人为形成的高位泥石流危险源，近年来金属非金属矿山尾矿库的安全性受到了广泛关注。

10.1.1 尾矿库的类型

一般地，尾矿库都选择适宜的地形建设，根据地形的不同尾矿库有山谷型、傍山型、平地型和河谷型四种类型。

10.1.1.1 山谷型尾矿库

在山区或丘陵地区利用三面环山的自然山谷，在下游谷口地段一面筑坝，进行拦截形成尾矿库（见图 10-1）。它的特点是：初期坝不太长，堆坝比较容易，工作量较小，尾矿坝往往可堆得很高；汇水面积往往不太大，排洪设施一般比较简单；管理维护相对比较简单。但是当堆坝高度很高时，也会给设计、操作和管理带来一定的难度。

10.1.1.2 傍山型尾矿库

在丘陵和湖湾地区，利用山坡洼地，三面或两面筑坝围截形成尾矿库（见图 10-2）。它的特点是：初期坝相对较长，堆坝工作量较大，堆坝高度不可能太高；汇水面积较小，排洪问题比较容易解决，但因库内水面面积一般不大，尾矿水的澄清条件较差；管理维护相对比较复杂。

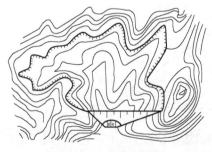

图 10-1　山谷型尾矿库

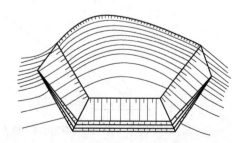

图 10-2　傍山型尾矿库

10.1.1.3 平地型尾矿库

在平原和沙漠地区的平地或凹坑处，四面筑坝围成的尾矿库（见图 10-3）。其特点是：

没有山坡汇流，汇水面积小，排洪构筑物简单；尾矿坝的长度很长，堆坝工作量相当大，堆坝高度受到限制；管理维护相当复杂。

10.1.1.4 河谷型尾矿库

截断河谷在上下游两面筑坝截成的尾矿库（见图10-4）。它的特点是：尾矿坝从上、下游两个方向向中间发展，堆坝高度受到限制；尾矿库库内的汇水面积常很大，库内和库上游都要设排洪系统，排洪系统配置较复杂，规模较大；管理维护比较复杂。

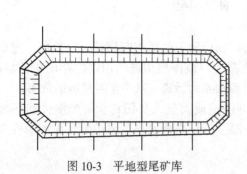

图 10-3 平地型尾矿库   图 10-4 河谷型尾矿库

国内金属非金属矿山的尾矿库以山谷型尾矿库居多。

10.1.2 尾矿库的构造

无论哪种类型的尾矿库，都由尾矿输送系统、尾矿坝、库容和排水系统构成。

10.1.2.1 尾矿坝

尾矿坝是贮存尾矿和水的尾矿库外围的坝体构筑物，一般包括初期坝和堆积坝。所谓初期坝是指基建时筑成的、作为堆积坝的排渗体和支撑体的坝；堆积坝是生产过程中在初期坝坝顶以上用尾矿充填堆筑而成的坝。

根据使用的筑坝材料不同，初期坝有土坝、堆石坝、混合料坝、砌石坝和混凝土坝等。其中，土坝造价低，施工方便，常用于缺少砂石料地区，但是透水性差，浸润线常从坝坡逸出，易产生管涌，导致垮坝，一般需要设置排渗设施；堆石坝由堆石体及其上游面的反滤层和保护层构成（见图10-5），透水性好，可降低尾矿坝的浸润线，加快尾矿固结，有利于尾矿坝的稳定。

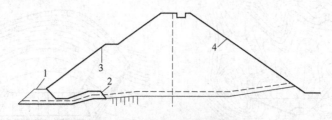

图 10-5 堆石坝结构示意图

1—堆石体；2—反滤层；3—下游护坡；4—上游护坡

按堆积坝的堆筑方式，尾矿坝有上游式筑坝、中线式筑坝和下游式筑坝三种。

上游式筑坝采用向初期坝上游方向充填尾矿加高坝的筑坝工艺。上游式筑坝的稳定性较差，抗地震液化性能差，如不采取一定的措施不适于在高地震烈度地区使用，但由于筑坝工艺简单、管理容易、成本低，在国内矿山应用广泛。

中线式筑坝采用在初期坝的坝轴线位置上用旋流粗砂冲积尾矿的筑坝工艺，在生产管理与维护方面比上游式筑坝复杂。

下游式筑坝采用向初期坝下游方向用旋流粗砂冲积尾矿的筑坝工艺，坝体稳定性好、抗地震液化能力较强，适用于高地震烈度地区的筑坝，但筑坝生产管理与维护比较复杂且成本较高。

10.1.2.2 库容

向尾矿库排放的尾矿沿尾矿坝沉积。水力冲积尾矿形成的沉积体表层称作沉积滩，通常指露出水面部分。沉积滩面与堆积坝外坡的交线称作滩顶，是沉积滩的最高点。由滩顶至库内水边线的距离称作滩长，习惯上又称作干滩长；由滩顶至设计洪水位之间的高差称作安全超高。

尾矿库是贮存尾矿的空间，其容积——库容是非常重要的技术参数。某一坝顶标高时尾矿库的全部库容称作全库容，包括有效库容、死水库容、蓄水库容、调洪库容和安全库容等五部分（见图10-6）。

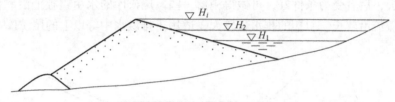

图 10-6 尾矿库的库容示意图

H_i—某一坝顶标高；H_1—正常水位；H_2—最高洪水位

有效库容是容纳尾矿的库容，是某一坝顶标高时初期坝内坡面及堆积坝外坡面以内（下游式筑坝则为坝内坡面以内）、沉积滩面以下、库底以上的空间。有效库容决定最终可能容纳的尾矿量。

调洪库容是某一坝顶标高时最高沉积滩面、库底、正常水位三者以上，最高洪水位以下的空间。调洪库容用来调节洪水，正常生产情况下不允许被尾矿或水侵占。

安全库容是最高洪水位、尾矿沉积滩面和库底以上，坝顶水平面以下的空间。它是为了防止洪水漫顶预留的安全储备库容，正常生产情况下不允许被尾矿或水侵占。

一般来说，尾矿库库容越大、坝越高，一旦发生事故对下游的危害越严重。

10.1.2.3 排水系统

排水系统的作用在于排出库内积水，包括尾矿水和洪水。排水系统的排水能力应该保证尾矿库最高洪水位时安全超高和干滩长度满足规程要求。

排水系统主要由排水井或排水斜槽、排水管、排水隧洞、溢洪道和截洪沟等构成。除了溢洪道和截洪沟外，其余排水构筑物都逐渐被厚厚的尾矿所覆盖，承受很大的上覆荷载。因此，除在设计上应该保证它有足够的强度外，对施工质量的要求也很严格。排水系统有井-管（洞）式和槽-管（洞）式两种形式。

井-管（洞）式排水系统以竖向的排水井和横向的排水管（洞）构成（见图10-7）。

排水井包括井基、井座和井筒三部分，有窗口式、框架式、叠圈式和砌块式等几种类型，多用钢筋混凝土浇筑而成，高度一般为 10~20m 之间，特殊情况和地形条件下也可做得高一些。

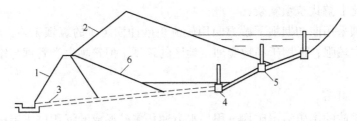

图 10-7　井-管（洞）式排水系统

1—初期坝；2—堆积坝；3—排水管；4—第一排水井；5—后续排水井；6—沉积滩

槽-管（洞）式排水系统以沿山坡筑成的排水斜槽和横向的排水管（洞）构成（见图 10-8）。排水槽的断面为矩形或圆形，宽度或直径一般为 1.0~1.5m 左右，高度宜大于宽度，排水量较大时可做成双槽式。随着尾矿库水位的升高，逐渐加盖板将斜槽封闭。斜槽盖板上将覆盖很厚的尾矿，所受土压力和水压力很大，因此盖板厚度很厚。盖板可做成平板或圆拱形板，后者受力条件好，可做得稍薄一些。尾矿库的水由盖板上沿和两侧壁溢流至槽内。因溢流沿较长，斜槽的排水量较大，适用于排洪水中等以上的尾矿库排洪。

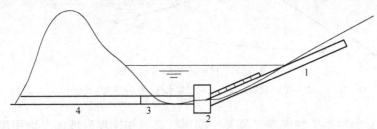

图 10-8　槽-管（洞）式排水系统

1—排水斜槽；2—连接井；3—连接管；4—排水洞

溢洪道用于洪水流量大的尾矿库排洪，其排水能力大，有正堰式和侧槽式两种。截洪沟的作用是截住沟以上汇流面积的暴雨洪水，减少入库水量，起辅助排洪的作用。

《尾矿库安全技术规程》（国家安全生产监督管理总局，AQ2006—2005）中，根据尾矿库的库容和尾矿坝的高度，规定了尾矿库各使用期的设计等别，见表 10-1。当两者的等差为一等时，取高者；当等差大于一等时，按高者降低一等。尾矿库事故可能使下游重要城镇、工矿企业或铁路干线遭受严重灾害时，其设计等别可提高一等。

表 10-1　尾矿库等别

等　　别	全库容 V/m^3	坝高 H/m
一	二等库具备提高等别条件者	
二	$V \geqslant 10000 \times 10^4$	$H \geqslant 100$
三	$1000 \times 10^4 \leqslant V < 10000 \times 10^4$	$60 \leqslant H < 100$
四	$100 \times 10^4 \leqslant V < 1000 \times 10^4$	$30 \leqslant H < 60$
五	$V < 100 \times 10^4$	$H < 30$

根据尾矿库的等别和重要性规定了尾矿库构筑物的级别，见表 10-2。这里主要构筑物指尾矿坝、库内排水构筑物等实施后难以修复的构筑物；次要构筑物指出问题后不致造成下游灾害或对尾矿库安全影响不大并易于修复的建筑物；临时构筑物指尾矿库施工期临时使用的构筑物。

表 10-2 尾矿库构筑物的级别

等 别	构 筑 物 的 级 别		
	主要构筑物	次要构筑物	临时构筑物
一	1	3	4
二	2	3	4
三	3	5	5
四	4	5	5
五	5	5	5

10.2 尾矿坝溃坝

尾矿库内存储的尾矿具有很大的势能，一旦尾矿坝发生溃坝事故，大量尾矿顺势而出，危及下游人员、财产和环境安全。近年来金属非金属矿山发生了多起严重的尾矿坝溃坝事故。例如，2000 年 10 月 18 日，广西南丹县大厂镇鸿图选矿厂尾矿库发生溃坝事故，造成 28 人死亡，56 人受伤，70 间房屋不同程度毁坏，直接经济损失 340 万元；2006 年 4 月 30 日，陕西省商洛市镇安县黄金矿业有限责任公司尾矿库在加高坝体扩容施工时发生溃坝事故，外泄尾矿量约 20 万立方米，冲毁居民房屋 76 间，22 人被淹埋，5 人获救，17 人失踪；2007 年 5 月 18 日，山西省繁峙县岩头乡境内宝山公司一尾矿库发生溃坝，80 多万立方米尾矿浆汹涌而下，绵延 20km 以上，所过之处工厂、变电站、桥梁、村庄、农田悉数被毁，直接经济损失 4500 多万元，间接损失数亿元。最为严重的是，山西襄汾新塔矿业有限公司尾矿库，其尾矿坝高约 20m、库容 18 万立方米，其坐落的山体与地面落差近 100m，于 2008 年 9 月 8 日发生溃坝事故，尾矿坝的下游已经全部被泥石流淹没，一座 3 层办公楼被泥石流向下游推行了十多米，一片集贸市场、部分农村房屋被冲毁，造成 268 人死亡和失踪，影响极其恶劣。

10.2.1 尾矿坝溃坝的原因

尾矿坝溃坝的实质是坝体失稳。坝体要经受筑坝期正常高水位的渗透压力、坝体自重、坝体及坝基中孔隙压力、最高洪水位有可能形成的稳定渗透压力和地震惯性力等载荷作用，当坝体强度不能承受载荷作用时则将失稳。影响尾矿坝稳定性的因素很多，导致尾矿坝溃坝的主要原因有渗透破坏、地震液化和洪水漫顶等。

10.2.1.1 渗透破坏

水的存在增加了滑坡体的重量，渗透力的存在增加了坡体下滑力，所以水的作用会引起坡体下滑力的增加。降雨造成的地表径流和库水会冲刷和切割坝坡，形成裂隙或断口，降低坝体稳定性。同时，水在坝体内的流动引起的冲刷和渗流作用也会降低坝体的稳定性。

　　尾矿坝的稳定问题不同于一般的边坡稳定问题，在渗流作用下的尾矿强度指标有明显的降低。由于堆积坝加高是在初期坝高的基础之上进行的，随着坝顶标高的增加库容增加，浸润线抬高而尾矿浸润范围增大，坝体的安全系数减小，溃坝的可能性增加。与天然土类相比，尾矿是一种特殊的散粒状物质，有其特殊的物理和化学性质。它的颗粒表面凹凸不平，内部有孔洞，密度小，级配均匀。尾矿沉积层的密度低，饱和不排水条件下的抗剪强度低。另外，尾矿无黏性，允许渗透压降小，在渗流作用下极易发生管涌等形式的破坏。因此，找出浸润线的高低与尾矿库安全系数之间的关系，对坝体加高工程和安全稳定性具有重要意义。

10.2.1.2　地震液化

　　构成坝体的尾矿在地震作用下颗粒重新排列，被压密而孔隙率减小，颗粒的接触应力一部分转移给孔隙水，当孔隙水压力超过原有静水压力并与有效应力相等时，动力抗剪强度完全丧失，变成黏滞液体，这种现象称地震液化。地震液化会导致坝体失稳破坏。

　　影响坝体地震液化的因素很多，主要有尾矿的物理性质、坝体埋藏状况和地震动载荷情况等。尾矿颗粒的排列结构稳定和胶结状况良好、粒径大和相对密度大，则抗液化能力高，较难发生液化。覆盖的有效压力越大，排水条件越好，液化的可能性越小。地震震动的频率越高，震动持续的时间越长，越容易引起液化。此外，对于液化的抵抗能力在正弦波作用时最小，震动方向接近尾矿的内摩擦角时抗剪强度最低，最容易引起液化。

　　地震应力引起的坝体内部剪应力增大是影响尾矿坝稳定性的另一重要因素。不考虑水对边坡稳定性的影响，将地震看成影响和控制边坡稳定的主要动力因素，由此产生的位移、位移速度和位移加速度同地震过程中地震加速度的变化有着密切的联系。

10.2.1.3　洪水漫顶

　　尾矿坝多为散粒结构，洪水漫过坝顶时，由水流产生的剪应力和对颗粒的拉拽力作用造成溃坝事故。造成洪水漫坝的主要因素有水文资料短缺造成防洪设计标准偏低、泄洪能力不足、安全超高不足等。此外，施工质量、运行管理也直接影响着尾矿坝的抗洪能力。

10.2.2　尾矿坝稳定性分析

　　尾矿坝稳定性分析包括静力稳定性分析和动力稳定性分析。

10.2.2.1　尾矿坝静力稳定性分析基本方法

　　传统的稳定系数预测法是最早的滑坡空间预测的方法。该方法通过计算滑坡体的安全系数 F_s 来预测某一具体坝坡的稳定性：

$$F_s = \frac{\tau_{抗滑力}}{\tau_{下滑力}} \tag{10-1}$$

　　当 $F_s < 1.0$ 时，坝坡处于不稳定状态；当 $F_s = 0.0$ 时，坝坡处于临界状态；当 $F_s > 1.0$ 时，坝坡处于稳定状态。

　　计算稳定性系数的方法有多种，如基于极限平衡理论的条分法、瑞典法、数值分析法等。极限平衡法是建立在众所周知的摩尔-库仑强度准则基础上的，其表达式为：

$$\tau_f = c + \sigma \tan\phi = c + (\hat{\sigma} - u)\tan\phi \tag{10-2}$$

式中 τ_f——破坏面上的剪应力;

   c——筑坝材料的有效黏聚力;

   σ, $\hat{\sigma}$——破坏面上总应力和有效法向应力;

   u——滑裂面上的孔隙应力;

   ϕ——筑坝材料的有效内摩擦角。

在极限平衡法中主要考虑抗剪安全系数,即沿整个滑面的抗剪强度 τ 与滑面上实际剪应力 τ_f 之比值:

$$F_s = \frac{\tau}{\tau_f} \qquad (10\text{-}3)$$

极限平衡法的基本原理是,假设坝坡的稳定安全系数为 F_s,则当坝体的抗剪参数(摩擦系数 $\tan\phi$ 和黏聚力 c)降低 F_s 倍后,坝坡内某一最危险滑面上的滑体将濒于失稳的极限平衡状态。换句话说,欲求坝坡的抗滑稳定安全系数,可先假设安全系数值,将坝体的摩擦系数和黏聚力都除以这个安全系数,作为计算参数进行计算,若能满足极限平衡条件,则所假定的安全系数即为所求。否则,重设安全系数,重新计算,直至满足极限平衡条件为止。

把式(10-3)写成:

$$\tau_f = \frac{\tau}{F_s} \qquad (10\text{-}4)$$

将坝体的抗剪强度 τ 除以 F_s,则 τ_f 为该滑面处于极限平衡状态时的剪应力。

表 10-3 为《尾矿库安全技术规程》规定的坝坡抗滑稳定最小安全系数。

表 10-3   坝坡抗滑稳定最小安全系数

运用情况	坝 的 级 别			
	1	2	3	4
正常运行	1.30	1.25	1.20	1.15
洪水运行	1.20	1.15	1.10	1.05
特殊运行	1.10	1.05	1.05	1.00

10.2.2.2   尾矿坝动力稳定性分析基本方法

尾矿坝动力稳定性分析主要考虑坝体渗流问题和地震荷载引起的液化问题。

A   渗流问题的分析

目前比较有效的方法是有限元数值求解方法。在求解过程中,利用稳态传热的微分方程和尾矿坝稳定渗流的基本方程的一致性来计算尾矿坝渗流问题。即,以温度场模型代替渗流区域,根据温度场数学模型中测得的各点温度值绘制等温线,以模拟渗流场相应点的压力值及等压力线,利用这种相似可以计算出渗流场中各渗流参量。其中,坝身浸润线位置是校核坝体稳定必需的计算数据,如果坝身浸润线过高,以及在下游坝坡渗出或与坝坡间的距离小于冰冻层厚度,都会危害坝体的稳定安全。

B   地震荷载引起的液化分析

目前应用比较广泛的是总应力动力分析方法,即剪应力对比法。这是一种将计算的现场地震剪应力与实验室测定的抗液化剪应力相对比的方法。首先,计算坝体中各不同深度处由地震引起的剪应力与时间关系,即剪应力时程曲线,求出平均的地震剪应力。然后,将每一点的平均地震剪应力与抗液化剪应力(一般通过实验确定)进行比较来判断液化程度,定出液化区的范围。

10.3 尾矿库的安全等级

根据尾矿库防洪能力和尾矿坝坝体稳定性,《尾矿库安全技术规程》把尾矿库安全程度分为危库、险库、病库、正常库四个等级。

10.3.1 危库

尾矿库有下列工况之一的为危库:

(1)尾矿库调洪库容不足,在最高洪水位时不能同时满足设计规定的安全超高和最小干滩长度的要求,不能保证尾矿库的防洪安全;

(2)排洪系统严重堵塞或坍塌,不能排水或排水能力急剧降低;

(3)排水井显著倾斜,有倒塌的迹象;

(4)坝体出现深层滑动迹象;

(5)经验算,坝体抗滑稳定最小安全系数小于表 10-3 规定值的 0.95;

(6)其他危及尾矿库安全运行的情况。

10.3.2 险库

尾矿库有下列工况之一的为险库:

(1)尾矿库调洪库容不足,在最高洪水位时不能同时满足设计规定的安全超高和最小干滩长度的要求,但平时对坝体的安全影响不大;

(2)排洪系统部分堵塞或坍塌,排水能力有所降低,达不到设计要求;

(3)排水井有所倾斜;

(4)坝体出现浅层滑动迹象;

(5)经验算,坝体抗滑稳定最小安全系数小于表 10-3 规定值的 0.98;

(6)坝体出现贯穿性横向裂缝,且出现较大管涌,水质混浊,挟带泥沙或坝体渗流在堆积坝坡有较大范围逸出,且出现流土变形;

(7)其他影响尾矿库安全运行的情况。

10.3.3 病库

尾矿库有下列工况之一的为病库:

(1)尾矿库调洪库容不足,在最高洪水位时不能同时满足设计规定的安全超高和最小干滩长度的要求;

(2)排洪系统出现裂缝、变形、腐蚀或磨损,排水管接头漏砂;

(3)堆积坝的整体外坡坡比陡于设计规定值,但对坝体稳定影响较小,或虽符合设计规定,但部分高程上堆积边坡过陡,可能出现局部失稳;

(4) 经验算，坝体抗滑稳定最小安全系数小于表 10-3 规定值；

(5) 浸润线位置过高，渗透水自高位逸出，坝面出现沼泽化；

(6) 坝面出现较多的局部纵向或横向裂缝；

(7) 坝体出现小的管涌并挟带少量泥沙；

(8) 堆积坝外坡冲蚀严重，形成较多或较大的冲沟；

(9) 坝端无截水沟，山坡雨水冲刷坝肩；

(10) 其他不正常现象。

10.3.4 正常库

尾矿库同时满足下列工况的为正常库：

(1) 尾矿库在最高洪水位时能同时满足设计规定的安全超高和最小干滩长度的要求；

(2) 排水系统各构筑物符合设计要求，工况正常；

(3) 尾矿坝的轮廓尺寸符合设计要求，稳定安全系数及坝体渗流控制满足要求，工况正常；

(4) 尾矿库安全生产管理机构和规章制度健全。

10.4 尾矿库事故预防

防止尾矿库事故发生需要从设计、施工、维护和管理等各环节入手。

10.4.1 尾矿库的设计和施工

尾矿库的勘察、设计、安全评价、施工及施工监理等应当由具有相应资质的单位承担。应选择有良好信誉和专业水平的建设施工队伍，明确工程质量标准，加强监督管理，确保工程质量。在尾矿库建设前应该严格按照规定程序，切实做好基础资料的收集和方案论证工作。在尾矿库设计工作中要严格遵守《尾矿库安全技术规程》等有关技术规范和标准。根据《非煤矿矿山建设项目安全设施设计审查与竣工验收办法》（国家安全生产监督管理总局、国家煤矿安全监察局令第 18 号，2005）及有关法律、法规的规定进行安全评价。尾矿库工程竣工验收合格后才能交付使用。

10.4.1.1 尾矿库的选址

选择尾矿库的库址时要综合考虑相对选矿厂的距离和高程、地形、水文、地质、地下水、岩土材料以及尾矿性质等诸多因素。但是，应该遵守下述原则：

(1) 不宜位于工矿企业、大型水源地、水产基地和大型居民区上游；

(2) 不应位于全国和省重点保护名胜古迹的上游；

(3) 应避开地质构造复杂、不良地质现象严重区域；

(4) 不占或少占农田，不动迁或少动迁村庄；

(5) 不宜位于有开采价值的矿床上面；

(6) 汇水面积小，有足够的库容和初、终期库长；

(7) 筑坝工程量小，生产管理方便；

(8) 尾矿输送距离短，能自流或扬程小。

10.4.1.2 尾矿坝设计

尾矿坝宜以滤水坝为初期坝，初期坝高度除了满足初期堆存尾矿、澄清尾矿水、尾矿库回水和冬季放矿要求外，还应满足初期调蓄洪水要求；坝基处理应该满足渗流控制和静、动力稳定性要求。尾矿坝的坝高应该符合《尾矿库安全技术规程》的要求。

尾矿坝筑坝的方式，在设计地震烈度为 7 度以下的地区宜采用上游式筑坝，设计地震烈度为 8~9 度的地区宜采用下游式或中线式筑坝。采用上游式筑坝时，中、粗尾矿可以采用直接冲填筑坝法，尾矿颗粒较细时宜采用分级冲填筑坝法。采用下游式或中线式尾矿筑坝时分级后用于筑坝的尾矿，$d \geqslant 0.074mm$ 的粗颗粒含量不宜少于 70%，否则应该进行筑坝试验。筑坝上升速度应满足库内沉积滩面上升速度和防洪的要求。下游式或中线式尾矿坝应该设上游初期坝和下游滤水坝趾，二者之间的坝基应该设置排渗褥垫和排渗盲沟。

尾矿库挡水坝应按水库坝的要求设计。上游式尾矿坝沉积滩顶至最高洪水位的高差和滩顶至最高洪水位边线距离不得小于表 10-4 规定的数值。下游式和中线式尾矿坝的坝顶外缘至最高洪水位水边线的距离，不宜小于表 10-5 所示的最小滩长值。当坝体采取防渗斜（心）墙时坝顶至最高洪水位的高差不宜小于表 10-5 所示的最小滩长对应的最小安全超高值。

表 10-4　上游式尾矿坝的最小安全超高与最小滩长

坝的级别	1	2	3	4	5
最小安全超高/m	1.5	1.0	0.7	0.5	0.4
最小滩长/m	150	100	70	50	40

表 10-5　下游式及中线式尾矿坝的最小滩长

坝的级别	1	2	3	4	5
最小滩长/m	100	70	50	35	25

尾矿库挡水坝在最高洪水位时安全超高不得小于表 10-4 所示的最小安全超高值、最大风涌水面高度和最大风浪爬高三者之和。地震区的尾矿坝设计还要考虑地震涌浪高度。

尾矿坝设计应该进行渗流计算，以确定坝体浸润线、逸出坡降和渗流量。根据坝体材料及坝基岩土的物理力学性质，考虑各种荷载组合，计算初期坝与堆积坝坝坡的抗滑稳定性。

对于 4 级以上尾矿坝应该设置坝体位移和坝体浸润线观测设施。必要时应该设置孔隙水压力、渗透水量及其混浊度的观测设施。

10.4.1.3 尾矿库安全控制参数

尾矿库施工设计应该确定生产运行安全控制参数，主要包括：

（1）尾矿库设计最终堆积高程、最终坝体高度、总库容；

（2）尾矿坝堆积坡比；

（3）尾矿坝不同堆积标高时，库内控制的正常水位、调洪高度、安全超高及干滩长度等；

（4）尾矿坝浸润线控制。

10.4.1.4 尾矿库防洪设计

为了保证尾矿库安全，一个重要的方面是使所需处理的水量与尾矿坝坝型相适应。在设计中，根据预测的排入尾矿库的尾矿固料、选矿废水、降水量和径流流入量，设计适当的排水系统来控制水量。

尾矿库必须设置排洪设施，并满足防洪要求。根据尾矿库各使用期库的等别，综合考虑库容、坝高、使用年限及对下游可能造成的危害等因素确定防洪标准。一般地，设计洪水的降雨历时应该按 24h 计算；当一日洪水总量小于调洪库容时，洪水排出时间不宜超过 72h。

10.4.2 尾矿库的安全管理

随着坝体的逐年增高，需要依次封堵排水井的进水口和进行其他的管理工作，才能保证坝体的安全。在生产过程中，基坝、排水井和排水管（洞）长期受水压、渗透、冲刷、溶蚀、气蚀、磨损、腐蚀等物理、化学作用，经受洪水、严寒、冰冻等恶劣气候条件的影响，以及施工过程可能遗留下的隐患，尾矿库的经常维护和控制，就显得尤为重要。做好尾矿排放、筑坝、防汛、防渗、防震和维护、修理、监测、检查等日常管理工作，配合科学有效的管理机制，才能保证尾矿库的安全运行。

10.4.2.1 尾矿库安全管理制度

《尾矿库安全监督管理规定》（国家安全生产监督管理总局第 38 号令，2011）要求，生产经营单位负责组织建立、健全尾矿库安全生产责任制，制定完备的安全生产规章制度和操作规程，实施安全管理。应该保证尾矿库具备安全生产条件所必需的资金投入，配备相应的安全管理机构或者安全管理人员，并配备与工作需要相适应的专业技术人员或者具有相应工作能力的人员。从事尾矿库放矿、筑坝、排洪和排渗设施操作的专职作业人员必须取得特种作业人员操作资格证书，方可上岗作业。

尾矿库的施工应该执行有关法律、法规和国家标准、行业标准的规定，严格按照设计施工，做好施工记录，确保工程质量；建立尾矿库工程档案，特别是隐蔽工程的档案，并长期保管。

针对尾矿坝溃坝、洪水漫顶、水位超警戒线、排洪设施损毁、排洪系统堵塞和坝坡深层滑动等事故和重大险情制定应急救援预案，并进行预案演练。

每三年至少对尾矿库进行一次安全评价，包括现场调查、收集资料、危险因素识别、相关安全性验算和编写安全评价报告。尾矿库安全评价工作应该有能够进行尾矿坝稳定性验算、尾矿库水文计算、构筑物计算的专业技术人员参加。

10.4.2.2 尾矿排放与筑坝

尾矿排放与筑坝，包括岸坡清理、尾矿排放、坝体堆筑、坝面维护和质量检测等环节，必须严格按设计要求和作业计划及《尾矿库安全技术规程》精心施工。

尾矿坝滩顶高程必须满足生产、防汛、冬季冰下放矿和回水要求。尾矿坝堆积坡比不得陡于设计规定。

每一期堆积坝充填作业之前必须清理岸坡，清除杂物及其他有害构筑物。遇有泉眼、水井、地道或洞穴等时应该妥善处理，沉积滩内不得有杂物。岸坡清理应该做隐蔽工程记录，经主管技术人员检查合格后方可冲填筑坝。

排放尾矿时要均匀放矿，保持尾矿坝坝体均匀上升，坝顶及沉积滩面均匀平整；在沉积滩范围内不允许有大面积矿泥沉积，沉积滩长度和滩顶最低高程要满足防洪设计要求，不得冲刷初期坝、反滤层和堆积坝。

尾矿坝外坡面的维护，可以根据具体情况采取在坡面修筑人字沟或网状排水沟，坡面植草或灌木类植物，或者用碎石、废石或山坡土覆盖坝坡等措施。

10.4.2.3　尾矿库水位控制与防汛

控制尾矿库内水位对保证尾矿库安全非常重要，一般地，控制水位应该遵循如下原则：

（1）在满足回水水质和水量要求的前提下，尽量降低库内水位；

（2）在汛期必须满足设计对库内水位控制的要求；

（3）当尾矿库实际情况与设计不符时，应该在汛前进行调洪演算，保证在最高洪水位时滩长与安全超高都满足设计要求；

（4）当回水与坝体安全对滩长和安全超高的要求有矛盾时，必须保证坝体安全；

（5）水边线应与坝轴线基本保持平行。

汛期前应该对排洪设施进行检查、维修和疏浚，确保排洪设施畅通。根据确定的排洪底坎高程，将排洪底坎以上1.5倍调洪高度内的挡板全部打开，清除排洪口前水面的漂浮物；库内设清晰醒目的水位观测标尺，标明正常运行水位和警戒水位。

10.4.2.4　尾矿库安全监测

尾矿库安全监测包括尾矿库及其库区地质滑坡体的监测，监测内容包括位移、渗流、干滩、库水位、降水量的监测。

《尾矿库安全监测技术规范》规定，必须根据尾矿库设计等别、筑坝方式、地形和地质条件、地理环境等因素，设置必要的监测项目及其相应设施，定期进行监测。一～四等尾矿库应监测位移、浸润线、干滩、库水位、降水量，必要时还应监测孔隙水压力、渗透水量、混浊度。五等尾矿库应监测位移、浸润线、干滩、库水位。

尾矿库安全监测方式有在线安全监测和人工安全监测两种。

（1）尾矿库在线安全监测是在尾矿库库区以及尾矿坝、排洪设施等构筑物上布置电子监测仪器、传感器及供电、通信等设施，通过工程测量、网络通信及计算机技术实现对尾矿库安全进行全天候自动监测、监控、分析和预警。

（2）人工安全监测是采用人工方式，通过监测仪器设备对尾矿库安全状况进行的定期监测。设计等别为一～三等的尾矿库应安装在线监测系统，四等尾矿库宜安装在线监测系统。

尾矿库在线安全监测系统运行期间，在线安全监测结果应该与人工安全监测结果进行对比分析。综合安全监测结果判断尾矿库的安全状况，当安全监测结果超过设定的安全界限时应该启动安全预警机制。尾矿库安全监测预警由低级到高级分为黄色预警、橙色预警和红色预警3个级别。

10.4.2.5　尾矿库安全检查

尾矿库安全检查是尾矿库日常安全管理的重要内容，是发现异常和事故隐患的有效手段。一般地，尾矿库安全检查包括以下四个方面内容：

（1）尾矿库的防洪检查。检查防洪设计标准、尾矿沉积滩的干滩长度和尾矿坝的安全超高等。

（2）排水构筑物安全检查。检查构筑物有无变形、位移、损毁、淤堵，排水能力是否满足要求等。

（3）尾矿坝的安全检查。检查坝的轮廓尺寸、变形、裂缝、滑坡和渗漏、坝面保护等。

（4）尾矿库库区安全检查。检查周边山体稳定性，违章建筑、违章施工和违章采选作业等情况。

通过安全检查发现尾矿坝裂缝、渗漏、管涌或滑坡等情况时，要及时采取措施处理。

10.4.2.6 危库、险库和病库处理与应急处置

经过安全评价被确定为危库、险库和病库的尾矿库，应该采取措施处理：

（1）确定为危库或者出现严重险情威胁尾矿库安全的，应当立即停产进行抢险，并向上级单位和安全生产监督管理部门报告；

（2）确定为险库的，应该在限定的时间内消除险情；

（3）确定为病库的，应该在限定的时间内按照正常库的标准进行整治，消除事故隐患。

当尾矿库出现下列重大险情之一时，应该立即报告安全生产监督管理部门和当地政府，并启动应急预案进行应急抢险，防止险情扩大：

（1）坝体出现严重的管涌、流土等现象，威胁坝体安全的；

（2）坝体出现严重裂缝、坍塌和滑动迹象，有溃坝危险的；

（3）库内水位超过限制的最高洪水位，有洪水漫顶危险的；

（4）在用排水井倒塌或者排水管（洞）坍塌堵塞，丧失或者降低排洪能力的；

（5）其他危及尾矿库安全的险情。

当尾矿库发生坝体坍塌、洪水漫顶等事故时，应该启动应急预案进行应急抢险，防止事故扩大，避免和减少人员伤亡，并立即报告安全生产监督管理部门和当地政府。

10.4.2.7 尾矿库闭库

尾矿库闭库要经过安全评价和闭库整治设计，经过安全生产监督管理部门批准，并且闭库之后的安全管理由原单位负责。

对停用的尾矿库，闭库整治设计应该按正常库标准设计，确保尾矿库防洪能力和尾矿坝稳定性系数满足安全要求，以维持尾矿库闭库后的长期安全稳定。尾矿库整治内容主要包括以下几个方面内容：

（1）尾矿坝坝体稳定性不足的，采取削坡、压坡、降低浸润线等措施，使坝体稳定性满足安全要求；

（2）完善坝面排水沟和土石覆盖、坝肩截水沟、观测设施等；

（3）根据防洪标准复核尾矿库防洪能力，当防洪能力不足时，采取扩大调洪库容或增加排洪能力等措施，必要时可增设永久溢洪道；

（4）当原排洪设施结构强度不能满足要求或受损严重时，要加固处理，必要时可新建

永久性排洪设施。

　　尾矿库经过批准闭库后，原单位必须做好闭库后的尾矿库坝体及排洪设施的维护工作，未经设计论证和批准，不得重新启用或改作他用。重新启用尾矿库或移作他用时，必须进行技术论证、工程设计、安全评价，并经安全生产监督管理部门批准。

复习思考题

10-1　尾矿库有几种类型，我国的尾矿库以哪种类型的居多？

10-2　尾矿库主要由哪些部分构成，它们与尾矿库安全有何关系？

10-3　导致尾矿坝溃坝的主要原因有哪些，尾矿坝稳定性分析包括哪些内容？

10-4　评价尾矿库安全等级时主要考察哪些因素？

10-5　如何防止尾矿库事故？

11 矿山事故应急救援

11.1 矿工自救与互救

一些矿山事故，特别是灾害性矿山事故，刚发生时释放出的能量或危险物质、波及范围都比较小，在事故现场的人员应该抓住有利时机，采取恰当措施，消灭事故和防止事故扩大。在事故已经发展到无法控制、人员可能受到伤害的情况下，处于危险区域的人员应该迅速地撤离、避难，回避危险。矿山事故发生时，处于危险区域的人员在没有外界援救的情况下，依靠自己的力量避免伤害的行动称做矿工自救；人员相互救助的行动称做矿工互救。

11.1.1 事故发生时人的行为特征

在矿山事故发生时，人员面临受到伤害的危险，往往心理紧张程度增加，信息处理能力降低，不能采取恰当的行为扭转局面和脱离危险。据研究，发生事故时，人在信息处理方面可能出现如下倾向：

(1) 接受信息能力降低。事故发生引起人的心理紧张，往往使人被动地接受外界信息，对周围的信息分不清轻重缓急，由于缺乏选择信息的能力而不能及时获得判断、决策所必要的信息；或者相反，把全部注意力集中于某种异常的事物而不顾其他，因而不能觉察其他危险因素的威胁。在高度紧张的情况下，可能产生幻觉或错觉，如弄错对象的颜色、形状，或弄错空间距离、运动速度等，从而导致错误的行为。

(2) 判断、思考能力降低。在没有任何思想准备、事故突然发生的情况下，人员可能下意识地按个人习惯或经验采取行动，结果受到伤害。由于心情紧张，可能一时想不起来已经记住的知识、办法，面对危险局面束手无策或者不能冷静地思考判断，仓促地做出决策，草率地采取行动，或盲目地追从他人。在极度恐慌时，可能对形势做出悲观的估计，采取冒险行动或绝望行动。

(3) 行动能力降低。发生事故时人的心理紧张会引起运动器官肌肉紧张，使动作缺少反馈，往往表现出手脚不相遂、动作不协调、弄错操作方向或操作对象、动作生硬或用力过猛。作为动物的一种本能，在极度恐惧时肌肉往往强烈地收缩，使人不能正常地行动。

通过教育、训练可以提高职工的应变能力，防止事故时产生心理紧张现象。每个矿山职工都应该熟悉各种事故征兆的识别方法、事故发生时的应急措施，熟悉井下巷道和安全出口，学会使用自救器和急救人员的方法，以及无法走出矿井时避难待救的措施和方法等。

在设计各种应急设施、安全撤退路线、避难设施时，应该充分考虑事故时人员的行为特征，便于人员利用。

矿山事故发生时，班组长、老工人、生产管理人员要沉着冷静地组织大家采取自救、互救措施，依靠集体的智慧和力量脱离危险。

为了使事故发生时矿工自救、互救成功，事先应该规定安全撤离路线、构筑井下避难硐室、备有足够的自救器。

11.1.2 井下避灾路线

井下避灾路线又称安全撤离路线，是在矿山事故发生时能保证人员安全撤离危险区域的路线。

矿山井下存在许多可能导致伤亡事故的危险因素。一般地，进入井下的任何地点时都应考虑一旦出现危险情况如何安全撤离的问题。每年编制的矿井应急救援预案中应该包括撤出人员的行动路线，并将人员井下避灾的线路和安全出口填绘到矿山实测图表中。

应该根据矿山事故或灾害的类型、地点、波及范围和井下人员所处的位置等情况，以能使人员快速、安全撤离危险区域为原则来确定井下避灾路线。一般地，应该选择短捷、通畅、危险因素少的路线。

在井下发生火灾的场合，位于火源地上风侧的人员应该迎着风流撤退；位于下风侧的人员应该佩戴自救器或用湿毛巾捂着鼻子，尽快找到一条捷径绕到有新鲜风流的巷道中去，如果在撤退过程中有高温火烟或烟气袭来，应该俯伏在巷道底板或水沟中，以减轻灼伤和有毒有害气体伤害。

在井下发生透水的场合，人员应该尽快撤退到透水中段以上的中段，不能进入透水地点附近的独头巷道中。当独头天井下部被水淹没，人员无法撤离时，可以在天井上部避难，等待援救。

矿内火灾、水灾等灾难性事故发生时，有毒有害烟气、水沿着井巷蔓延，巷道个别地段可能发生冒落、堵塞，给人员撤离增加困难。表 11-1 中列出人员在不同情况下行进的速度。由表中的数值可以看出，人员在不能直立行走或在水中、烟中、黑暗中行走时，行进速度大幅度降低。为了加速人员的安全撤离，应该尽可能地利用矿内车辆等运输工具和提升设备；尽量选择不易受到水、烟威胁，围岩稳固的巷道作为井下避灾路线；在井下避灾路线所经过的巷道中，应该有良好的照明；按照 GB 14161—2008《矿山安全标志》的规定，做好井下避灾路线的标识；井巷的所有分道口要有醒目的路标，注明其所在地点及通往地面出口的方向，并定期检查维护井下避灾路线，保持其通畅。

表 11-1　人的行进速度

行走姿态	行进速度/m·s⁻¹	行走环境	行进速度/m·s⁻¹
自由行走	1.33	没膝水中	0.70
小　跑	3.00	没腰水中	0.30
快　跑	6.00	熟悉黑暗中	0.70
弯腰走	0.60	陌生黑暗中	0.30
爬　行	0.30～0.50	烟　中	0.30～0.70

井下避灾路线的终点应该选择在能够保证人员安全的地方。在发生矿内火灾、水灾的场合，人员应该尽可能撤到地面，彻底脱离危险。但是，在撤离矿井很困难的情况下，如

通路堵塞、烟气浓度大而又无自救器时，则应该考虑在紧急避险设施内避难。

11.1.3　紧急避险设施

紧急避险设施是在矿山井下发生事故时，为人员安全避险提供生命保障的密闭空间，具有安全防护、氧气供给、有毒有害气体处理、通讯、照明等基本功能，主要有井下避灾硐室和救生舱两类。

11.1.3.1　井下避灾

井下避灾硐室是为井下发生事故时人员躲避灾难的硐室。避灾硐室是按照矿井应急救援预案预先构筑的，一般设在采区附近或井底车场附近。

为了满足人员避难的需要，避灾硐室净高应不低于 2m，避灾硐室面积应该能够容纳同时避灾最多人数以及硐室内配置的各种装备，供人员使用的有效面积不低于每人 $1.0m^2$。

避灾硐室内应具备对有毒有害气体的处理能力，硐室内环境参数能满足人员生存要求。相应地，硐室内要配备足够数量的自救器，CO、CO_2、O_2、温度、湿度和大气压的检测报警装置，所需要的食品和饮用水，逃生用矿灯，空气净化及制氧或供氧装置，急救箱、工具箱、人体排泄物收集处理装置，以及额定使用时间不少于 96 小时的备用电源等。

避灾硐室进出口设有两道向外开启的隔离门，在矿山设计中，要考虑避难硐室的设防水头高度。

11.1.3.2　救生舱

救生舱是一种移动式避难设施。相对于位置固定的避灾硐室，救生舱可以根据需要，在矿内移动到适当的位置。

救生舱具有过渡舱结构，人员经过过渡舱进入生存舱。过渡舱内设有压缩空气幕、压气喷淋装置及单向排气阀；生存舱提供的有效生存空间不小于每人 $0.8m^3$，并设有观察窗和不少于 2 个的单向排气阀。

救生舱应该具有足够的强度和气密性，能够抵御各种冲击、高温烟气，隔绝有毒有害气体，并有生存参数检测报警装置。救生舱内配备在额定防护时间（96 小时）内额定人数生存所需要的氧气、食品、饮用水、急救箱、人体排泄物收集处理装置等，并具备空气净化功能，使其环境参数满足人员生存要求。

紧急避险设施设置在围岩稳固、支护良好、靠近人员相对集中的地方，高于巷道底板 0.5m 以上，前后 20m 范围内应采用非可燃性材料支护。

紧急避险设施外要有清晰、醒目的标识牌，标识牌中明确标注避灾硐室或救生舱的位置和规格；在井下通往紧急避险设施的入口处，设有"紧急避险设施"的反光显示标志。

矿内发生事故时，如果人员不能在自救器的有效时间内到达安全地点，或没有自救器而巷道中有毒有害气体浓度高，或由于其他原因不能撤离危险区域的情况下，都应该躲进附近的避灾硐室或救生舱中等待援救。

11.1.4　矿井安全出口

矿井安全出口是在正常生产期间便于人员通行，在发生事故时能保证井下人员迅速撤离危险区域，到达地表的通道。矿井安全出口是井下避灾路线的一个组成部分。

《金属非金属矿山安全规程》对矿井安全出口作了明确规定。每个矿井至少应该有两个独立的直达地面的安全出口，安全出口的间距应该不小于 30m。大型矿井，矿床地质条件复杂，走向长度一翼超过 1000m 的，应该在矿体端部的下盘增设安全出口。

每个生产水平（中段），均应该至少有两个便于行人的安全出口，并且应该同通往地面的安全出口相通。井巷的岔道口应该有路标，注明其所在地点及通往地面出口的方向。所有井下作业人员，均应该熟悉安全出口。

装有两部在动力上互不依赖的罐笼设备，且提升机均为双回路供电的竖井，可作为安全出口而不必设梯子间。其他竖井作为安全出口时，应该有装备完好的梯子间。

每个采区（盘区、矿块），均应该有两个便于行人的安全出口。

11.1.5　自救器

自救器是防止事故发生时有毒有害气体经过呼吸道进入人体的个体防护用品，可以在一定时间内为进行自救的矿工提供清洁的空气。按其作用原理，自救器可以分为过滤式（净化式）自救器和隔绝式（供气式）自救器两种。

11.1.5.1　过滤式自救器

过滤式自救器是利用药剂的净化作用使空气中有毒有害气体浓度下降到工业卫生标准，供人呼吸。

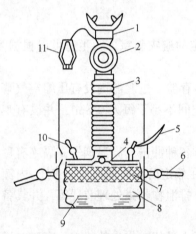

图 11-1　过滤式自救器

1—口具；2—呼吸阀；3—软管；4—进气阀；5—腰带；
6—背带；7—接触氧化剂层；8—干燥剂层；
9—弹簧；10—颈带；11—鼻夹

图 11-1 为 AZL-60 型的过滤式一氧化碳自救器的结构示意图。含有 CO 的空气经吸气孔进入干燥剂层 8 被脱去水分后，进入接触氧化剂层 7，空气中的 CO 被接触氧化剂（CuO_2 和 MnO_2 的混合物）氧化为 CO_2，并被吸附于接触氧化剂表面。除去了 CO 的空气再经过过滤层滤掉烟尘后，由进气阀 4 进入软管 3，经口具 1 被吸入人的呼吸器官。呼出气体经呼吸阀 2 排出。

这种自救器可用于发生矿山火灾或瓦斯爆炸时过滤空气中的一氧化碳，其安全使用时间为 60min。自救器适用于氧含量不低于 18%，一氧化碳含量不超过 1.5% 的场合。当空气中氧含量低于 18%，有毒有害气体浓度高时，应该使用隔绝式自救器。

硫化矿山发生火灾或矿尘爆炸时产生的气体中，或炸药爆炸产生的炮烟中，含有一氧化碳、氮氧化物、二氧化硫、硫化氢等多种有毒气体。这种情况下应该使用能够吸收多种有毒气体的过滤式自救器。这种自救器与一氧化碳自救器的区别在于使用的药剂不同。

应该每隔半月至一个月检查一下自救器的气密性；禁止使用漏气的自救器。使用前，应该弄清有毒气体的种类和浓度，检查自救器的药剂是否已经超过了有效期。

佩戴使用时必须先将自救器的进气口打开，使呼吸通畅，防止窒息。使用中嗅到异样气味、发现重量增加时，应该考虑自救器是否失效。

11.1.5.2 隔绝式自救器

隔绝式自救器是使佩戴者的呼吸系统与外界空气隔离开来，由自救器供氧维持人员呼吸的。自救器中的氧气是利用 NaO_2 或其他碱金属过氧化物，与人员呼出的 CO_2 和水汽发生化学反应生成的。

图 11-2 是 AZH-40 型隔绝式自救器的结构示意图。佩戴者呼出的气体经口具 1、口水降温盒 2、呼吸软管 4，进入装有碱金属过氧化物的生氧罐发生化学反应生成氧气，进入气囊 6。吸气时，气囊中的气体再经过生氧罐、呼吸软管、口水降温盒、口具被人体吸入。气囊中气体过多时，排气阀 3 自动开启，排出一部分呼出气体，保证气囊中正常的工作压力和调节氧气的生成速度，延长使用时间。

自救器的快速启动装置 8 用于解决刚使用时生氧速度慢、氧气量不足的问题。快速启动

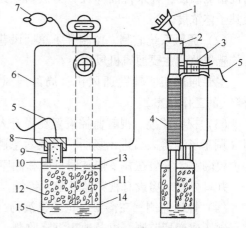

图 11-2 隔绝式自救器

1—口具；2—口水降温盒；3—排气阀；4—呼吸软管；
5—尼龙绳；6—气囊；7—鼻夹；8—启动装置；
9—哑铃形硫酸瓶；10—启动药块；11—生氧罐；
12—生气剂；13—上部格网；
14—下部格网；15—弹簧

装置中有哑铃形硫酸瓶 9 和启动药块 10；尼龙绳 5 的一端系在硫酸瓶上，另一端系在外壳盖上。佩戴时打开外壳盖，尼龙绳将硫酸瓶拉破，硫酸与启动药块反应生成大量氧气，供人开始呼吸之用。这种隔绝式自救器在中等体力劳动强度下，有效使用时间为 40min；在静坐时使用时间可达 2.5~3.0h。

佩戴这种自救器撤离时，行走速度不宜太快，呼吸要均匀。行进途中绝对禁止取下鼻夹和口具。

11.2 安全避险系统

国家安全生产监督管理总局要求金属非金属地下矿山建设安全避险"六大系统"，并发布了相应的建设规范。安全避险"六大系统"是指监测监控系统、井下人员定位系统、紧急避险系统、压风自救系统、供水施救系统和通信联络系统。

11.2.1 监测监控系统

监测监控系统是由主机、传输接口、传输线缆、分站、传感器等设备及管理软件组成的系统，具有信息采集、传输、存储、处理、显示、打印和声光报警功能，用于监测井下有毒有害气体浓度，以及风速、风压、温度、烟雾、通风机开停状态、地压等。

（1）有毒有害气体监（检）测。配置足够的便携式气体检测报警仪，测量一氧化碳、氧气、二氧化氮浓度，并具有报警参数设置和声光报警功能。有条件的矿山采用传感器对炮烟中的一氧化碳或二氧化氮进行在线监测。

开采高含硫矿床的地下矿山，在每个生产中段和分段的进、回风巷靠近采场位置设置

硫化氢和二氧化硫传感器；开采有自然发火危险矿床的地下矿山，定期采用便携式温度检测仪检测温度；开采含铀（钍）等放射性元素的地下矿山，监测井下空气中氡（钍射气）及其子体浓度。

（2）通风系统监测。监测井下总回风巷、各个生产中段和分段的回风巷风速；设置风压传感器监测主要通风机风压。

主要通风机、辅助通风机、局部通风机安装开停传感器，连续监测设备"开"或"停"的工作状态。

（3）视频监控。视频监控设置在提升人员的井口信号房、提升机房，以及井口、马头门（调车场）等人员进出场所，以及紧急避险设施及井下爆破器材库、油库、中央变电所等主要硐室。安装在井下爆破器材库和油库的视频设备应具备防爆功能。

井口提升机房设有视频监控显示终端。

（4）地压监测。在需要保护的建筑物、构筑物、铁路、水体下面开采的地下矿山，要进行地压或变形监测，以及地表沉降监测。

存在大面积采空区、工程地质复杂、有严重地压活动的地下矿山，要进行地压监测。

11.2.2　井下人员定位系统

井下人员定位系统是由主机、传输接口、分站（读卡器）、识别卡、传输线缆等设备及管理软件组成的系统，具有对携卡人员出入井时刻、重点区域出入时刻、工作时间、井下和重点区域人员数量、井下人员活动路线等信息进行监测、显示、打印、储存、查询、报警、管理等功能。

井下人员定位系统能够及时、准确地将井下各个区域人员及设备的动态情况反映到地面计算机系统，使管理人员能够随时掌握井下人员、设备的分布状况和每个矿工的运动轨迹，以便于指导人员撤退和应急救援。

井下人员定位系统以现代无线电编码通讯技术为基础，应用现代无线电通讯技术中的信令技术及无线发射接收技术，结合数据通讯、数据处理及图形显示软件等技术，由无线编码发射器、数据采集控制设备、数据传输网络、地面中心软件系统及服务器组成。无线编码发射器发出代表人员身份信息的射频信号，经采集控制设备接收并通过数据传输网络上传到地面中心软件系统，经过分析处理，在显示终端实时显示各种信息。

井下最多同时作业人数不少于30人的矿山，应建立完善人员定位系统；井下最多同时作业人数少于30人的矿山，应建立完善人员出入井信息管理制度，准确掌握井下各个区域作业人员的数量。

11.2.3　紧急避险系统

紧急避险系统是在矿山井下发生事故时，为避灾人员安全避险提供生命保障的系统，是由井下避灾路线、紧急避险设施、设备和措施组成的有机整体。

紧急避险系统建设的内容包括科学制定应急预案、合理设置井下避灾路线、为入井人员提供自救器、建设紧急避险设施等。

根据"撤离优先，避险就近"的原则编制事故应急预案，制定各种事故时的井下避灾路线，绘制井下避灾线路图，做好井下避灾路线的标识。井巷的所有分道口要有醒目的路标，注明其所在地点及通往地面出口的方向，并定期检查维护井下避灾路线，保持其通畅。

所有入井人员必须随身携带自救器。为此，应该为入井人员配备额定防护时间不少于30min 的自救器，并按入井总人数的 10% 配备备用自救器。人员在自救器额定防护时间内不能到达安全地点或及时升井时，应该就近撤到紧急避险设施内。

水文地质条件中等及复杂或有透水危险的地下矿山，至少在最低生产中段设置紧急避险设施；生产中段在地面最低安全出口以下垂直距离超过 300m 的矿山，在最低生产中段设置紧急避险设施；距中段安全出口实际距离超过 2000m 的生产中段，设置紧急避险设施。根据编制的事故应急预案和井下避灾路线确定设置紧急避险设施的具体位置。

紧急避险设施的设置要满足本中段最多同时作业人员的避难需要，单个避难硐室的额定人数不大于 100 人。

在选择紧急避险设施时，应该优先选择避难硐室。矿山井下压风自救系统、供水施救系统、通信联络系统、供电系统的管道和线缆以及监测监控系统的视频监控设备要接入避灾硐室内。各种管线在接入避灾硐室时，应采取密封等防护措施。

11.2.4　压风自救系统

压风自救系统是在矿山发生事故时，为井下提供新鲜风流的系统，包括空气压缩机、送气管路、三通及阀门、油水分离器、压风自救装置等。压风自救系统可以与生产压风系统共用。

压风自救装置是安装在压风管道上，通过防护袋或面罩向使用人员提供新鲜空气的装置，具有减压、节流、降噪、过滤、开关等功能。

压风自救系统的空气压缩机应该安装在地面，并能在 10min 内启动。空气压缩机安装在地面难以保证对井下作业地点有效供风时，可以安装在风源质量不受生产作业区域影响且围岩稳固、支护良好的井下地点。

压风管道采用钢质材料或其他具有同等强度的阻燃材料。压风管道敷设牢固平直，延伸到井下采掘作业场所、紧急避险设施、爆破时撤离人员集中地点等主要地点。

各主要生产中段和分段进风巷道的压风管道上每隔 200~300m 安设一组三通及阀门；独头掘进巷道距掘进工作面不大于 100m 处的压风管道上安设一组三通及阀门，向外每隔200~300m 安设一组三通及阀门；爆破时撤离人员集中地点的压风管道上安设一组三通及阀门。有毒有害气体涌出的独头掘进巷道距掘进工作面不大于 100m 处的压风管道上安设压风自救装置。

构成压风自救系统的压风管道接入紧急避险设施内时，要设置供气阀门，减压、消音、过滤装置和控制阀。

11.2.5　供水施救系统

供水施救系统是在矿山发生事故时，为井下提供生活饮用水的系统，包括水源、过滤装置、供水管路、三通及阀门等。

供水施救系统应优先采用静压供水；当不具备条件时，采用动压供水。供水施救系统可以与生产供水系统共用，但在施救时，水源要满足生活饮用水水质卫生要求。

各主要生产中段和分段进风巷道的供水管道上每隔200~300m安设一组三通和阀门；独头掘进巷道距掘进工作面不大于100m处的供水管道上安设一组三通和阀门，向外每隔200~300m安设一组三通及阀门；爆破时撤离人员集中地点的供水管道上安设一组三通和阀门。

供水管道接入紧急避险设施内，并安设阀门和过滤装置，水量和水压要满足额定数量人员避难时的需要。

11.2.6　通信联络系统

通信联络系统是在生产、调度、管理、救援等各环节中，通过发送和接收通信信号实现通信及联络的系统，包括有线通信联络系统和无线通信联络系统。矿山根据安全避险的实际需要，建设完善有线通信联络系统；宜建设无线通信联络系统，作为有线通信联络系统的补充。

有线通信联络系统应该具备终端设备与控制中心之间的双向语音且无阻塞通信功能；由控制中心发起的组呼、全呼、选呼、强拆、强插、紧呼及监听功能；由终端设备向控制中心发起的紧急呼叫功能；能够显示发起通信的终端设备的位置；能够储存备份通信历史记录并可进行查询；自动或手动启动的录音功能；终端设备之间通信联络的功能。

通信联络终端设备的安装地点包括井底车场、马头门、井下运输调度室、主要机电硐室、井下变电所、井下各中段采区、主要泵房、主要通风机房、井下紧急避险设施、爆破时撤离人员集中地点、提升机房、井下爆破器材库和装卸矿点等，保证与地表调度室有可靠的通讯联系。

有线通信线缆应该分设两条，从不同的井筒进入井下配线设备，其中任何一条通信线缆发生故障时，另外一条线缆的容量应该能够担负井下各通信终端的通信能力。

井下无线通讯系统应该覆盖有人员流动的竖井、斜井、运输巷道、生产巷道和主要开采工作面。

11.3　矿山救护组织和装备

11.3.1　矿山救护队及其工作

为了及时有效地处理和消灭矿山事故，减少人员伤亡和财产损失，《金属非金属矿山安全规程》规定，矿山企业应该建立由专职或兼职人员组成的事故应急救援组织，配备必要的应急救援器材和设备。生产规模较小不必建立事故应急救援组织的，应该指定兼职的应急救援人员，并与邻近的事故应急救援组织签订救援协议。

矿山救护队是专职的事故应急救援组织。矿山救护队按大队、中队、小队三级编制，其人数视具体情况确定。一般地，小队由5~8人组成，由3~6个小队编成一个中队，由几个中队组成该矿区的救护大队。矿山救护队应能够独立处理矿区内的任何事故。

为了保证迅速投入应急救援工作，救护队应该经常处于戒备状态。分别以小队为单位轮流担任值班队、待机队和休息队。值班队应该时刻处于临战状态，保证在接到求救电话1min内集合完毕，上车出发。待机队平时进行学习和训练，值班队出发后，待机队转为值班队。

　　救护队到达事故现场后，由队长向现场指挥员报到，并了解事故发生地点、规模、遇难人员所在位置等情况。当事故情况不明时，救护队的首要任务是侦察。通过侦察弄清事故发生地点、性质和波及范围，查清被困人员所在位置并设法救出他们，选定井下救护基地和安全岗哨地点等。

　　进行复杂事故或远距离侦察时，应该由几个小队联合进行，各小队相隔一定时间陆续出发，以保证侦察工作安全。在有窒息或中毒危险区域侦察时，每小队不得少于5人；在空气新鲜的地区侦察时，不得少于2人。应该认真计算侦察的进程和回程的氧气消耗量，防止呼吸器中途失效。根据侦察结果，救护队应该立即拟定处理事故方案，并按此方案制定出行动计划。

11.3.2　事故发生时的救护行动原则

　　事故发生后，救护队的主要任务是：抢救罹难人员，使他们脱离危险；采取措施局限事故波及范围；彻底消灭事故，恢复生产。

　　井下发生水灾时，救护队要搭救被围困人员，引导下部中段人员沿上行井巷撤至地面；保护水泵房，防止矿井被淹；恢复矿内通风。

　　发生矿内火灾时，救护队要首先组织井下人员撤离矿井；控制风流防止火灾蔓延；如果火灾威胁井下炸药库时，要尽快将爆破器材转移；井底车场硐室（变电所、充电硐室等）着火时，如果用直接灭火法不能扑灭时，应关闭硐室防火门，设置水幕，停止供电，防止火灾扩大。扑灭火灾时，要首先采用直接灭火法，在采用直接灭火法无效时，再采用封闭灭火法或联合灭火法。

　　发生炮烟中毒事故时，救护队首先必须阻止无呼吸器的人员进入危险区域，并立即携带自救器奔向出事地区，给遇难人员戴上自救器将其救出。将中毒人员迅速抬到新鲜风流处，施行人工呼吸或用苏生器抢救。同时，应该抓紧恢复炮烟区的通风。事故区的所有入口要设安全岗哨，不允许无呼吸器人员进入，直到经通风后空气中有毒气体含量符合工业卫生标准为止。

11.3.3　矿山救护的主要设备

　　矿山救护队的主要设备有供救护队员在有毒有害气体中救灾时佩戴的氧气呼吸器、对受难人员施行人工呼吸进行急救的自动苏生器，以及为它们的小氧气瓶充氧的氧气充填泵、检查氧气呼吸器性能的氧气检测仪等。

11.3.3.1　氧气呼吸器

　　氧气呼吸器是救护队员在有毒有害气体环境中救灾时佩戴的个体防护器具。其工作原理是：由人体肺部呼出的二氧化碳气体，周而复始地被呼吸器中清洁罐中的吸收剂吸收，再定量地补充氧气供人体吸入。

　　我国矿山救护队使用的氧气呼吸器有负压氧气呼吸器和正压氧气呼吸器两类。

　　负压氧气呼吸器主要为 AHG-2 型、AHG-3 型和 AHG-4 型，各种型号的区别在于有效使用时间不同，分别为 2h、3h 和 4h。图 11-3 为 AHG-4 型氧气呼吸器的结构示意图。佩带者呼出的气体经口具 2、呼气软管 3、呼吸阀 10，进入清洁罐 11。其中的二氧化碳被清洁

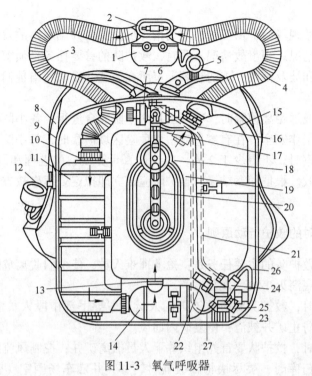

图 11-3 氧气呼吸器

1—唾液盒；2—口具；3—呼气软管；4—吸气软管；5—鼻夹；6—通压力表的氧气管；7—减压器；8—背带；9—底壳；
10—呼吸阀；11—清洁罐；12—压力表；13—水分吸收器与气囊接头；14—水汽吸收器；15—氧气瓶；
16—吸气阀；17—定量孔；18—自动排气阀；19—气囊；20—自动补给阀杠杆；21—通减压器的
高压氧气管；22—手动补给阀与气囊接头；23—氧气瓶开关；24—氧气分路器；
25—手动补给阀；26—高压氧气管；27—通压力表的高压氧气管

罐中的吸收剂（$Ca(OH)_2$）吸收，其余气体经水汽吸收器 14 进入气囊 19，与氧气瓶补充的氧气混合，组成含氧空气。佩戴者吸气时，含氧空气经吸气阀 16、吸气软管 4 和口具 2 进入人的呼吸器官。于是，在与外界空气隔绝条件下完成呼吸循环过程。

为了满足佩戴者对氧的需求，这种氧气呼吸器有三种供氧方式：

（1）定量供氧。氧气瓶中的高压氧气经减压器后，压力由 19.6MPa 降至 0.25 ~ 0.29MPa，然后经定量孔以 1.2L/min 的流量流入气囊，供一般劳动强度下呼吸用。

（2）自动补给供氧。当劳动强度增大、氧气消耗量增加时，气囊收缩，带动与减压器上自动补给阀相连的杠杆 20 动作，当杠杆下降到一定程度时，把自动补给阀打开，氧气以 50~60L/min 的流量进入气囊。气囊充满后杠杆上升，使自动补给阀关闭，恢复正常供氧。

（3）手动补给供氧。在使用中减压阀失灵或气囊中废气太多需要清除时，可以使用手动补给阀 25 供氧。用手按几次分路器的按钮，氧气就以 50~100L/min 的流量进入气囊。

在这类氧气呼吸器中，吸气阀是靠吸气时面罩内产生的负压来打开的，自动补给阀是在负压下进行补气的。于是，负压氧气呼吸器的防护性能主要取决于面罩的密贴性。

正压氧气呼吸器是目前最先进的氧气呼吸器，这是一种在呼吸全过程中始终保证面罩内压力大于外界大气压力的氧气呼吸器。由于吸气时面罩内压力高于外界大气压力，有毒有害气体就无法进入，从而提高了氧气呼吸器的防护能力，并且具有呼吸阻力小的优点。

在正压氧气呼吸器中，提高了自动补给阀的开启压力和关闭压力，使得自动补给阀在正压下就开启进行补气；呼气时面罩内压力大于气囊压力，由于压差使吸气阀自动关闭，呼气阀打开；加大了排气阀的弹簧力保证呼出气体不能直接从排气阀流出。目前我国矿山救护队使用的正压氧气呼吸器有国产的 PB4 型和 KF-1 型，德国的 BG4 型，美国的 Biopak240 型等。

氧气呼吸器的构造精密而复杂，平时应加强保管、维护和检查，以确保其正常灵活地工作。使用前，必须用万能检查仪对呼吸器的性能进行全面检查，如气密程度、排气阀的灵敏程度、自动补给阀开启情况、减压器的供氧量、清洁罐的严密性和阻力等。同时，要检查软管、鼻夹、口具、背带等是否齐全完好。使用后，要及时用氧气充填泵充填氧气，更换清洁罐中的吸收剂，将口具、唾液盒及呼吸软管等清洗消毒。

11.3.3.2 自动苏生器

自动苏生器是在救灾过程中对受难人员施行人工呼吸进行急救的设备。它适用于抢救因中毒窒息、胸部外伤造成的呼吸困难或触电、溺水等造成的失去知觉处于假死状态的人员。图 11-4 为我国矿山救护队使用的 ASZ 型自动苏生器的工作原理示意图。

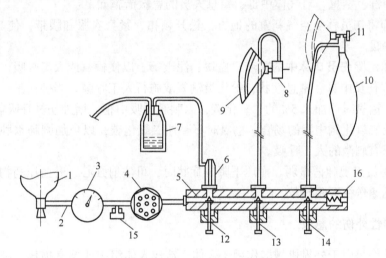

图 11-4 自动苏生器工作原理图

1—氧气瓶；2—氧气管；3—压力表；4—减压器；5—配气阀；6—引射器；7—吸气瓶；8—自动肺；
9—面罩；10—贮气囊；11—呼吸阀；12~14—开关；15—逆止阀；16—安全阀

氧气瓶中的高压氧气（压力 19.6MPa）经氧气管 2、压力表 3、减压器 4，压力降至 0.49MPa 以下，然后进入配气阀 5。配气阀上有三个气路开关。开关 12 通过引射器 6 与吸引导管相连，其功用是在开始苏生前借引射器造成的负压，将受难者口中的泥土、黏液等污物抽到吸气瓶 7 中。中间的开关 13 与自动肺连通。自动肺通过其中的引射器喷出氧气来吸入外界空气，二者混合后经面罩 9 压入伤员肺中。然后，引射器又自动操纵阀门，将肺部气体抽出，自动地进行人工呼吸。开关 14 与带贮气囊 10 的面罩相连接，用于受难者恢复自主呼吸能力后的供氧。人员呼出的气体经贮气囊上的呼气阀排出。

此种设备体积小、重量轻、操作简便、性能可靠、携带方便，适于矿山救护队在井下使用。

11.4　现场急救

矿山事故造成的伤害，其发生都比较急骤，并且往往是严重伤害，危及人员的生命安全，所以必须当机立断地进行现场急救。现场急救，是在事故现场对遭受矿山事故意外伤害的人员所进行的应急救治。其目的是控制伤害程度，减轻人员痛苦；防止伤势迅速恶化，抢救伤员生命；然后，将其安全地护送到医院检查和治疗。

伤害一旦发生，应该立即根据伤害的种类、严重程度，采取恰当措施进行现场急救。特别是当伤员出现心跳、呼吸停止时，要及时进行心肺复苏；同时在转送医院途中，对有生命危险者要坚持进行人工呼吸，密切注意伤员的神志、瞳孔、呼吸、脉搏及血压情况。总之，现场急救措施要及时而稳妥、正确而迅速。

11.4.1　气体中毒及窒息的急救

矿山火灾，老空积水涌出，炸药燃烧、爆炸等都会使大量有毒有害气体弥漫井巷空间，使人员中毒、窒息。对气体中毒、窒息人员的急救措施如下：

（1）立即将伤员移至空气新鲜的地方，松开领扣、紧身衣服和腰带，使其呼吸通畅；同时要注意保暖。

（2）迅速清除伤员口鼻中的黏液、血块、泥土等，以便输氧或人工呼吸。

（3）根据伤员中毒、窒息症状，给伤员输氧或施行人工呼吸。当确认是一氧化碳、硫化氢中毒时，输氧时可加入5%的二氧化碳，以刺激呼吸中枢，增加伤员呼吸能力。但是，在二氧化硫或二氧化氮中毒的场合，输氧时不要加二氧化碳，以免加剧肺水肿，也不能进行对患者肺部有刺激的人工呼吸。

（4）当伤员出现脉搏微弱、血压下降等症状时，可注射强心、升血压药物，待伤势稍稳定后，再迅速送往医院抢救。

11.4.2　机械性外伤的急救

机械性外伤是由于外界机械能作用于人体，造成人体组织或器官损伤、破坏，并引起局部或全身反应的伤害。机械性外伤是常见的矿山事故伤害。对于严重机械性外伤，可以采取如下现场急救措施：

（1）迅速、小心地将伤员转移到安全地方，脱离伤害源。

（2）使伤员呼吸道畅通。

（3）检查伤员全身状况。如果伤员发生休克，则应该首先处理休克。机械性外伤引起的休克称做创伤性休克，是伤员早期死亡的重要原因之一。当伤员呼吸、心跳停止时，应该立即进行人工呼吸，胸外心脏按压。当伤员外出血时，应该迅速包扎，压迫止血，使伤员保持头低脚高的卧位，并注意保暖。当伤员骨折时，可以就地取材，利用木板等将骨折处上下关节固定；在无材料可利用的情况下，上肢可固定在身侧，下肢与健康侧肢体缚在一起。

（4）现场止痛。伤员剧烈疼痛时，应该给予止痛剂和镇痛剂。

（5）对伤口进行处理。用消毒纱布或清洁布等覆盖伤口，防止感染。

（6）将内出血者尽快送往医院抢救。

（7）在将伤员转送医院途中，要尽量减少颠簸，密切注意伤员的呼吸、脉搏、血压及伤口情况。

11.4.3 触电急救

人员触电后不一定会立即死亡，往往呈现"假死"状态，如果及时进行现场急救，则可能使"假死"的人获救。根据经验，触电后 1min 内开始急救，成功率可达 90%；触电 12min 后开始抢救，则成功的可能性很小。因此，触电急救应该尽可能迅速、就地进行。

当触电者不能自行摆脱电源时，应该迅速使其脱离电源。然后迅速对其伤害情况作出简单诊断，根据伤势对症救治。

（1）触电者神志清醒，有乏力、头昏、心慌、出冷汗、呕吐等症状时，应该让其安静休息，并注意观察。

（2）触电者无知觉、无呼吸但心脏跳动时，应该进行口对口的人工呼吸。

（3）触电者处于心跳和呼吸均停止的"假死"状态，应该反复进行人工呼吸和心脏按压。当心跳和呼吸逐渐恢复正常时，可暂停数秒观察，若不能维持正常心跳和呼吸，必须继续抢救。

触电急救过程中不要轻易使用强心剂。在运送医院途中抢救工作不能停止。

11.4.4 烧伤急救

矿山火灾时人员可能被烧伤。烧伤的现场急救措施如下：

（1）尽快将伤员撤出高温区域。

（2）检查伤员有无合并损伤，如脑颅损伤、腹腔内脏损伤和呼吸道烧伤，以及气体中毒等。伴有休克者应该就地抢救。

（3）对呼吸道烧伤、头面部或颈部烧伤者应该观察其呼吸情况。在发生窒息时可用针头扎或切开气管，以保持呼吸畅通。

（4）保护创面防止污染。烧伤创面一般不做处理。现场检查和搬运伤员时，尽量避免弄破水泡。可以用清洁布或干净衣服将创面包裹起来。

（5）迅速送往医院治疗。

11.4.5 溺水急救

溺水时，伤员的腹腔和肺部灌入大量的水，出现呼吸困难、窒息等症状，如不及时抢救可能因缺氧或循环衰竭而死亡。

（1）将被淹溺者从水中救出，抬到空气新鲜、温暖的地方，脱去湿衣服，注意保温。

（2）倾倒出伤员体内积水。当伤员呼吸停止时应该施行口对口人工呼吸；当伤员心跳停止时，应该进行胸外心脏按压和人工呼吸。

（3）防止发生肺炎。

（4）迅速送往医院治疗。

11.5　矿山事故应急预案

11.5.1　事故应急救援概述

矿山事故一旦发生往往情况非常紧急，如果不及时采取应对措施则可能造成人员伤亡、财产损失或环境污染。事故应急救援通过及时采取有效的应急行动，避免、减少事故损失。

11.5.1.1　事故应急救援的基本任务

矿山事故发生后应急救援的基本任务包括下述几个方面：

（1）立即组织营救受害人员，组织撤离或者采取其他措施保护危害区域内的其他人员。抢救受害人员是事故应急救援的首要任务，在应急救援行动中，快速、有序、有效地实施现场急救与安全转送伤员是降低伤亡率、减少事故损失的关键。有些矿山事故，如火灾、透水等灾害性事故，发生突然、扩散迅速、涉及范围广、危害大，应该及时指导和组织人员自救、互救，迅速撤离危险区或可能受到危害的区域。事故可能影响到企业周围居民的场合，要积极组织群众的疏散、避难。

（2）迅速控制事态，防止事故扩大或引起"二次事故"，并对事故发展状况、造成的影响进行检测、监测，确定危险区域的范围、危险性质及危险程度。控制事态不仅可以避免、减少事故损失，而且可以为后续的事故救援提供安全保障。

（3）消除事故后果，做好恢复工作。清理事故现场，修复受事故影响的井巷、构筑物，恢复基本设施，将其恢复至正常状态。

（4）查明事故原因，评估危害程度。事故发生后应及时调查事故发生的原因和事故性质，查明事故的影响范围，人员伤亡、财产损失和环境污染情况，评估危害程度。

11.5.1.2　矿山事故应急救援的特点

矿山事故，特别是灾害性事故，往往具有发生突然、传播迅速、影响范围广、地下矿山通达地表的出入口数目有限、现场应急救援资源有限、应急救援人员和设备进入困难、矿内人员疏散困难等特点，因而应急救援行动必须迅速、正确和有效。迅速，就要求建立快速应急响应机制，能迅速准确地传递事故信息，迅速地调集所需的应急力量和设备、物资等资源，开展应急工作；正确，就要求建立科学应急决策机制，能基于事故的性质、特点、规模、现场状况等信息，预测事故的发展趋势，正确地开展应急救援行动；有效，就要求有充分的应急准备，包括预案的制定、落实，应急救援队伍的建设与训练，应急救援设备（设施）、物资的配备与维护，以及有效的外部增援机制等。

11.5.1.3　事故应急救援体系

金属非金属矿山企业在事故应急救援工作中，在预防为主的前提下，贯彻统一指挥、分级负责、区域为主、单位自救和社会救援结合的原则。

我国已经建立了国家、省、市级的事故应急救援体系，成立了国家、省、市的安全生产应急救援指挥中心，在重、特大事故发生时可以充分调动社会应急资源开展应急救援工作。矿山企业也必须根据企业的具体情况建立事故应急救援体系。

事故应急救援体系主要包括事故应急救援组织，如应急救援指挥机构、应急救援队伍和技术专家组等，以及应急救援保障，如应急救援装备、物资、通讯等。

应急救援指挥中心或应急救援指挥部是事故应急救援的最高决策、指挥机构，应该由企业最高领导人牵头。一般下设三个组，即综合协调组、救援组和后勤保障组，指挥整个事故应急救援工作，调动、协调各种应急资源，包括与外界的沟通、协调。应急救援办公室作为应急救援指挥中心的常设机构，负责平时的应急准备，事故发生时接受报告、报送信息和组织应急状态下各部门的沟通协调。

应急救援队伍由专业应急救援队伍，如矿山救护队、医疗队等，以及兼职应急救援队伍组成。应急救援保障包括各种应急装备和物资的储备与供给，如应急抢险装备、工具、物资，应急救护装备、物资、药品，应急通讯装备，后勤保障装备、物资等。

矿山企业应该根据企业的具体情况确定应急救援体制，如公司级、矿山级和坑口级构成的三级应急救援体制等，以分别对应不同级别的事故应急响应。

矿山企业的事故应急救援以企业为主，充分调动企业内部应急力量，同时矿山企业的事故应急救援体系也是当地区域事故应急救援体系的一部分，因此要与区域的事故应急救援体系相配合，必要时争取外部的应急支援。

11.5.1.4 事故应急响应

事故应急救援体系应该根据事故的性质、严重程度、事态发展趋势做出不同级别的响应。相应地，针对不同的响应级别明确事故的通报范围，启动哪一级应急救援，应急救援力量的出动和设备、物资的调集规模，周围群众疏散的范围等。应急响应级别应该与应急救援体制的级别相对应，如三级应急响应对应三级应急救援体制。

事故应急响应的主要内容包括信息报告和处理、应急启动、应急救援行动、应急恢复和应急结束等。

（1）信息报告和处理。矿山企业发生事故后，现场人员要立即开展自救和互救，并立即报告本单位负责人。矿山企业负责人接到事故报告后，应该按照工作程序，对情况做出判断，初步确定相应的响应级别，并按照国家有关规定立即如实报告当地人民政府和有关部门。如果事故不足以启动应急救援体系的最低响应级别，则响应关闭。

（2）应急启动。应急响应级别确定后，按所确定的响应级别启动应急程序，如通知应急中心有关人员到位、开通信息与通讯网络、通知调配救援所需的应急资源（包括应急队伍和物资、装备等）、成立现场指挥部等。

（3）应急救援行动。有关应急队伍进入事故现场后，迅速开展事故侦测、警戒、疏散、人员救助、工程抢险等有关应急救援工作。专家组为救援决策提供建议和技术支持。当事态超出响应级别，无法得到有效控制时，向应急中心请求实施更高级别的应急响应。

（4）应急恢复。应急救援行动结束后，进入临时应急恢复阶段。包括现场清理、人员清点和撤离、警戒解除、善后处理和事故调查等。

（5）应急结束。执行应急关闭程序，由事故总指挥宣布应急结束。

11.5.2 事故应急预案

矿山事故应急救援是避免或减少事故损失的重要措施。由于矿山生产系统中不可避免地存在着危险源，就必然存在着事故发生的可能性。矿山事故发生时往往形势非常紧迫，必须分秒必争；在危险当前的情况下人员往往由于心理紧张而容易发生失误。事故发生之前做好应急预案，就能有备无患、未雨绸缪，一旦事故发生时就可以从容应对。事故应急救援预案简称事故应急预案，又称事故应急计划。

事故应急预案是针对可能发生的矿山事故，特别是灾害性事故所需的应急准备和应急响应行动而制定的指导性文件。国家安全生产监督管理总局已经制定了《矿山事故灾难应急预案》（2006 年 10 月颁布）、《尾矿库事故灾难应急预案》（2007 年 5 月颁布）。2013 年国家标准《生产经营单位安全生产事故应急预案编制导则》（GB/T 29639—2013）颁布，指导企业编制事故应急预案。

金属非金属矿山企业的事故应急预案包括综合应急预案、专项应急预案和现场处置方案。

（1）综合应急预案。规定矿山企业应急组织机构和职责、应急响应原则、应急管理程序等内容。由企业组织制定，经企业总经理批准后发布实施，并报当地安全生产监督管理局及有关部门备案。

（2）专项应急预案。根据矿山企业安全生产特点，为应对某一类或某几类事故，如矿内火灾事故、透水事故、尾矿坝溃坝事故、冒顶片帮事故、炮烟中毒事故等，制定的应急预案。

（3）现场处置方案。针对某一具体装置、场所或设施、生产岗位存在的危险源，制定的应急处置措施方案。现场处置方案由企业基层负责人签发，并报公司备案。

11.5.2.1　应急预案的基础工作

为了使事故应急预案在事故发生时为应急救援决策提供支持，应急预案必须有针对性和可操作性。为此，编制应急预案的基础工作非常重要。

（1）确定应急对象和目标。通过系统的危险源辨识和评价，预测可能发生的事故类型和可能的事故后果，把其中后果严重的事故类型作为应急对象，把可能导致此类事故的危险源作为应急预案的防护目标。

详细分析研究作为制定应急预案防护目标的危险源及其控制措施的状况，造成危险源失控的不安全因素，事故征兆及其识别，事故的发生、发展和影响，以及可能采取的应急措施等。

（2）应急资源分析。应急资源包括应急救援中可用的人员、设备、设施、物资、经费保障、医疗机构和其他资源。通过应急资源分析弄清本单位应急资源储备状况，是否能够满足应急救援需求，同时也弄清企业外部可利用资源情况。

11.5.2.2　综合应急预案的内容

一般地，矿山企业综合应急预案的主要内容包括总则、危险性分析、组织机构及职责、预防与预警、应急响应、信息发布、后期处理、保障措施、培训与演练、奖惩以及附则 11 个方面的内容。

（1）总则。阐明编制目的、编制依据、适用范围、应急预案体系、应急工作原则等内容。

（2）危险性分析。介绍企业概况，如企业地址、职工人数、隶属关系、生产使用的主要原材料、主要产品、产量等，以及周边重大危险源、重要设施、目标、场所和布局情况等。必要时可以附平面图说明。在企业概况介绍的基础上，阐述企业生产过程中存在的或可能出现的危险源及其危险性分析的结果。

（3）组织机构及职责。明确应急组织体系和应急指挥机构及其职责。明确应急组织形式、构成单位及人员，并尽可能以结构图的形式表示出来。明确应急指挥机构组成及成员，如总指挥、副总指挥、应急救援小组组长等，以及他们的职责。

（4）预防与预警。明确危险源监控的方式、方法，以及采取的防范措施。明确预警的条件、方式、方法和信息发布程序。明确事故及未遂事故信息报告和处置方法。

（5）应急响应。明确应急响应分级、响应程序和应急终止的条件。

（6）信息发布。明确事故信息发布的部门、发布原则。

（7）后期处理。包括处理事故现场及波及区域、消除事故影响、恢复生产秩序，以及评估应急抢险过程、应急能力，修订应急预案等。

（8）保障措施。明确通信与信息保障、应急队伍保障、应急物质装备保障、经费保障和其他保障措施。

（9）培训与演练。明确对职工开展应急培训的计划、方式和要求，涉及周围居民时要做好宣传教育和告知工作。

（10）奖惩。明确事故应急工作中奖励和处罚的条件和内容。

（11）附则。解释应急预案中涉及的术语和定义，明确应急预案报备的部门、预案维护和更新的基本要求、负责制定和解释应急预案的部门以及应急预案实施的具体时间。

11.5.2.3 专项应急预案的内容

矿山企业专项应急预案的主要内容包括事故类型和危害程度分析、应急处置基本原则、组织机构及职责、预防与预警、信息报告程序、应急处置以及应急物资与装备保障七个方面的内容。

（1）事故类型和危害程度分析。在危险源辨识、评价的基础上，确定可能发生的事故类型及其对人员、财物、环境的危害及后果严重程度。

（2）应急处置基本原则。阐述处置相应类型事故时应该遵循的基本原则。

（3）组织机构及职责。明确应急组织体系、应急指挥机构及其职责。

（4）预防与预警。明确危险源监控的方式、方法，以及采取的防范措施。明确预警的条件、方式、方法和信息发布程序。明确事故及未遂事故信息报告和处置方法。

（5）信息报告程序。确定报警系统及程序，现场报警方式（如电话、报警器等），24小时与相关部门的通讯联络方式，相互认可的通告、报警形式和内容，应急人员向外求援的方式等。

（6）应急处置。明确应急响应分级、响应程序和应急处置措施。针对可能发生的事故类型的特点、危险性，确定相应的应急处置措施。

（7）应急物质与装备保障。明确相应类型事故应急处置所需物资与装备的数量、管理与维护、使用方法等。

11.5.2.4 现场处置方案

现场处置方案的主要内容包括事故特征、应急组织与职责、应急处置、注意事项和附件等内容。

（1）事故特征。根据危险性分析确定可能发生的事故类型，事故发生的区域、地点或装置的名称，可能发生事故的时间和造成的危害，事故征兆或检测手段等。

（2）应急组织与职责。明确基层单位应急组织机构、人员构成及其职责，相关岗位人员的应急职责等。

（3）应急处置。根据可能发生的事故类型和现场情况，明确事故报警、启动应急处置程序。明确报警电话和上级部门、相关应急单位联络方式和联系人员，明确报告事故的基本要求和内容。充分考虑现场实际情况，确定应急处置措施。

（4）注意事项。现场应急行动中需要注意的事项，如佩戴个人防护用具、使用抢险救援器材、现场自救和互救、采取抢险救援对策和措施等方面和应急结束后的注意事项等。

（5）附件。附件的主要内容包括有关应急机构、部门或人员的多种联系方式，重要应急物资、装备的名称、型号、存放地点和联系电话，信息接收、处理上报等规范化文本，直接与本预案相关的或衔接的应急预案，与相关应急救援部门签订的应急支援协议或备忘录，以及相关的图表和图纸，如报警系统分布及覆盖范围、重要防护目标的一览表、分布图，应急指挥中心位置及救援力量分布、救援队伍行动路线、安全撤离路线、重要防灾设施位置等图纸。

复习思考题

11-1　针对事故发生时人的行为特征，为减少事故时人员伤亡，应该如何采取安全措施？

11-2　矿内发生火灾、透水事故时，井下人员如何避免伤亡？

11-3　井下安全避险系统有哪些，它们在事故发生时是如何保证人员安全的？

11-4　说明自救器与呼吸器的工作原理、用途，它们有哪些区别？

11-5　画出矿内发生火灾时，人员在井下遇难的事件树。

11-6　矿山应急救援的基本原则是什么，应急救援的主要任务有哪些？

11-7　矿山事故应急响应包括哪些内容，如何编制矿山事故应急预案？

12 矿山安全管理

12.1 矿山安全管理概述

矿山安全管理是为实现矿山安全生产而组织和使用人力、物力和财力等各种资源的过程。它利用计划、组织、指挥、协调、控制等管理机能，控制来自自然界的、机械的、物质的和人的不安全因素，避免发生矿山事故，保障人的生命安全和健康，保证矿山生产的顺利进行。

12.1.1 矿山安全管理的特征

矿山安全管理是矿山企业管理的一个重要组成部分。安全性是矿山生产系统的主要特性之一，安全寓于生产之中。企业的安全管理与其他各项管理工作密切关联、互相渗透。因此，一般来说，矿山企业的安全状况是整个企业综合管理水平的反映。并且，在其他各项管理工作中行之有效的理论、原则、方法也基本上适用于安全管理。

矿山安全管理又有许多与矿山企业其他方面管理的不同之处。与矿山企业生产经营管理中涉及的产量、成本、质量等相比较，安全管理涉及的事故是一种人们不希望发生的意外事件、小概率事件，其发生与否，何时、何地、发生何种事故，以及事故后果如何具有明显的不确定性。于是，安全管理具有许多与其他方面管理不同的地方。

（1）保护人的生命健康是矿山安全的首要任务。矿山安全的基本任务是防止事故，避免或减少事故造成的人员伤亡、财产损失和环境污染。财产损失了可以重新得到，生命健康丧失了不能再生。人的生命是最宝贵的，自古以来"人命关天"。人的生命健康涉及群众的根本利益，必须受到尊重、受到保护。在发展经济的过程中，我们必须坚持"安全第一，预防为主，综合治理"的安全生产方针，坚持以人为本，树立把人的生命健康放在第一位的观念，实现经济、社会、人的全面发展，构建社会主义和谐社会。

（2）提高人们的安全意识是安全工作永恒的主题。由于事故发生和后果的不确定性，人们往往忽略了事故发生的危险性而放松了安全工作。并且，安全工作带来的效益主要是社会效益，安全工作的经济效益往往表现为减少事故经济损失的隐性效益，不像生产经营效益那样直接、明显。因此，安全管理的一项重要的、长期的任务是提高人们的安全意识，唤起企业全体人员对安全工作的重视和关心。

（3）安全管理决策必须慎之又慎。由于事故发生和后果的不确定性，安全管理的效果不容易立即被观察到，可能要经过很长时间才能显现出来。由于安全管理的这种特性，使得一项错误的管理决策往往不能在短时间内被证明是错误的；当人们发现其错误时可能已经经历了很长时间，并且已经造成了巨大损失。因此，我们在做出安全管理决策时，要充分考虑这种效果显现的滞后性，必须谨慎从事。

（4）事故致因理论是指导安全管理的基本理论。安全管理的诸机能中最核心的是控制机能，即通过对事故致因因素的控制防止事故发生。然而，什么是事故致因因素？这涉及一系列关于事故发生原因的认识论问题。事故致因理论是安全科学的基本理论，也是指导安全生产工作的基本理论，不同的事故致因理论带来不同的安全工作理念。例如，建立在海因里希的事故因果连锁论基础上的传统安全管理理论，主张企业安全工作的中心是消除人的不安全行为和物的不安全状态，即根除"隐患"、杜绝"三违"，而以系统安全理论为基础的现代安全管理理论则强调以危险源辨识、控制与评价为核心的安全管理。

12.1.2 矿山安全管理的基本内容

新中国成立以来，我国在矿山安全管理方面积累了丰富的经验，其中许多成功的安全管理方法被国家以制度的形式固定下来了，形成了一整套安全管理制度。另外，随着安全科学的发展，以及系统安全在我国的推广应用，一些新的理论、原则和方法与矿山安全管理实践相结合，产生了一些现代安全管理的理论、原则和方法，使我国的矿山安全管理有了新的发展。

矿山安全管理要在"安全第一、预防为主、综合治理"的安全生产方针指导下，认真贯彻执行国家、部门和地方的有关安全生产的政策、法规和标准，建立健全安全工作组织机构，制定并执行安全生产规章制度，充分调动各级管理者和广大职工的安全生产积极性，推动企业安全工作不断前进。

矿山安全管理的经常性工作包括对物的管理和对人的管理两个方面。其中，对物的安全管理包括如下内容：

（1）矿山开拓、开采工艺，提升运输系统、供电系统、排水压气系统、通风系统等的设计、施工，生产设备的设计、制造、采购、安装，都应该符合有关技术规范和安全规程的要求，其必要的安全设施、装置应该齐全、可靠；

（2）经常进行检查和维修保养设备，使之处于完好状态，防止由于磨损、老化、腐蚀、疲劳等原因降低设备的安全性；

（3）消除生产作业场所中的不安全因素，创造安全的作业条件。

对人的安全管理的主要内容为：

（1）制定操作规程、作业标准，规范人的行为，让人员安全而高效地进行操作；

（2）为了使人员自觉地按照规定的操作规程、标准作业，必须经常不断地对人员进行教育和训练。

12.1.2.1 建立和健全安全工作组织

事故预防是有计划、有组织的行为。为了实现矿山安全生产，必须制定安全工作计划，确定安全工作目标，并组织企业员工为实现确定的安全工作目标努力。

为了有计划、有组织地开展安全工作，改善矿山安全状况，必须建立健全安全工作组织机构。不同矿山企业的安全工作组织的形式不尽相同，为了充分发挥安全工作组织的机能，需要注意以下几个问题：

（1）合理的组织结构。为了形成"横向到边、纵向到底"的安全工作体系，需要合理地设置横向安全管理部门，合理地划分纵向安全管理层次。

（2）明确责任和权利。安全工作组织内各部门、各层次乃至各工作岗位都要明确安全工作责任，并由上级授予相应的权利。这样有利于组织内部各部门、各层次为实现安全生产目标而协同工作。

（3）人员选择与配备。根据安全工作组织内不同部门、不同层次的不同岗位的责任情况，选择和配备人员，特别是专业安全技术人员和专业安全管理人员，应该具备相应的专业知识和能力。

（4）制定和落实规章制度。制定和落实各种规章制度可以保证安全工作组织有效地运转。

（5）信息沟通。组织内部要建立有效的信息沟通模式，使信息沟通渠道畅通，保证安全信息及时、正确地传达。

（6）与外界协调。矿山企业存在于大的社会环境中，企业安全工作要接受政府的指导和监督，涉及与其他企业之间的协作、配合等问题，安全工作组织与外界的协调非常重要。

《安全生产法》和《金属非金属矿山安全规程》都明确规定，矿山企业应该设置安全生产管理机构或配备专职安全生产管理人员。

12.1.2.2 制定和落实安全生产管理制度

安全生产管理制度，是为了保护劳动者在生产过程中的安全健康，根据安全生产的客观规律和实践经验总结而制定的各种规章制度。它们是安全生产法律、法规的延伸，也是矿山安全管理工作的基本准则，矿山企业每一个员工都必须严格遵守。

国务院 1963 年发布、1978 年重申的《关于加强企业生产中安全工作的几项规定》中，规定了企业必须贯彻执行的安全管理制度。它们是安全生产责任制、编制安全技术措施计划、安全生产教育制度、安全生产检查以及伤亡事故报告和统计制度，简称"五项制度"。在此"五项制度"的基础上，矿山企业还要根据企业的具体情况制定和落实必要的安全生产管理制度。

国家安全生产监督管理总局 2007 年发布的《关于加强金属非金属矿山安全基础管理的指导意见》中，要求矿山企业应该重点健全和完善 14 项安全管理制度：

（1）安全生产责任制度；

（2）安全目标管理制度；

（3）安全例会制度；

（4）安全检查制度；

（5）安全教育培训制度；

（6）设备管理制度；

（7）危险源管理制度；

（8）事故隐患排查与整改制度；

（9）安全技术措施审批制度；

（10）劳动防护用品管理制度；

（11）事故管理制度；

（12）应急管理制度；

（13）安全奖惩制度；

（14）安全生产档案管理制度等。

在制定、落实安全生产管理制度的同时，矿山企业还必须建立、健全各项安全生产技术规程和安全操作规程。

12. 2 落实安全生产责任

12. 2. 1 企业的安全生产责任

企业作为经济组织，其生产经营活动的基本目的是向社会提供产品和服务，满足人们物质文化生活的需要，并取得相应的经济利益。企业在争取自身的生存和发展的同时，要承担维护国家、社会、人类根本利益的社会责任。安全责任是企业必须承担的社会责任之一。

概括地说，企业的安全责任包括对企业内部的安全责任和对企业外部的安全责任两个方面：对企业内部的安全责任，主要是保护员工在生产过程中的生命健康和避免财产损失；对企业外部的安全责任，主要是保护公众的生命健康、财产和环境，特别是矿山企业发生的事故不能殃及公众。

根据我国"生产经营单位负责、职工参与、政府监管、行业自律、社会监督"的安全生产工作机制，生产经营单位（企业）是安全生产责任主体，政府是安全生产监管责任主体。

企业作为安全生产责任主体，在其生产经营活动中，必须对本企业安全生产负全面责任。《安全生产法》明确规定了生产经营单位应当承担的安全生产责任。

生产经营单位必须持续具备法律、法规、规章、国家标准和行业标准规定的安全生产条件。生产经营单位应当具备的安全生产条件所必需的资金投入，由生产经营单位的决策机构、主要负责人或者个人经营的投资人予以保证，并对由于安全生产所必需的资金投入不足导致的后果承担责任。生产经营单位应当安排用于配备劳动防护用品、进行安全培训的经费等。

矿山企业应当设置安全生产管理机构或者配备专职安全生产管理人员。其他单位从业人员超过100人的，应当设置安全生产管理机构或者配备专职安全生产管理人员；在100人以下的，应当配备专职或者兼职的安全生产管理人员。

依法组织从业人员参加安全生产教育和培训。从业人员必须经过安全生产教育和培训，未经安全生产教育和培训的，不得上岗作业。生产经营单位主要负责人和安全生产管理人员必须具备与本单位所从事的生产经营活动相应的安全生产知识和管理能力。危险物品的生产、经营、储存单位以及矿山、金属冶炼、建筑施工、道路运输单位的主要负责人和安全生产管理人员，应当由主管的负有安全生产监督管理职责的部门对其安全生产知识和管理能力考核合格。生产经营单位的特种作业人员必须经过专门培训，取得特种作业操作资格证书后方可上岗作业。

如实告知从业人员作业场所和工作岗位存在的危险、危害因素、防范措施和事故应急措施，教育职工自觉承担安全生产义务。

为从业人员提供符合国家标准或行业标准的劳动防护用品，并督促教育从业人员按照规定佩戴使用。

对建设项目安全设施"三同时",并要求安全设施投资应当纳入建设项目概算。矿山建设项目和用于生产、储存危险物品的建设项目的安全设施设计必须报经有关部门审查同意;未经审查同意的,不得施工。矿山建设项目和用于生产、储存危险物品的建设项目竣工投入生产或者使用前,其安全设施必须经有关部门验收,未经验收或者验收不合格的,不得投入生产或者使用。

采用先进的安全技术设备和工艺,提高安全生产科技保障水平,确保所使用的工艺装备及相关劳动工具符合安全生产要求。

安全设施设备的设计、制造、安装、使用、检测、维修、改造和报废,必须符合国家标准或者行业标准。生产经营单位必须对安全设备进行经常性维护、保养,并定期检测,保证正常运转。

对重大危险源实施有效的监测监控。生产经营单位必须对重大危险源登记建档,进行定期检测、评估、监控,并制定应急预案,告知从业人员和相关人员在紧急情况下采取的应急措施。规定生产经营单位应将危险源及相关安全措施、应急措施报安全生产监督管理部门和有关部门备案。

生产、经营、使用、储存危险物品的车间、商店、仓库不得与员工宿舍在同一座建筑物内,并应当与员工宿舍保持安全距离。生产经营场所和员工宿舍应当设立符合紧急疏散要求、标志明显、保持畅通的出口,禁止封闭、堵塞生产经营场所或者员工宿舍的出口。

进行爆破、吊装作业,应当安排专门人员进行现场安全管理,确保操作规程的遵守和安全措施的落实。两个以上生产经营单位在同一作业区域进行生产经营活动时,必须签订安全生产管理协议,明确各自的安全生产管理职责和应当采取的安全措施,指定专职安全生产管理人员进行监督检查和协调。

生产经营单位的安全生产管理人员应当根据本单位的生产经营特点,对安全生产状况进行经常性检查,及时发现、治理和消除事故隐患;对检查中发现的安全问题,应当立即处理;不能立即处理的,应当报告本单位有关负责人。

生产经营单位不得将生产经营场所、设备发包或者出租给不具备安全生产条件或者相应资质的单位或者个人。生产经营单位应当与承包单位、承租单位签订安全管理协议,或者在承包、租赁合同中约定各自的安全生产管理内容,并对承包单位、承租单位的安全生产工作统一协调和管理。

按要求上报生产安全事故,做好事故抢救救援,妥善处理对事故伤亡人员依法赔偿等事故善后改善工作。

生产经营单位必须依法参加工伤社会保险,为从业人员缴纳保险费。

法律、法规规定的其他安全生产责任。

12.2.2 安全生产责任制

作为安全生产责任主体,企业必须建立、落实安全生产责任制度。所谓安全生产责任制度,就是企业各级领导、职能部门、工程技术人员和生产操作人员在各自的职责范围内,对安全生产负责的制度。

安全生产责任制是企业岗位责任制度的一个组成部分,是企业安全管理制度的核心。这种制度把安全管理和生产经营管理从组织领导方面统一起来,以制度的形式固定下来,使企业各级领导和广大员工分工协作，事事有人管，层层有专责。

《安全生产法》规定，生产经营单位的安全生产责任制应当明确各岗位的责任人员、责任范围和考核标准等内容。生产经营单位应当建立相应的机制，加强对安全生产责任制落实情况的监督考核，保证安全生产责任制的落实。

12.2.2.1 企业领导的安全生产责任

根据《关于加强企业生产中安全工作的几项规定》，企业的各级领导人员在管理生产的同时，必须负责管理安全工作，认真贯彻执行国家有关劳动保护的法令和制度，在计划、布置、检查、总结、评比生产的时候，同时计划、布置、检查、总结、评比安全工作（"五同时"）。

我国实行"一把手"负责制为核心的安全生产责任制度。《安全生产法》规定，生产经营单位的主要负责人是本单位安全生产的第一责任者，对安全生产工作全面负责。其主要的安全生产责任有以下几个方面：

（1）建立健全安全生产责任制；

（2）组织制定安全生产规章制度和操作规程；

（3）保证安全生产投入；

（4）督促检查安全生产工作，及时消除事故隐患；

（5）组织制定并实施事故应急预案；

（6）及时、如实报告生产安全事故；

（7）组织制定并实施本单位安全教育和培训计划。

除了企业主要负责人之外，企业各级一把手都要担负安全生产的第一责任。

根据"管行业必须管安全、管业务必须管安全、管生产经营必须管安全"的原则，和"党政同责、一岗双责、齐抓共管"的原则，企业分管生产或分管某一方面工作的各级领导应该承担生产或该方面工作的主要安全责任；企业中的各级党组织也要担负起安全生产责任。

12.2.2.2 安全管理部门的安全生产责任

安全管理部门是企业领导在安全工作方面的助手，负责组织、推动和检查督促企业安全工作的开展。

《安全生产法》规定，企业安全生产管理机构以及安全生产管理人员的职责包括：

（1）组织或者参与拟订本单位安全生产规章制度、操作规程和生产安全事故应急救援预案；

（2）组织或者参与本单位安全生产教育和培训，如实记录安全生产教育和培训情况；

（3）督促落实本单位重大危险源的安全管理措施；

（4）组织或者参与本单位应急救援演练；

（5）检查本单位的安全生产状况，及时排查生产安全事故隐患，提出改进安全生产管理的建议；

（6）制止和纠正违章指挥、强令冒险作业、违反操作规程的行为；

（7）督促落实本单位安全生产整改措施。

12.2.2.3 各业务部门的安全责任

企业中的生产、技术、设计、供销、运输、财务等各业务部门，都应该在各自业务范围内，对实现安全生产的要求负责。

其中，技术部门在矿山安全生产中负有较大的安全责任。矿山企业法定代表人应该负责建立以技术负责人为首的技术管理体系，负责矿山安全生产技术工作，包括制定矿山年度灾害预防计划，并根据实施情况及时修改完善；严格按照《金属非金属矿山安全规程》和相关技术规范的规定，绘制与矿山实际相符的相关图纸；定期组织技术人员分析矿山地质、开采、周边采空区等情况，制定有针对性的安全技术措施，并形成完整的技术基础资料；严格制定并执行防治重大灾害事故的安全技术措施，配备相应的人员和监测设备；每季度组织一次重大灾害调查，制定相应的专项防治措施；严格执行地下矿山机械通风的有关规定；每月组织一次技术分析会议，及时研究解决安全生产技术问题；聘请相关专家进行分析论证，解决重大事故隐患或技术难题等，确保安全生产。

12.2.2.4 班组安全员的安全责任

班组安全员在生产小组长的领导下，在安全技术部门的指导下开展工作。其职责包括经常对班组职工进行安全生产教育；督促职工遵守安全规章制度和正确使用安全防护用品用具；检查和维护安全设施和安全防护装置；发现生产中有不安全情况时及时制止或报告；参加事故的调查分析，协助领导实施防止事故的措施。

12.2.2.5 职工的安全责任

根据"安全生产人人有责"的原则，安全生产责任制必须规定矿山企业的各个岗位、各类人员的安全生产责任。从业人员在生产过程中应当：

（1）严格遵守安全生产规章制度和操作规程，服从管理，正确佩戴和使用劳动防护用品；

（2）接受安全生产教育和培训，掌握本职工作所需的安全生产知识，提高安全生产技能，增强事故预防和应急处理能力；

（3）发现事故隐患或者其他不安全因素，应当立即向现场安全生产管理人员或者本单位负责人报告。

12.3 矿山建设项目安全设施设计审查与竣工验收

12.3.1 安全生产"三同时"

在我国的《安全生产法》、《劳动法》和《矿山安全法》等法律中都有安全生产"三同时"的规定。所谓安全生产"三同时"，是指新建、改建、扩建工程项目的安全设施应当与主体工程同时设计、同时施工、同时投入生产和使用。

早在第一个五年计划时期，我国主管安全的部门就提出要求，"企业在新建、改建时，应将安全技术措施列入工程项目内"，并提出"今后设计部门应当注意在设计上保证必要的安全技术措施"。1978年中共中央《关于认真做好劳动保护工作的通知》中提出，凡新建、改建、扩建的工矿企业和革新、挖潜的工程项目，都必须有保证安全生产和消除有毒有害物质的设施，这些设施要与主体工程同时设计、同时施工、同时投产，不得削减。

1984年国务院《关于加强防尘防毒工作的决定》中，要求设计单位在建设工程项目初步设计中，应该根据国家有关规定和要求编写安全和工业卫生专篇，详细说明生产工艺流程中，可能产生的职业危害和应该采取的防范措施和预期效果。

此后，我国颁布了一系列有关的法律、法规，开展建设项目安全设施设计审查与竣工验收工作，对企业执行安全生产"三同时"情况进行监督管理。其中，有些是关于矿山建设项目的，如1994年底原劳动部发布的《矿山建设工程安全监督实施办法》，2004年底国家安全生产监督管理局、国家煤矿安全监察局第18号令《非煤矿矿山建设项目安全设施设计审查与竣工验收办法》等。2014年修订的《安全生产法》要求，生产经营单位新建、改建、扩建工程项目（以下统称建设项目）的安全设施，必须与主体工程同时设计、同时施工、同时投入生产和使用。安全设施投资应当纳入建设项目概算。

借助设计消除和控制危险源是系统安全的重要组成部分和原则，也是安全设施设计审查与竣工验收的重点。其目的是查明建设项目在安全方面存在的缺陷，通过工程设计优先采取消除或控制危险源的有效措施，切实保障项目的安全。

12.3.2　建设单位的安全生产"三同时"的责任

建设单位对建设项目的安全生产"三同时"负全面责任。建设项目安全设施的设计人、设计单位，应当对安全设施设计负责；建设项目的施工单位，必须按照批准的安全设施施工，并对安全设施的工程质量负责。

在编制建设项目投资计划时，将安全设施所需投资一并纳入投资计划。引进技术、设备的建设项目，不能削减原有安全设施，没有安全设施或设施不能满足国家安全标准规定的，应该同时编制国内配套的投资计划，并保证建设项目投产后其安全设施符合国家规定的标准。

建设项目安全设施设计、施工，安全预评价、安全验收评价应当交由具有相应资质的设计、施工、评价单位承担。对承担这些任务的单位提出落实"三同时"规定的具体要求，并负责提供必需的资料和条件。

建设项目初步设计完成后，向安全生产监督管理部门提出建设项目安全设施设计审查申请。提出建设项目安全设施设计审查申请时应当提交的材料包括：

（1）安全设施设计审查申请报告及申请表；

（2）立项和可行性研究报告批准文件；

（3）安全预评价报告书；

（4）初步设计及安全专篇；

（5）其他需要提交的材料。

在生产设备调试阶段，同时对安全设施进行调试和考核，对其效果做出评价。在建设项目验收前，自主选择并委托有资质的单位进行生产条件检测、危害程度分级和有关设备的安全检测、检验，并将试运行中劳动安全卫生设备运行情况、措施的效果、检测检验资料、存在的问题以及拟采取的措施等提供给安全验收评价单位和上交安全生产监督管理部门。

建设单位在建设项目竣工验收前，向安全生产监督管理部门提出建设项目安全设施竣工验收申请。建设单位申请验收建设项目的安全设施和安全条件时，应当提交下列资料：

（1）验收申请报告及申请表；

（2）安全设施设计经审查合格及设计修改的有关文件、资料；

（3）主要安全设施、特种设备检测检验报告；

（4）施工单位资质证明材料；

（5）施工期间生产安全事故及其他重大工程质量事故的有关资料；

（6）矿长、安全生产管理人员及特种作业人员安全资格的有关资料；

（7）安全验收评价报告书；

（8）其他需要提交的材料。

对验收中提出的有关安全设施方面的改进意见按期整改，并将整改情况报告报送安全生产监督管理部门审批。建设项目安全设施经安全生产监督管理部门验收通过后，及时办理《建设项目劳动安全卫生验收审批表》。

12.3.3　矿山建设项目安全评价

矿山建设项目安全设施设计审查与竣工验收工作中，需要进行安全预评价和安全验收评价。

在建设项目可行性研究阶段进行安全预评价。在设计单位完成了可行性研究报告之后，安全评价机构根据建设项目可行性研究报告的内容，分析和预测该建设项目存在的危险、有害因素的种类和程度，评价可行性研究报告中提出的安全措施和设施是否符合有关法律法规和标准的要求，并提出进一步的安全技术设计和安全管理的建议。

建设项目安全预评价报告应当包括下列内容：

（1）主要危险、有害因素和危害程度以及对公共安全影响的定性、定量评价；

（2）预防和控制主要危险、有害因素的可能性评价；

（3）可能造成职业危害的评价；

（4）安全对策措施、安全设施设计原则；

（5）安全预评价的结论；

（6）其他需要说明的事项。

在建设项目投入生产或者使用前进行安全验收评价，这是一种检查性安全评价。在建设项目竣工、试运行正常后，安全评价机构通过对建设项目的设施、设备、装置实际运行状况的检测、考察，评价该建设项目投产后能否达到有关法律法规和标准的要求，并提出进一步的安全技术调整方案和安全管理对策。

安全验收评价是为安全验收进行的技术准备，最终形成的安全验收评价报告将作为建设单位向政府安全生产监督管理部门申请建设项目安全验收审批的依据。建设项目安全验收评价报告应当包括下列内容：

（1）安全设施符合法律、法规、标准和规程规定以及设计文件的评价；

（2）安全设施在生产或者使用中的有效性评价；

（3）职业危害防治措施的有效性评价；

（4）建设项目的整体安全性评价；

（5）存在的安全问题和解决问题的建议；

（6）安全验收评价结论；

（7）其他需要说明的事项。

12.3.4　初步设计中的安全专篇

可行性研究报告中提出的安全措施和设施，以及安全预评价报告中建议的安全措施和设施，应该体现在初步设计中，并编写安全专篇加以说明。

初步设计中的安全专篇主要包括以下内容：

（1）设计依据。

1）建设项目依据的批准文件和相关的合法证明；

2）国家、地方政府和主管部门的有关规定；

3）采用的主要技术规范、规程和标准；

4）其他设计依据，如地质勘探报告、可行性研究报告和安全预评价报告等。

（2）工程概述。

1）本工程的基本情况；

2）工程中涉及安全问题的新研究成果、新工艺、新技术和新设备等；

3）影响安全的主要因素及防范措施；

4）对矿山安全及周边影响的总体评价；

5）存在问题及建议。

（3）地质安全影响因素。

1）区域地质特点、主要构造带的分布、发生地质灾害的可能性；

2）地表水系和地下水赋存状况及对矿山开采的影响；

3）高硫矿床和其他有自燃、自爆倾向的矿床对矿山安全的影响；

4）矿床开采条件对开采安全的影响；

5）特殊灾害对开采安全的影响。

（4）矿床开采安全评述。

1）选用的采矿方法的安全性；

2）露天矿最终边坡角、工作帮坡角的选择以及防止边坡坍塌和周边建筑物安全的分析；

3）矿井通风系统设计特点、风量计算与分配原则、风量和风流控制以及通风构筑物配置的合理性，矿井防尘措施的可靠性，深凹露天矿通风和除尘措施的可靠性；

4）矿山排水系统特点、防排水措施的可靠性；

5）爆破器材库的安全性；

6）爆破作业安全性；

7）特殊开采条件下开采安全性；

8）采空区处理及对开采和地面设施安全的影响；

9）应急设施的功能和可靠性。

（5）总平面布置。

1）矿床开采地表移动范围圈定的合理性；

2）井口位置及井口设施安全状况；

3）工业场地稳定性总体评述，建、构筑物与地表移动区距离是否符合规定；

4）建筑物之间距离（如消防通道）是否符合安全规定；

5）锅炉房、油库、炸药库、氧气站、乙炔站等易燃易爆场所安全措施；

6）地表移动区和塌陷区的安全管理措施；

7）露天矿爆破危险区域的安全管理措施；

8）露天矿排土场、井下矿废石场安全状况。

（6）机电及其他。

1）矿山机械设备的安全性；

2）矿山供配电系统的安全性；

3）供排水系统可靠性；

4）工业与民用建筑的安全性；

5）尾矿库的安全性。

（7）矿山卫生保健设施。

（8）矿山安全机构及设施。

1）矿山安全机构及人员配备；

2）矿山消防；

3）矿山救护。

（9）存在问题和建议。

（10）附图。

12.4 安全教育

12.4.1 概述

企业的安全教育是对职工进行的安全知识教育、安全技能教育和安全意识教育。安全教育的重要性，首先在于它能增强和提高企业领导和广大职工搞好安全工作的责任感和自觉性，提高安全意识。其次，安全知识的普及和安全技能的提高，能使广大职工掌握矿山伤害事故发生发展的客观规律，掌握安全操作、防止伤亡事故的技术本领，避免和减少操作失误和不安全行为。

安全教育可以划分为三个阶段的教育，即安全知识教育、安全技能教育和安全意识教育。

安全教育的第一阶段应该进行安全知识教育，使人员掌握有关事故预防的基本知识。对于潜藏有凭人的感官不能直接感知其危险性的不安全因素的操作，对操作者进行安全知识教育尤其重要。通过安全知识教育，使操作者了解生产操作过程中潜在的危险因素及防范措施等。

安全教育的第二阶段应该进行所谓"会"的安全技能教育。经过安全知识教育，尽管操作者已经充分掌握了安全知识，但是，如果不把这些知识付诸实践，仅仅停留在"知"的阶段，则不会收到实际的效果。安全技能是只有通过受教育者亲身实践才能掌握的东西。也就是说，只有通过反复实际操作、不断地摸索而熟能生巧，才能逐渐掌握安全技能。因此，通常把安全技能教育称做安全技能训练。

安全意识教育是安全教育的最后阶段，也是安全教育中最重要的阶段。经过前两个阶段的安全教育，操作人员掌握了安全知识和安全技能，但是在生产操作中是否实行安全技能，则完全由个人的思想意识所支配。安全意识教育的目的，就是使操作者尽可能自觉地实行安全技能，搞好安全生产。

安全知识教育、安全技能教育和安全意识教育三者之间是密不可分的，如果安全技能教育和安全意识教育进行得不好的话，安全知识教育也会落空。成功的安全教育不仅能使员工懂得安全知识，还能使其正确地、自觉地进行安全行为。

《安全生产法》规定，企业应当对从业人员进行安全生产教育和培训，保证从业人员具备必要的安全生产知识，熟悉有关的安全生产规章制度和安全操作规程，掌握本岗位的安全操作技能，了解事故应急处理措施，知悉自身在安全生产方面的权利和义务，未经安全生产教育和培训合格的从业人员，不得上岗作业；应当建立安全生产教育和培训档案，如实记录安全生产教育和培训的时间、内容、参加人员以及考核结果等情况；采用新工艺、新技术、新材料或者使用新设备，必须了解、掌握其安全技术特性，采取有效的安全防护措施，并对从业人员进行专门的安全生产教育和培训；特种作业人员必须按照国家有关规定，经专门的安全作业培训取得相应资格，方可上岗作业。

目前我国工业企业中开展安全教育的主要形式为三级教育、特种作业人员的专门训练、经常性的安全教育和管理者的安全培训等。

12.4.2 安全教育的形式

12.4.2.1 三级安全教育

三级安全教育是对新工人、参加生产实习的人员、参加生产劳动的学生和新调动工作的工人进行的厂（矿）、车间（坑口、采区）、岗位安全教育。三级安全教育是矿山企业必须坚持的安全教育的基本制度和主要形式。

（1）入厂（矿）教育。这是对新入厂（矿）的或调动工作的工人，到厂（矿）实习或劳动的学生，在未分配到车间和工作地点以前，必须进行的一般安全知识教育。入厂（矿）教育的主要内容包括介绍企业安全生产情况、有关规章制度及讲解安全生产的重大意义，介绍企业内特殊的危险地点、一般的安全知识，用典型的伤亡事故案例讲解事故发生原因和教训等，使他们受到初步的安全教育。

（2）车间（坑口）教育。车间（坑口）教育是在新工人或调动工作的工人分配到车间（坑口）后进行的安全教育。它的内容包括车间（坑口）的概况、安全生产组织和劳动纪律，危险场所、危险设备、尘毒情况及安全注意事项，安全生产情况、问题和典型事例等。

（3）岗位教育。这是在新工人或调动工作的工人到了固定工作岗位，开始工作前的安全教育。其内容包括班组的生产特点、作业环境、工作性质、职责范围，将要从事岗位的生产工作性质、必要的安全知识以及各种设备及其防护设施的性能和作用，工作场所和环境的卫生、危险区域及安全注意事项，个体防护用品使用方法和事故发生时的应急措施等。

《金属非金属矿山安全规程》规定，新进地下矿山的作业人员，应该接受不少于72h的安全教育，经考试合格后，由老工人带领工作至少4个月，熟悉本工种操作技术并经考核合格，方可独立工作。新进露天矿山的作业人员，应该接受不少于40h的安全教育，经考试合格，方可上岗作业。调换工种的人员，应该进行新岗位安全操作的培训。采用新工艺、新技术、新设备、新材料时，应该对有关人员进行专门培训。

12.4.2.2 特种作业人员的专门训练

特种作业是指在劳动过程中容易发生伤亡事故，对操作者本人，尤其对他人和周围设施的安全有重大危害的作业，从事特种作业的人员称为特种作业人员。特种作业的范围包括：电工作业，金属焊接、切割作业，起重机械（含电梯）作业，企业内机动车辆驾驶，登高架设作业，锅炉作业（含水质化验），压力容器作业，制冷作业，爆破作业，矿山通风作业，矿山排水作业，矿山安全检查作业，矿山提升运输作业，采掘（剥）作业，矿山救护作业，危险物品作业，经国家有关部门批准的其他的作业。

特种作业人员的技能训练由具有相应资质的安全生产教育培训机构进行，并实行教、考分离。考核包括安全技术理论考试与实际操作技能考核两部分，以实际操作技能考核为主。《金属非金属矿山安全规程》规定，特种作业人员应该按照国家有关规定，经专门的安全作业培训，取得特种作业操作资格证书方可上岗作业。

特种作业操作证有效期为6年，一般情况下每3年复审1次，特殊情况下复审时间可以延长至每6年1次。

12.4.2.3 管理人员的安全教育

管理人员的安全教育是提高企业各级管理人员安全意识和安全管理水平的重要途径。金属非金属矿山企业主要负责人和安全管理人员的安全教育由具有相应资质的安全生产教育培训机构实施，经考核合格后持证上岗，每年复训1次。教育内容主要包括：

（1）国家有关安全生产的方针、政策、法律、法规及标准等；

（2）工伤保险方面的法律、法规；

（3）企业安全管理、安全技术方面的知识；

（4）事故案例及事故应急处理措施等。

矿山企业其他管理人员的安全教育由企业安全管理部门组织实施，其主要内容包括：

（1）国家有关安全生产的方针、政策、法律、法规；

（2）本部门、本岗位安全生产职责、安全规程；

（3）有关的安全技术知识；

（4）有关的事故案例和事故应急处理措施等。

12.4.2.4 经常性的安全教育

安全教育不能一劳永逸，必须经常不断地进行。经过安全教育已经掌握了的知识、技能，如果不经常使用，可能会逐渐淡忘；随着生产技术进步，生产状况变化，有新的安全知识、技能需要掌握；已经提高了的安全意识，随着时间的推移会逐渐降低；在生产任务紧急情势下，已经树立起来的"安全第一"思想可能发生动摇。因此，必须开展经常性的安全教育。

企业里的经常性安全教育有多种形式。例如，在每天的班前班后会上说明安全注意事项，讲评安全生产情况；开展安全活动日，进行安全教育、安全检查、安全装置的维护；召开安全生产会议，专题计划、布置、检查、总结、评比安全生产工作；召开事故现场会，分析造成事故的原因及其教训，确认事故的责任者，制定防止事故重复发生的措施；

总结发生事故的规律，有针对性地进行安全教育；组织员工参加安全技术交流，观看安全生产展览、电影、视频；张贴安全生产宣传画、宣传标语，时刻提醒人们注意安全等。

在安全教育中，安全意识、安全态度教育最重要。企业安全工作的一项重要内容就是开展各种安全活动，提高职工的安全意识。

12.5　安　全　检　查

安全检查是在事故发生之前，调查和发现生产过程中物的不安全状态、人的不安全行为，以及管理缺陷等不安全因素，从而采取措施把事故消灭在萌芽状态中，促进安全工作的有效措施。

12.5.1　安全检查的内容

安全检查的内容，主要是查现场、查隐患、查思想、查管理、查制度、查事故报告和处理。

（1）查现场、查隐患。安全生产检查的内容，主要以查现场、查隐患为主，深入生产现场工地、矿山作业面，检查企业的劳动条件、生产设备以及相应的安全设施是否符合安全要求。例如，矿井安全出口是否符合要求、安全出口是否通畅，机器运行状况、防护装置情况、电气安全设施，如安全接地、避雷设备、防爆性能等，车间或矿内通风照明情况、防止硅尘危害的综合措施情况，预防有毒有害气体或蒸汽危害的防护措施情况，锅炉、压力容器和气瓶的安全运转情况，变电所、炸药库、易燃易爆物质及剧毒物质的储存、运输和使用情况，个体防护用品的使用及标准是否符合有关的规定等。

（2）查思想。在查隐患，努力发现不安全因素的同时，应注意检查企业各级领导的思想路线，以及职工群众对安全生产工作的认识。查思想主要是对照党和国家有关安全生产的方针、政策及有关文件，检查企业各级领导是否把职工的安全健康放在了第一位，特别是贯彻执行安全生产方针以及各项安全生产法律法规的情况，更应该严格检查。检查现场管理人员有无违章指挥，职工群众是否人人关心安全生产、在生产中是否有"三违"行为等。

（3）查管理、查制度。安全生产检查也是对企业安全管理上的大检查。检查企业各级领导是否把安全生产工作摆上议事日程，企业的安全生产责任是否得到落实，企业各职能部门在各自业务范围内是否对安全生产负责，安全专职机构是否健全，工人群众是否参与安全生产的管理活动，改善劳动条件的安全技术措施计划是否按年度编制和执行，安全技术措施费用是否按规定提取和使用，以及"三同时"的要求是否得到落实等。此外，还要检查安全生产规章制度是否健全、落实和执行情况等。

（4）查事故报告和处理。检查对工伤事故是否及时报告、认真调查、严肃处理。在检查中，发现未按"四不放过"的要求草率处理的事故，要重新处理，从中找出原因，采取有效措施，防止类似事故重复发生。

在开展安全检查工作中，各企业可根据各自的情况和季节特点，做到每次检查的内容有所侧重，突出重点，真正收到较好的效果。

12.5.2　安全检查的方法

为了保证安全检查的效果，必须成立一个适应安全检查工作需要的检查组，配备适当的力量。安全检查的规模、范围较大时，由企业领导负责组织安技、工会及有关科室的科长和专业人员参加，在厂长或总工程师带领下，深入现场，发动群众进行检查。属于专业性检查的，可由企业领导人指定有关部门领导带队，组成由专业技术人员、安技、工会和有经验的老工人参加的安全检查组。每一次检查，事前必须有准备、有目的、有计划，事后有整改、有总结。安全检查的形式大体有下列几种：

（1）定期检查。定期检查是指已经列入计划，每隔一定时间进行一次的检查。如通常在劳动节前进行夏季的防暑降温安全检查、国庆节前后进行冬季的防寒取暖安全检查。又如班组的日检查、车间的周检查、工厂的月检查等。涉及生命安全、危险性较大的特种设备，如锅炉、压力容器、起重设备以及消防设备等，都应按规定期限定期进行检查。

（2）突击检查。突击检查是一种无固定时间间隔的检查，检查对象一般是一个特殊部门、一种特殊设备或一个小的区域。

（3）特殊检查。特殊检查是指对新设备的安装、新工艺采用、新建或改建厂房的使用可能会带来新的危险因素的检查。此外，还包括对有特殊安全要求的手持电动工具、照明设备、通风设备等进行的检查。这种检查在通常情况下仅靠人的直感是不够的，还需应用一定的仪器设备来检测。

要使安全检查达到预期效果，必须做好充分准备，包括思想上的准备和业务上的准备：

（1）思想准备。思想准备主要是发动职工，开展群众性的自检活动，做到群众自检和检查组检查相结合，从而形成自检自改、边检边改的局面。这样，既可提高职工主人翁的意识，又可锻炼职工自己发现问题，自己动手解决问题的能力。

（2）业务准备。业务准备主要有以下几个方面：

1）确定检查目的、步骤和方法，抽调检查人员，建立检查组织，安排检查日程；

2）分析过去几年所发生的各类事故的资料，确定检查重点，以便把精力集中在那些事故多发的部门和工种上；

3）运用系统安全工程原理，设计、印制检查表，以便按要求逐项检查，做好记录，避免遗漏应检的项目，使安全检查逐步做到系统化、科学化。

安全检查是搞好安全管理，促进安全生产的一种手段，其目的是消除隐患，克服不安全因素，实现安全生产。消除事故隐患的关键是及时整改。由于某些原因不能立即整改的隐患，应该逐项分析研究，定具体负责人，定措施办法，定整改时间，限期解决。

12.5.3　安全检查表

安全检查表是在安全检查前事先拟定的检查内容的清单。它把可能导致伤亡事故的，可能在被检查对象中出现的各种不安全因素以提问的方式用表列出来，作为安全检查时的指南和备忘录。

安全检查表的内容，应该包括需要查明的各种潜在危险因素，可能存在的物的故障、不安全状态、人的不安全行为等。在安全检查时，对表中的提问回答："是"或"否"。

在每一项目之后、应设一栏目填写改进措施。为便于查对，可以附上各项目提问内容所遵循的法令、制度或规范的名称或条款。

根据安全检查的对象和检查表的用途，安全检查表有设计审查用安全检查表、厂（矿）用安全检查表、车间（坑口）用安全检查表、班组及岗位用安全检查表和专业性安全检查表等几类。

编制安全检查表时，根据被检查对象，熟悉生产工艺、设备及操作情况，参考有关法令、制度、规范，针对已经发生的和可能发生的伤亡事故进行安全分析后，确定应该检查的项目。可以运用系统安全分析方法，例如故障树分析，查找出最终导致伤亡事故的各种原因事件，把这些原因事件作为检查表中的项目。

12.6　伤亡事故的报告和处理

伤亡事故报告和处理可以使人们及时准确地掌握伤亡事故情况，以便从中找出事故发生的原因和规律，总结教训、追究责任，采取有效的预防措施防止类似的事故再次发生。

1956 年国务院颁布了《工人职员伤亡事故报告规程》规定，1989 年国务院发布 34 号令《特别重大事故调查程序暂行规定》，1991 年国务院发布 75 号令《企业职工伤亡事故报告和处理规定》，同时废止了《工人职员伤亡事故报告规程》。2007 年颁布国务院第 493 号令《生产安全事故报告和调查处理条例》，同时废止了《特别重大事故调查程序暂行规定》和《企业职工伤亡事故报告和处理规定》。2014 年修订的《安全生产法》，对生产安全事故的责任追究做了明确规定。

12.6.1　事故报告

事故发生后须及时报告事故情况，对组织事故应急救援，避免和减少事故造成的人员伤亡、财产损失和环境污染十分重要。

《生产安全事故报告和调查处理条例》规定，事故报告应当及时、准确、完整，任何单位和个人对事故不得迟报、漏报、谎报或者瞒报。事故发生后，事故现场有关人员应当立即向本单位负责人报告；单位负责人接到报告后，应于 1h 内向事故发生地县级以上人民政府安全生产监督管理部门和负有安全生产监督管理职责的有关部门报告。情况紧急时，事故现场有关人员可以直接向事故发生地县级以上人民政府安全生产监督管理部门和负有安全生产监督管理职责的有关部门报告。报告事故应当包括下列内容：

（1）事故发生单位概况；

（2）事故发生的时间、地点以及事故现场情况；

（3）事故的简要经过；

（4）事故已经造成或者可能造成的伤亡人数（包括下落不明的人数）和初步估计的直接经济损失；

（5）已经采取的措施；

（6）其他应当报告的情况。

事故报告后出现新情况的，应当及时补报。自事故发生之日起 30 日内，事故造成的伤亡人数发生变化的，应当及时补报。道路交通事故、火灾事故自发生之日起 7 日内，事故造成的伤亡人数发生变化的，应当及时补报。

事故发生单位负责人接到事故报告后，应当立即启动相应事故应急预案，或者采取有效措施，组织抢救，防止事故扩大，减少人员伤亡和财产损失。

事故发生后，有关单位和人员应当妥善保护事故现场以及相关证据，任何单位和个人不得破坏事故现场、毁灭相关证据。因抢救人员、防止事故扩大以及疏通交通等原因，需要移动事故现场物件的，应当做出标志，绘制现场简图并做出书面记录，妥善保存现场重要痕迹、物证。

安全生产监督管理部门和负有安全生产监督管理职责的有关部门接到事故报告后，一般事故上报至设区的市，较大事故逐级上报至省、自治区、直辖市，特别重大事故、重大事故逐级上报至国务院安全生产监督管理部门和负有安全生产监督管理职责的有关部门，并通知公安机关、劳动保障行政部门、工会和人民检察院。

安全生产监督管理部门和负有安全生产监督管理职责的有关部门应当同时报告本级人民政府。国务院安全生产监督管理部门和负有安全生产监督管理职责的有关部门以及省级人民政府接到发生特别重大事故、重大事故的报告后，应当立即报告国务院。必要时，安全生产监督管理部门和负有安全生产监督管理职责的有关部门可以越级上报事故情况。

12.6.2 伤亡事故调查

事故调查处理应当按照科学严谨、依法依规、实事求是、注重实效的原则，及时、准确地查清事故原因，查明事故性质和责任，总结事故教训，提出整改措施，并对事故责任者提出处理意见。

《生产安全事故报告和调查处理条例》规定，特别重大事故由国务院或者国务院授权有关部门组织事故调查组进行调查。重大事故、较大事故、一般事故分别由事故发生地省级人民政府、设区的市级人民政府、县级人民政府负责调查。省级人民政府、设区的市级人民政府、县级人民政府可以直接组织事故调查组进行调查，也可以授权或者委托有关部门组织事故调查组进行调查。未造成人员伤亡的一般事故，县级人民政府也可以委托事故发生单位组织事故调查组进行调查。

根据事故的具体情况，事故调查组由有关人民政府、安全生产监督管理部门、负有安全生产监督管理职责的有关部门、监察机关、公安机关以及工会派人组成，并应当邀请人民检察院派人参加。事故调查组可以聘请有关专家参与调查。事故调查组成员应当具有事故调查所需要的知识和专长，并与所调查的事故没有直接利害关系。

事故调查组提交的事故调查报告应当包括下列内容：

（1）事故发生单位概况；

（2）事故发生经过和事故救援情况；

（3）事故造成的人员伤亡和直接经济损失；

（4）事故发生的原因和事故性质；

（5）事故责任的认定以及对事故责任者的处理建议；

（6）事故防范和整改措施。

12.6.3　伤亡事故分析与处理

12.6.3.1　伤亡事故分析

在整理和阅读调查材料的基础上，首先进行事故的伤害分析，然后分析和确定事故的直接原因和间接原因，最后进行事故的责任分析，确定事故的责任者。

事故伤害分析按照受伤部位、受伤性质、起因物、致害物及伤害方式等方面进行。在事故直接原因分析中要找出直接导致事故的不安全行为和不安全状态。间接原因分析要找出使人的不安全行为和物的不安全状态产生的原因，特别要找出管理方面的缺陷。实际工作中，可以从以下几个方面寻找间接原因：

（1）技术和设计上的缺陷；

（2）教育培训不够；

（3）劳动组织不合理；

（4）对现场工作缺乏检查或指导错误；

（5）没有安全操作规程或规程内容不具体、不可行；

（6）没有认真采取防止事故措施，对事故隐患整改不力。

事故责任分析的目的，在于分清造成事故的责任，以便做出处理，使事故责任者受到教育，使企业领导和广大职工从中吸取教训，改进工作，提高事故预防水平。

根据对事故直接原因和间接原因的分析，可以确定事故的直接责任者、领导责任者和主要责任者。直接责任者系指其行为与事故的发生有直接关系的人，领导责任者系指对事故的发生负有领导责任的人，主要责任者系指在直接责任者和领导责任者中，对事故的发生起主要作用的人。

12.6.3.2　伤亡事故处理

伤亡事故处理的主要目的，在于吸取教训，采取措施，消除导致发生事故的各种不安全因素，避免同类事故再次发生。因此，对于伤亡事故的处理，一定要做到"四不放过"。即事故原因分析不清不放过，事故责任者和群众没有受到教育不放过，没有制订出防范措施不放过，事故责任者没有受到处理绝不放过。

根据《安全生产法》，经营单位的决策机构、主要负责人或者个人经营的投资人不依照法律规定保证安全生产所必需的资金投入，致使生产经营单位不具备安全生产条件，导致发生生产安全事故的，对生产经营单位的主要负责人给予撤职处分，对个人经营的投资人处2万元以上20万元以下的罚款；构成犯罪的，依照刑法有关规定追究刑事责任。

生产经营单位的主要负责人未履行法定的安全生产管理职责，导致发生生产安全事故的，给予撤职处分；构成犯罪的，依照刑法有关规定追究刑事责任。

生产经营单位的主要负责人受刑事处罚或者撤职处分的，自刑罚执行完毕或者受处分之日起，五年内不得担任任何生产经营单位的主要负责人；对重大、特别重大生产安全事故负有责任的，终身不得担任本行业生产经营单位的主要负责人。

生产经营单位的主要负责人未履行法定的安全生产管理职责，导致发生生产安全事故的，由安全生产监督管理部门根据事故严重程度处以上一年年收入30%～80%的罚款。

生产经营单位的主要负责人在本单位发生生产安全事故时，不立即组织抢救或者在事故调查处理期间擅离职守或者逃匿的，给予降级、撤职的处分，并由安全生产监督管理部门处上一年年收入 60%～100% 的罚款；对逃匿的处十五日以下拘留；构成犯罪的，依照刑法有关规定追究刑事责任。生产经营单位的主要负责人对生产安全事故隐瞒不报、谎报或者迟报的，也将受到处罚。

发生生产安全事故，对负有责任的生产经营单位除要求其依法承担相应的赔偿等责任外，由安全生产监督管理部门根据事故严重程度处以 20 万元以上 2000 万元以下的罚款。

《安全生产法》还对负有安全生产监督管理职责的部门、中介机构以及有关人员责任追究做了规定。

12.7 现代安全管理

12.7.1 概述

现代安全管理是在传统安全管理基础上发展起来的。现代安全管理是现代企业管理的一个组成部分，因而它遵循现代企业管理的基本原理和原则，并且具有现代企业管理的共同特征。

现代安全管理的一个重要特征，就是强调以人为中心的安全管理，把安全管理的重点放在激励员工的士气和发挥其能动作用方面。具体地说，就是为了人和人的管理。人是生产力诸要素中最活跃、起决定性作用的因素。所谓为了人，就是把保障员工生命健康当做安全工作的首要任务。所谓人的管理，就是充分调动每个员工的主观能动性和创造性，由"要我安全"变成"我要安全"，让员工主动参与安全管理。

在人的管理方面，现代安全管理更加重视提高人的安全意识和增强安全责任心，通过建设企业安全文化，从文化层次上增进员工的安全意识和责任意识。

现代安全管理十分注重企业领导者、法人代表在安全管理中的决定性作用。要求领导者认真贯彻执行"安全第一，预防为主，综合治理"的安全生产方针，在安全方面要做出承诺，制定切合企业实际的安全目标，建立起以"一把手"负责制为核心的安全生产责任制，组织广大员工有计划地改善劳动生产条件，持续不断地提高企业安全水平。

现代安全管理体现了系统安全的基本思想，从传统的以防止人的不安全行为和物的不安全状态为中心的安全管理，发展到以危险源辨识、控制和评价为核心的安全管理；从以研究分析历史和现状出发的"资料收集与分析—选择对策—实施对策—监测"的工作方式，发展为建立在危险性预测、评价基础上的"计划—实施—检查—评审（PDCA）"的工作方式。这就可以在事故发生前预测事故，先行采取控制危险源措施，从而更好地实现"预防为主"。

现代安全管理强调系统的安全管理，即从企业的整体出发，把管理重点放在危险源控制的整体效应上，实行全员、全过程、全方位的安全管理，使企业达到最佳安全状态。

（1）全员参加安全管理。安全生产人人有责。实现安全生产必须坚持群众路线，切实做到专业管理与群众管理相结合。在充分发挥专业安全管理人员骨干作用的同时，吸引全体员工参加安全管理，充分调动和发挥广大员工的安全生产积极性。安全生产责任制为全员参加安全管理提供了制度上的保证。近年来还推广了许多动员和组织广大员工参加安全管理的新形式，如安全目标管理等。

（2）全过程安全管理。系统安全的基本原则是，从一个新系统尚处于规划、设计阶段时，就必须考虑其安全性问题，制定并开始执行系统安全规划，开展系统安全活动，并且要一直贯穿于整个系统寿命期间内，直到报废为止。在企业生产经营活动的全过程中都要进行安全管理，识别、评价、控制可能出现的危险因素。

（3）全方位安全管理。安全管理不仅是专业安全管理部门的事情，必须调动方方面面的积极性，党、政、工、青齐抓共管。

矿山企业中推广的安全目标管理、安全生产标准化、职业健康安全管理体系和安全文化建设等，都是现代安全管理的成功实践。

12.7.2　职业健康安全管理体系

职业健康安全问题越来越受到人们的重视，人们逐渐认识到防止事故必须从加强管理入手，而加强管理必须建立并完善管理体系。许多国家相继制定、颁布了自己的职业健康安全管理体系标准，开展职业健康安全管理体系认证工作。

1999 年 10 月国家经贸委颁布了《职业安全卫生管理体系认证标准（试行）》，要求企业建立符合该标准要求的现代职业安全卫生管理体系，并开始试行职业安全卫生管理体系认证工作。2001 年 12 月国家经贸委颁布了《职业安全健康管理体系指导意见》和《职业安全健康管理体系审核规范》。同年，国家标准 GB/T 28001—2001《职业健康安全管理体系规范》颁布。2011 年颁布了国家标准 GB/T 28001—2011《职业健康安全管理体系要求》替代 GB/T 28001—2001。

现代职业健康安全管理体系包含许多新的安全管理理念，充分体现了系统安全的思想，并使经过实践证明行之有效的现代安全管理方法更加系统化。

12.7.2.1　职业健康安全管理体系的要素

职业健康安全管理体系的基本思想是实现职业健康安全管理体系持续改进，通过周而复始地进行"计划、实施、监测、评审"活动，使企业健康安全管理体系功能不断加强。它要求组织在实施职业健康安全管理体系时，始终保持持续改进意识，对体系进行不断修正和完善，最终实现预防和控制工伤事故、职业病和其他损失的目标。它主要包括职业健康安全方针、计划、实施与运行、检查与纠正措施和管理评审等要素（见图 12-1）。

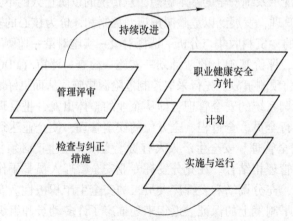

图 12-1　职业健康安全管理体系

（1）职业健康安全方针。企业应该有一个经最高管理者批准的职业健康安全方针，以阐明整体职业健康安全目标和改进职业健康安全绩效的承诺。职业健康安全方针应该适合企业职业健康安全特点、危险性质和规模，包括对持续改进的承诺、对遵守国家有关职业健康安全法律、法规和其他要求的承诺，要形成文件并传达到全体员工，使每个人都了解其在职业健康安全方面的责任。

（2）计划。企业要制定和实施危险源辨识、评价和控制计划；制定遵守职业健康安全法律和法规的计划；制定职业健康安全管理目标，逐级分解并形成文件；制定实现职业健康安全目标的管理方案，明确各层次的职业健康安全职责和权限、实施方法和时间安排等。

（3）实施与运行。企业要建立和健全职业健康安全管理机构，落实各岗位人员的职责和权利；教育、培训人员，提高职业健康安全意识与能力；建立信息流通网络，促进职业健康安全信息的交流；形成、发布、更新、撤回书面或电子形式的文件。

利用工程技术和管理手段进行危险源辨识、评价和控制；制定应急预案，在事故或紧急情况下迅速做出应急响应。

（4）检查与纠正措施。企业对职业健康安全绩效进行监测和测量；调查、处理异常和事故，采取纠正和预防措施；标识、保存和处置职业健康安全记录，审核和评审结果；定期审核职业健康安全管理体系。

（5）管理评审。企业最高管理者应该定期对职业健康安全管理体系进行评审，以确保体系的持续实用性。根据评审的结果、不断变化的客观环境和对持续改进的承诺，提出需要修改的方针、目标以及职业健康安全管理体系的其他要素。

12.7.2.2 现代职业健康安全管理体系的特征

职业健康安全管理体系是系统化、结构化、程序化的管理体系，遵循 PDCA 管理模式并以文件支持的管理制度和管理方法。

（1）企业高层领导人必须承诺不断加强和改善职业健康安全管理工作。企业高层领导人在事故预防中起着关键性的作用，现代职业健康安全管理体系强调企业高层领导人在职业健康安全管理方面的责任。要求企业的最高领导人制定职业健康安全方针，对建立和完善职业健康安全管理体系、不断加强和改善职业健康安全管理工作做出承诺。

（2）危险源控制是职业健康安全管理体系的管理核心。

传统的职业健康安全管理以消除人的不安全行为和物的不安全状态为中心。现代职业健康安全管理体系以危险源辨识、控制和评价为核心（见图 12-2），这是与传统的职业健康安全管理体系的最本质的区别。

（3）职业健康安全管理体系具有监控作用。

职业健康安全管理体系具有比较严密的三级监控机制，即绩效测量、审核和管理评审，充分发挥自我调节、自我完善的功能，为体系的运行提供了有力的保障。

（4）职业健康安全管理体系"以人为本"。

职业健康安全管理体系注重以人为本，充分利用管理手段调动和发挥人员的安全生产积极性。这主要表现在：

1）机构和职责是职业健康安全管理体系的组织保证；

2）职业健康安全工作需要全体人员的参与；

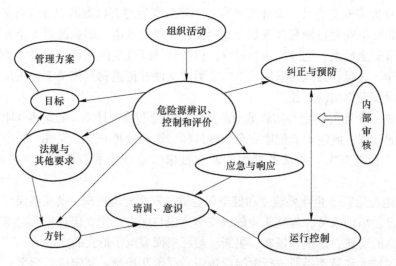

图 12-2　职业健康安全管理体系的核心

3）协商与交流是职业健康安全管理体系的重要因素。

（5）文件化。职业健康安全管理体系注重管理的文件化。文件是针对企业生产、产品或服务的特点、规模、人员素质等情况编写的管理制度和管理办法文本，是开展职业健康安全管理工作的依据。

12.7.3　企业安全文化建设

12.7.3.1　企业文化与安全文化

安全文化是企业文化的一部分。企业文化是一种弥漫于企业组织各方面、各层次的组织风气、价值观念、思维方式和行为习惯。它不仅对企业组织的运转是一种必不可少的润滑剂，而且能够创造良好的组织气氛和组织环境，从观念、信仰层次调动组织成员的工作积极性和忠诚心。企业文化是伴随企业而生的客观现象，是在一定历史条件下，在生产经营和管理过程中逐渐形成的观念形态、文化形式和价值体系的总和。

企业文化的核心是以人为本，关心人，重视人，尊重人，调动人的积极性。由于安全的基本目的是保护人的生命安全和健康，作为企业文化的一部分安全文化更能够体现"为了人"和"人的管理"的特点。

1988 年国际核安全咨询小组提出了以安全文化为基础的安全管理原则。1993 年国际原子能机构、联合国粮农组织、国际劳工组织、经合组织核能机构、泛美卫生组织和世界卫生组织等制定了《国际电离辐射和辐射源安全基本安全标准》，把安全文化作为一项经营管理要求，要求企业建立并保持安全文化。

核工业对安全文化的定义是：安全文化是存在于单位和个人中的种种特性和态度的总和，它建立一种超出一切之上的观念，即核电站的安全问题由于其重要性而必须得到应有的重视。根据核安全咨询小组的解释，安全文化是指从事涉及工厂安全的活动的所有人员的奉献精神和责任心。

自 20 世纪 90 年代起，安全文化从核安全领域逐渐推广到一般工业安全领域，安全文化建设已经成为企业安全管理的重要内容。我国在 2008 年颁布了《企业安全文化建设导则》（AQT 9004—2008），指导企业安全文化建设。该导则定义企业安全文化是，被企业组织的员工群体所共享的安全价值观、态度、道德和行为规范组成的统一体。

12.7.3.2 安全文化建设

根据《企业安全文化建设导则》，企业安全文化建设是通过综合的组织管理等手段，使企业的安全文化不断进步和发展的过程。

正像企业文化被表现为三种不同的文化形态那样，企业安全文化也被表现为物质文化、制度文化和精神文化。相应地，企业安全文化建设包括物质、制度、精神三个层次的文化建设。这三个层次的安全文化建设由表及里、互相关联。企业必须依据自身的特点，从三个层次上建设企业的安全文化。

精神文化表现于企业中人的存在方式，蕴涵于企业领导者与员工的心理及行为活动之中，是企业的深层文化，是企业文化的核心。它包括企业哲学、企业的价值观、企业风尚和企业道德规范、员工的文化素质与行为取向等。精神层次的安全文化主要表现为企业的安全意识氛围、领导者和广大员工群众的安全观以及在生产经营过程中所采取的安全态度。精神层次的安全文化是企业安全文化建设的核心。

企业在安全文化建设过程中，应充分考虑民族文化、地域文化和组织内部文化的特征，引导全体员工的安全态度和安全行为，实现在法律和政府监管要求之上的安全自我约束，通过全员参与实现企业安全生产水平持续提高。

企业安全文化不是自发形成的，它是企业领导人通过细致的思想政治工作和各种管理措施的潜移默化、定向引导的产物。企业领导是建设企业安全文化的关键。一个企业的安全文化程度的高低，很大程度上取决于企业决策层对安全文化的重视。首先是上层管理人员必须重视安全问题，制定和贯彻实施安全方针、政策，这不仅取决于正确的实践而且取决于他们营造的安全意识氛围；明确责任和建立联络；制定合理的规程并要求严格遵守这些规程；进行内部安全检查；适时审查安全状况；特别是，按照安全操作要求和人员的素质情况训练和教育员工。

安全文化建设的基础是企业的全体员工。在安全文化建设中起基础作用的是员工的安全意识和对安全的理解力。应该使员工的安全态度从"要我安全"向"我要安全"转变，牢固树立"安全第一"的思想。重点是教育基层生产单位和直接从事生产操作的人员，让他们掌握所使用的装置和设备的基本知识，了解安全操作的必要性和违反的结果。通过教育和思想工作，员工们的态度应该坦诚、直率，以保证关于安全的信息可以自由地沟通，特别是当出现失误时鼓励他们勇于承认。通过这些措施可以使安全意识渗透到所有的人员，使人员保持清醒的头脑，防止自满，力争最好，以及增进人员的责任感和自我安全意识。

企业安全文化建设是一个长期的、渐进的过程，不能一蹴而就。

12.7.3.3 安全文化建设的总体模式

根据《企业安全文化建设导则》，企业组织安全文化建设的总体模式如图12-3所示。企业安全文化建设的基本要素包括安全承诺、行为规范与程序、安全行为激励、安全信息传播与沟通、安全事务参与和审核与评估。

（1）安全承诺。企业应该建立由安全相关的愿景、使命、目标和价值观构成的安全承诺。企业的领导者应该对企业的安全承诺做出有形的表率；各级管理者应该对企业安全承

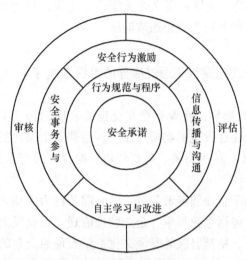

图 12-3　安全文化建设的总体模式

诺的实施起到示范和推进作用；员工应该充分理解和接受企业的安全承诺，并结合岗位工作任务实践这种安全承诺。企业应该将组织的安全承诺传达到相关方。

（2）行为规范与程序。企业的行为规范是安全承诺的具体体现和安全文化建设的基础要求。企业应该确保拥有能够达到和维持安全绩效的管理系统，建立清晰界定的组织结构和安全职责体系，有效控制全体员工的行为。程序是行为规范的重要组成部分。企业组织应该建立必要的程序，以满足对组织安全活动的所有方面进行有效控制的目的。

（3）安全行为激励。企业在审查自身安全绩效时，除使用事故发生率等消极指标外，还应该使用旨在对安全绩效给予直接认可的积极指标。员工应该受到鼓励，对员工所识别的安全缺陷，组织应该给予及时处理和反馈。企业宜建立员工安全绩效评估系统，应该建立将安全绩效与工作业绩相结合的奖励制度。企业宜在内部树立安全榜样或典范，营造安全行为和安全态度的示范效应。

（4）安全信息传播与沟通。企业应该建立安全信息传播系统，综合利用各种传播途径和方式，提高传播效果。企业应该优化安全信息的传播内容，将安全经验和思想作为传播内容的组成部分。企业应该就安全事项建立良好的沟通程序，确保企业与政府监管机构和相关方、各级管理者与员工、员工相互之间的沟通。

（5）安全事务参与。全体员工都应该认识到自己负有对自身和同事安全做出贡献的重要责任。员工对安全事务的参与是落实这种责任的最佳途径。

（6）审核与评估。企业应该对自身安全文化建设情况进行定期的全面审核与评估。

复习思考题

12-1　矿山企业安全管理主要有哪些特征？

12-2　矿山安全管理的基本内容有哪些？

12-3　矿山企业的安全生产责任有哪些？

12-4　何谓安全生产责任制，制定安全生产责任制应该遵循哪些原则？

12-5　何谓"三同时"，矿山建设项目安全设施设计审查与竣工验收包括哪些内容？

12-6　何谓三级安全教育，三级安全教育的对象是哪些人？

12-7　特种作业人员教育培训如何进行？

12-8　安全检查的主要检查内容有哪些？

12-9　何谓事故处理"四不放过"，如何报告伤亡事故？

12-10　现代安全管理具有哪些特征，与传统安全管理有哪些不同？

12-11　职业安全健康管理体系如何体现现代安全管理的特征？

12-12　何谓安全文化，怎样建设安全文化？

参 考 文 献

[1] 陈宝智. 矿山安全工程 [M]. 沈阳：东北大学出版社，1993.

[2] 王福成，陈宝智. 安全工程概论 [M]. 2版. 北京：煤炭工业出版社，2014.

[3] 王英敏. 矿井通风与安全 [M]. 北京：冶金工业出版社，1993.

[4] 隋鹏程. 中国矿山灾害 [M]. 长沙. 湖南人民出版社，1998.

[5] 隋鹏程，陈宝智. 安全原理与事故预测 [M]. 北京：冶金工业出版社，1988.

[6] 陈宝智，张培红. 安全原理 [M]. 3版. 北京：冶金工业出版社，2016.

[7] 陈宝智. 危险源辨识控制与评价 [M]. 成都：四川科学技术出版社，1996.

[8] 陈宝智. 系统安全评价与预测 [M]. 2版. 北京：冶金工业出版社，2011.

[9] 戚颖敏. 矿井火灾灾变通风理论及其应用 [M]. 北京：煤炭工业出版社，1978.

[10] 周心权，吴兵. 矿井火灾救灾理论与实践 [M]. 北京：煤炭工业出版社，1996.

[11] 李春英. 矿山防水防火 [M]. 北京：中国劳动出版社，1991.

[12] 王志荣，石明生. 矿井地下水害与防治 [M]. 郑州：黄河水利出版社，2003.

[13] 谢世俊. 金属矿床地下开采 [M]. 北京：冶金工业出版社，1990.

[14] 陈莹. 工业防火防爆 [M]. 北京：中国劳动出版社，1993.

[15] 吴粤蔡. 压力容器安全技术 [M]. 北京：化学工业出版社，1993.

[16] 中国冶金百科全书编委会. 中国冶金百科全书·采矿卷 [M]. 北京：冶金工业出版社，1999.

[17] 中国冶金百科全书编委会. 中国冶金百科全书·安全环保卷 [M]. 北京：冶金工业出版社，2000.

[18] 胡才修，陈宝智. 安全生产管理培训教程 [M]. 沈阳：东北大学出版社，2005.

[19] 中国安全生产科学研究院. 金属非金属矿山安全培训教程 [M]. 北京：化学工业出版社，2008.

[20] 邢娟娟，等. 事故现场救护与应急自救 [M]. 北京：航空工业出版社，2006.

[21] 邢娟娟，等. 企业重大事故应急管理与预案编制 [M]. 北京：航空工业出版社，2005.

[22] 中国机械安全标准化技术委员会. 机械安全标准汇编（上）[S]. 北京：中国标准出版社，2007.

[23] 刘建候. 功能安全技术基础 [M]. 北京：机械工业出版社，2008.

[24] 法律出版社. 中华人民共和国安全生产法 [M]. 北京：法律出版社，2014.

[25] 国家质量技术监督局. GB 16423—2006 金属非金属矿山安全技术规程 [S]. 北京：中国标准出版社，2006.

[26] 国家质量监督检验检疫总局. GB 6722—2012 爆破安全规程 [S]. 北京：中国标准出版社，2012.

[27] 国家安全生产监督管理总局. AQ2006—2005 尾矿库安全技术规程 [S]. 北京：煤炭工业出版社，2006.

[28] 国家质量技术监督局. 压力容器安全技术监察规程（锅发 [1999] 154号）. 1999.

[29] 中华人民共和国国务院. 特种设备安全监察条例（第549号令）. 2009.

[30] 中华人民共和国国务院. 生产安全事故报告和调查处理条例（第493号令）. 2007.

[31] 国家安全生产监督管理总局. 关于加强金属非金属矿山安全基础管理的指导意见. 2007.

[32] 国家安全生产监督管理总局. 尾矿库安全监督管理规定（第38号令）. 2011.

[33] 国家安全生产监督管理总局. 关于印发金属非金属地下矿山安全避险"六大系统"安装使用和监督检查暂行规定的通知（安监总管一168号）. 2010.

冶金工业出版社部分图书推荐

书　名	作　者	定价(元)
安全生产与环境保护（第2版）	张丽颖	39.00
安全学原理（第2版）	金龙哲	35.00
大气污染治理技术与设备	江　晶	40.00
典型砷污染地块修复治理技术及应用	吴文卫　毕廷涛　杨子轩　等	59.00
典型有毒有害气体净化技术	王　驰	78.00
防火防爆	张培红　尚融雪	39.00
防火防爆技术	杨峰峰　张巨峰	37.00
废旧锂离子电池再生利用新技术	董　鹏　孟　奇　张英杰	89.00
粉末冶金工艺及材料（第2版）	陈文革　王发展	55.00
钢铁厂实用安全技术	吕国成　包丽明	43.00
高温熔融金属遇水爆炸	王昌建　李满厚　沈致和　等	96.00
化工安全与实践	李立清　肖友军　李　敏	36.00
基于"4+1"安全管理组合的双重预防体系	朱生贵　李红军　薛岚华　等	46.00
金属功能材料	王新林	189.00
金属液态成形工艺设计	辛啟斌	36.00
矿山安全技术	张巨峰　杨峰峰	35.00
锂电池及其安全	王兵舰　张秀珍	88.00
锂离子电池高电压三元正极材料的合成与改性	王　丁	72.00
露天矿山和大型土石方工程安全手册	赵兴越	67.00
煤气作业安全技术实用教程	秦绪华　张秀华	39.00
钛粉末近净成形技术	路　新	96.00
羰基法精炼铁及安全环保	滕荣厚　赵宝生	56.00
铜尾矿再利用技术	张冬冬　宁　平　瞿广飞	66.00
系统安全预测技术	胡南燕　叶义成　吴孟龙	38.00
选矿厂环境保护及安全工程	章晓林	50.00
冶金动力学	翟玉春	36.00
冶金工艺工程设计（第3版）	袁熙志　张国权	55.00
增材制造与航空应用	张嘉振	89.00
重金属污染土壤修复电化学技术	张英杰　董　鹏　李　彬	81.00